无公害中药材
安全生产手册

WUGONGHAI ZHONGYAOCAI
ANQUAN SHENGCHAN SHOUCE

第2版

丁自勉　主编

U0312664

中国农业出版社

内 容 简 介

这是一本介绍有关中药材安全生产方面的普及读物。共分三章：第一章为概况，介绍了中国中药资源及其分布，中药材生产现状和发展方向，以及中药材市场状况；第二章介绍了无公害中药材生产的各种规范要求，包括质量管理规范、外界条件、产地环境监督与管理、安全生产资料、栽培管理、采收与加工；第三章为各论，按入药部位分为根及根茎类、全草类、果实种子类、花类、茎类和皮类、其他类，对81种常用的药用植物分别予以介绍，包括每种药材的选地和繁殖栽培技术、生长发育特点、田间管理技术、病虫害防治技术、采收加工及贮藏技术等。本书以广大中药材生产者为读者对象，也可供相关管理人员参考。

编者名单

主　　编：丁自勉

副主编：王　冰　侯福强

　　　　　李国强

参编人员（按姓氏汉语拼音为序）：

　　　　　李京丽　李　勋

　　　　　罗　铮　石凤敏

　　　　　宋佳佳　尹纯飞

顾　　问：曹广才　孙　群

目 录

第一章

我国中药材发展概况

第一节　中药资源及其分布

　　中药资源是指在一定地区或范围内分布的药用植物、动物、矿物种类及其蕴藏量的总和。广义的中药资源还包括人工栽培养殖的和利用生物技术繁殖的药用植物和动物及其产生的有效物质。中药资源的种类、分布、蕴藏量直接受地形、气候等自然因素的影响。森林是植物、动物栖息的场所，森林的分布和林种与中药资源关系十分密切。人们种植、采集、狩猎等社会生产活动，对中药资源的分布也起着重要作用。据全国中药资源普查统计，中国现有中药资源种类 12 807 种，其中药用植物 11 146 种、药用动物 1 581 种、药用矿物 80 种，是世界上资源最丰富的国家。

一、中药资源

（一）药用植物

　　据统计，药用植物有 383 科、2 309 属、11 146 种。包括藻类、菌类、地衣类、苔藓类、蕨类及种子植物等各个植物类群。藻、菌、地衣类属低等植物，药用资源共计 91 科、188 属、459 种。苔藓、蕨类、种子植物为高等植物，药用资源共计 292 科、2 121 属、10 687 种。95％的药用植物资源属于高等植物。种子植物又独占90％多，是药用植物资源的主体。

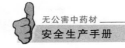
（二）药用动物

药用动物有 415 科、861 属、1 581 种，其中脊椎动物占药用动物种类的 62%，具有较大优势。爬行动物是药用动物中较重要的类型，蛇类是爬行动物中最大的类群，五步蛇、银环蛇、乌梢蛇等为主要种。哺乳动物中梅花鹿、马鹿等均为名贵种类。

（三）矿物药

矿物药是中药资源的重要组成部分。全国主要的药用矿物有 12 类、80 种。常用品种有滑石、石膏、朱砂、雄黄等。

二、资源分布

中国综合自然条件差异较大，不同的自然条件决定了各地药用资源种类和资源的丰度。应在研究资源分布的基础上，结合国内外市场需求的动态变化，对各项资源作出蕴藏量、需求量、实际可供应量等各项指标的动态监测，并作出相应的技术和行政措施。且在各地经济发展的规划中，对中药资源作出相应的自然区划和发展规划；在原有地道药材的基础上，继续发展若干个地道药材生产基地，这样才有利于中药材多样性的可持续发展。

据全国 320 种常用植物药材野生蕴藏量的调查说明，根及根茎类药材的蕴藏量占总蕴藏量的 50% 以上。种子果实类药材及全草类药材次之。花类、叶类、皮类、藤本类、树脂类、菌类和藻类药材所占比重较小。目前全国种植药材达 200 多种，药材商品全部来源于家种的有 70 种左右，商品大部分来源于家种的有 50 种左右；试种成功并有少量商品或正在试种的品种有百种左右。

根据自然区划，将中国的中药资源划分为东北区、华北区、华东区、西南区、华南区、内蒙古区、西北区、青藏区以及海洋区 9 个中药区。以下简要地介绍各区的自然条件和重要中药资源。

（一）东北区

包括黑龙江省大部分、吉林省和辽宁省的东半部及内蒙古自治区的北部。地貌上包括大、小兴安岭和长白山地区，以及三江平原。本区是中国最寒冷地区，热量资源不够充足，大部分地区属于寒温带和中温带的湿润与半湿润地区。全区植被以针叶林为主，森林覆盖率达 30%。全区的中药资源有 2 000 余种，其中植物类 1 700 种左右，动物类 300 多种，矿物类 50 余种。特点是野生的种群数量大，蕴藏量丰富。野生的关黄柏、刺五加、五味子、关升麻、牛蒡子、桔梗、地榆、朝鲜淫羊藿、辽细辛、关木通、平贝母、关龙胆以及熊胆、蛤蟆油等一批"关药"，蕴藏量分别占全国同品种蕴藏量的 50% 以上。本区还是中国野山参及种植人参的最主要产地，产量占全国人参总产量的 95% 以上。鹿的饲养及鹿茸的生产在全国也占有重要地位。

（二）华北区

包括辽宁省南部、河北省中部及南部、北京市、天津市、山西省中部及南部、山东省、陕西省北部和中部，以及宁夏回族自治区中南部、甘肃省东南部、青海省、河南省、安徽省及江苏省的小部分。地貌上西北高、东南低，夏季较热、冬季寒冷，大部分地区属于暖温带。植物种类以华北植物区系为主，森林植被是以松、柏为主的针叶林和以栎树为主的阔叶林。全区的中药资源有 1 800 余种，其中植物类 1 500 种左右，动物类约 250 种，矿物类约 30 种。野生资源中较丰富的有酸枣仁、北苍术、远志、北柴胡、知母、连翘、葛根、玉竹等。栽培药材产量较大者有地黄、杏仁、金银花、黄芪、党参、山药、怀牛膝、板蓝根、北沙参，以及近年得到飞速发展的栽培西洋参。动物类药物主要有全蝎。矿物类中药主要有龙骨、赭石、磁石、炉甘石及阳起石等。

（三）华东区

包括浙江省、江西省、上海市、江苏省中部和南部、安徽省中部和南部、湖北省中部和东部、湖南省中部和东部、福建省中部和北部，以及河南省及广东省的小部分。全区丘陵山地占3/4，平原占1/4，雨量较充沛，属于北亚热带及中亚热带，前者的植被为常绿落叶阔叶混交林，后者主要为常绿阔叶林。全区有中药资源约3 000种，其中植物类2 500余种，动物类300余种，矿物类约50种。著名的地道药材有种植的浙八味——浙贝母、麦冬、玄参、白术、白芍、杭菊花、延胡索和温郁金。动物药则有鳖甲、龟甲、蜈蚣等。

（四）西南区

包括贵州省、四川省、云南省的大部分、湖北及湖南省西部、甘肃省东南部、陕西省南部、广西壮族自治区北部及西藏自治区东部。全区绝大部分为山地、丘陵及高原。属于北亚热带及中亚热带，前者的植被主要为常绿落叶阔叶混交林，后者则主要为常绿阔叶林。本区自然条件复杂，生物种类繁多，为中国中药材的主要产地。全区中药资源约5 000种，其中植物类约4 500多种，动物类300多种，矿物类约80种。且有众多的地道药材。

（五）华南区

包括海南省、台湾省及南海诸岛、福建省东南部、广东省南部、广西壮族自治区南部及云南省西南部。本区大陆部分的地势为西北高，东南低。气温较高，湿度也大，属南亚热带及中亚热带。植被为南亚热带常绿阔叶林，热带季雨林以及赤道热带珊瑚岛植被。全区有中药资源近4 000种，其中植物类3 500种，动物类200多种，矿物药30种左右。区内多地道南药，著名的有广藿香、巴戟天、钩藤、肉桂、降香、胡椒、荜茇、沉香、安息香、千年健、鸦胆子、狗脊等。动物药中较重要的有蛤蚧、金钱白花蛇及穿山甲。

（六）内蒙古区

包括黑龙江省中南部、吉林省西部、辽宁省西北部、河北及山西省的北部、内蒙古自治区中部及东部。东部有山脉及平原，中部有山脉及高坝，南部地势也高，而北部则为大草原。大部分地区冬季干燥寒冷，而夏季凉爽。本区的北部及西部植被以内蒙古植物区为主，东部及南部则有华北及长白山区系成分。全区有中药资源1 200余种，其中药用植物1 000余种，绝大部分为草本植物。著名的地道药材有：野生及栽培的蒙古黄芪，产量占全国黄芪产量的4/5左右；多伦赤芍、关防风及知母也是本区著名的大宗药材。其他产量较大的还有麻黄、黄芩、甘草、远志、龙胆、郁李仁、桔梗、酸枣仁、苍术、柴胡、秦艽等。动物类药材主要有熊胆、鹿茸以及饲养的乌鸡。矿物类药材主要有石膏、芒硝、麦饭石、龙骨、白石英等。

（七）西北区

包括新疆维吾尔自治区全部、青海及宁夏回族自治区的北部、内蒙古自治区西部以及甘肃西部和北部。本区内高山、盆地及高原相间分布，但高原占绝大部分，沙漠及戈壁也有较大面积。本区日照时间长，干旱少雨，气温的日较差较大。从北到南地跨干旱中温带、干旱南温带及高原温带。全区中药资源约2 000余种，其中植物类近2 000种，动物类160种，矿物类约60种。不少种类的中药蕴藏量较大，其中在全国占重要地位的有肉苁蓉、锁阳、甘草、麻黄、新疆紫草、阿魏、枸杞子、伊贝母、红花、罗布麻等，均有很大的产量。动物类药材主要有马鹿茸。

（八）青藏区

包括西藏自治区大部分、青海省南部、四川省西北部和甘肃西南部。本区海拔高，山脉纵横，多高山峻岭，地势复杂。气候属高寒类型，日照强烈，光辐射量大。植被主要有高寒灌丛、高寒草

5

…

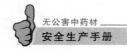

甸、高寒荒漠草原、湿性草原以及温性干旱落叶灌丛。全区有中药资源 1 100 余种，多高山名贵药材。其中蕴藏量占全国 60%～80% 以上的种类有冬虫夏草、甘松、大黄、胡黄连等。其他还有川贝母、羌活、藏黄连、天麻、秦艽。动物类药材主要有麝香及鹿茸。矿物类药材主要有石膏、云母、芒硝。

（九）海洋区

包括中国东部和东南部广阔的海岸线，以及中国领海海域各岛屿的海岸线，总面积达 420 万平方千米。海底的地貌由西北向东北倾斜；气候具有由北至南逐渐由暖温带向亚热带再向热带过渡的特征。本区蕴藏着十分丰富的药用生物，总数近 700 种，其中海藻类 100 种左右，药用动物类 580 种左右，矿物及其他类药物 4 种。主要的海洋中药有昆布、海藻、石决明、牡蛎、海马、海龙，以及海螵蛸、海狗肾、斑海豹等。

第二节　中药材生产现状及发展方向

一、中国中药材生产现状

（一）种子（苗）管理体系不健全，其质量问题直接影响中药材的产量与质量

种子（苗）是中药材生产的最基本的生产资料之一，优良的种子（苗）是提高药材产量和质量的先决条件。中药材种子（苗）质量直接影响药材的质量稳定性，而中药材质量又从根本上决定了中药质量。目前，中药材种子（苗）尚未建立相应的管理体系，极不利于中药材种子（苗）质量管理，也不利于中药材种子（苗）质量的提高和新品种的选育推广。药材质量标准的缺失，在一定程度上造成了药材种子（苗）市场混乱，假劣药材种子（苗）充斥市场，会导致道地、大宗药材质量的下降，不仅给广大种植户造成了巨大

的损失，而更为严重的是给人民用药的安全性和有效性带来极大危险，严重影响了中药材进入国际市场。

（二）中药材挖采"竭泽而渔"破坏生态环境，中药资源面临可持续发展危机

近年来，随着中草药需求的不断增加，野生中草药资源遭到严重破坏。据统计，中国已有近 3 000 种植物处于濒危状态，其中具药用价值的濒危物种占 60％～70％，被列入中国珍稀濒危保护植物名录的药用植物已超过 168 种，有些物种已经灭绝。据第三次全国中药资源普查统计，以甘草为例，我国 1 年要消耗 4 万吨以上，其中 85％来自野生。野生甘草由于过度采挖，数量骤减，蕴藏量由 20 世纪 50 年代的 200 多万吨减至目前的几十万吨，几近濒危。对野生中草药的过度采挖，中药材生物多样性受到严重的破坏，中药资源面临可持续发展危机。

（三）中药材生产的集约化、规范化、产业化程度普遍较低

截至 2010 年底，我国中药材种植面积达 100 多万公顷，49 家中药材企业、90 多个基地，56 个品种通过中药材 GAP 认证。除这些少数的 GAP（中药材生产质量管理规范）生产基地外，大多数是农民自发种植，种植及产品规模较小，很难形成规模优势和规模效益。另外，种子（苗）管理混乱、盲目求购、自种自留等情况的存在无法从源头上保证中药材品种的质量。另外，在生产过程中，种植技术缺乏指导，管理粗放，无法保证中药材优质高产，进而影响种植的经济效益和药材的质量。

（四）"道地药材"不再地道，中药材遭遇污染困局

中药文化中强调始终"道地药材"，即传统中药材中具有特定的种质、产区或特定的生产技术和加工方法所生产的中药材，已经成为公认的质量可靠、性能稳定、疗效确切的代名词。近年来，道地药材出现质量不稳定和药力下降的范围也越来越大，许多用了几

7

百年的（经）验方疗效降低，在很大程度上是源头的药材环节出了问题。目前，影响中药材质量的因素主要有：中药材种植管理不够规范，存在生长周期不足，采收季节不当，加工不规范，部分药材农药化肥残留大，重金属等有毒有害物质超标等。目前，重金属及农药残留限量超标已经成为制约我国中药产品走向世界的重要因素。因此，严格控制重金属、农药残留，已经成为当务之急。

（五）中药材供需矛盾仍然很突出，中药材价格不稳定

中药材价格不稳定的原因有：自然灾害、中药材交易市场混乱、非法囤积、药农为规避风险减少或不进行药材种植等，但归根结底是因为供需矛盾问题。中药材属于农副产品，国家没有相关的标准去制约它，中药材交易价格随行就市，不能像粮食一样有国家统合经销和储备那样统一管理。由于中药材的农副产品性质，目前除了 17 家国家中药材专业市场外，各地又出现了很多不规范的市场，使得投机商有机可乘，从而导致中药材价格极其不稳定。

二、中国中药材生产的发展方向

（一）加强中药材种子（苗）的管理

1. 加强中药材种子（苗）的繁育和管理，推进制订和推行中药材种子（苗）标准和技术规范的进程。

2. 以药材种子繁育企业为龙头，推进其发展成为集中药材种子（苗）育、繁、推、销一体化的服务实体，并结合建立国家级种子信息服务网络，推进中药材种子健康流通渠道的形成，从根本上解决药材种子（苗）质量低劣的问题。

3. 实施"中药材种子（苗）工程"，建立国家、省级检测中心和生产基地，使中药材种子（苗）的质量评价具备可行性。

（二）加强野生中药材资源及生态环境的保护

1. 建立资源保护区的同时加强法制建设，依法保护管理野生

中药材资源。

2. 建立中药材生产基地，积极发展中药材资源。

3. 加强中药材科学研究及人才的培养，推进中药现代化。

4. 鼓励生产企业进行技术创新和工艺改进，提高中药材的利用率，减少资源浪费。

（三）加强中药材 GAP 基地建设

近年来，中药材 GAP 基地建设越来越受到关注和重视，道地药材以及 GAP 认证不断强化，中药材生产的集约化、规范化、规模化种植基地建设步伐加快。工业和信息化部"十二五"规划中，把中药材生产技术和支持企业中药材生产基地建设列为现代中药产品和技术发展重点，并加大对中药材种植基地的扶持力度。大力推行中药材规范化种植，对重点中药品种、国家基本药物目录、医保目录品种所涉及的药材，按照 GAP 标准，由政府相关部门牵头，进行资金支持，以大型生产企业为龙头，在道地药材产地建立种植基地，开展技术培训和示范推广，进行大范围规范化、规模化种植，保证中药材的有机生产，确保产品质量安全和可持续供给。

（四）加强中药材市场的宏观规划和市场管理

1. 开展全国药材资源普查，摸清家底。"十二五"规划中提出，到 2015 年，完成第四次全国中药资源普查，进而加强对中药材生产的宏观规划和信息引导，初步建成中药资源动态监测与预警网络体系，通过信息引导生产来防止产销失衡。

2. 提高中药材流通领域行业标准和准入标准，对药商整体水平进行提高，规范市场交易。与此同时，建立中药材电子商务平台，实现买卖双方高效对接，防止囤积炒作，减少中间环节并实现中药材订单化销售。

3. 建立常用大宗中药材国家储备制度，以控制药材价格的大起大落，并稳定药材供应。

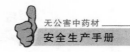
第三节　中药材市场状况

一、中国四大药都及国家批准的 17 个药材市场

（一）中国四大药都

自古以来，人们普遍认安徽亳州、江西樟树、河北安国、河南禹州为中国四大药都。

安徽亳州：亳州是全国闻名的中药材种植基地，在《中国药典》上冠以"亳"字的就有"亳桑皮"、"亳芍"、"亳菊"、"亳花粉"4 种。

江西樟树：自古以来就有"药不到樟树不齐，药不过樟树不灵"的说法。1996 年经国家卫生部、国家工商总局、国家中医药管理局批准的全国 17 个中药材专业市场之一。

河北安国：安国古称祁州，具有近千年的中药文化，安国药市被列为首批国家非物质文化遗产，安国现代中药产业基地被列入科技部火炬计划。

河南禹州：素有"中华药城"之称，历史上有"药不到禹州不香，医不见药王不妙"之说。1996 年，禹州被国家中医药管理局、卫生部、国家工商行政管理局定为全国 17 个中药材专业市场，河南省唯一的国家定点药材专业市场。

（二）国家批准的 17 个药材市场

中药材专业市场是经国家中医药管理局、医药局、卫生部和国家工商行政管理局检查验收批准，并在工商行政管理部门核准登记的专门经营中药材的集贸市场。目前通过中医药管理局、医药局、卫生部和国家工商行政管理局审批通过而开设的中药材市场有以下 17 个：

1. 安徽亳州中药材交易市场。
2. 河北保定安国中药材专业市场。

3. 河南许昌禹州中药材专业市场。

4. 江西宜春樟树中药材市场。

5. 重庆渝中解放路药材专业市场。

6. 山东菏泽鄄城县舜王城药材市场。

7. 广东广州清平中药材专业市场。

8. 黑龙江哈尔滨三棵树药材专业市场。

9. 广西玉林中药材专业市场。

10. 湖北黄冈蕲州中药材专业市场。

11. 湖南长沙岳阳花板桥中药材市场。

12. 湖南邵阳邵东县药材专业市场。

13. 广东揭阳普宁中药材专业市场。

14. 云南昆明菊花园中药材专业市场。

15. 四川成都市荷花池药材专业市场。

16. 陕西西安万寿路中药材专业市场。

17. 甘肃兰州市黄河中药材专业市场。

二、国内中药材市场状况

从总体上看，近年来我国中药工业呈比较平稳的发展态势，经济运行主要指标均有所提高，增速低于全国医药工业，与近年来医药行业的高速增长态势相比，略显不足。但是在"十一五"中医药事业发展取得良好开局之际，追踪并分析中国中药产业的发展态势，有利于进一步推动我国中药产业发展，振兴中医药事业。

随着 GMP、GSP、GAP、GLP 等规范分别在医药工业、商业、中药材种植、医药科研等领域的推广实施，医药企业的整体素质和行业秩序明显好转，药品质量也明显提高。在医药生产、流通体制改革力度不断加大的情况下，"多、小、散、乱"的行业状态逐步得到改善，行业集中度逐渐提高，规模化、集约化发展态势明显，现代医药流通模式初步确立，企业竞争方式转向供应链、价值链竞争。

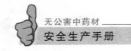
大型企业已显雏形。经过近几年的调整和发展，中药行业已慢慢开始形成新的格局，明显呈现出产业集中度不断增高的趋势。规模大、现代化程度高的企业利用品牌、资金、技术以及政策上的优势，抓紧兼并、重组和改造其他企业，使企业的发展速度不断加快，现已形成"北有同仁堂，南有广药集团"的两大强手局面，其次太极集团、汇仁集团、天津天士力、成都地奥、长沙九芝堂等也在不同的领域和区域各有所长。与西药企业相比，中成药企业的品牌影响力对产品的销售有更大的拉动力。

技术平台建设不断加强。目前，中国初步建立了技术较先进、与国际通行规范较为接轨的药物创新体系雏形。国家对于新药筛选中心、新药安全评价研究中心（GLP）、国家重点实验室、新制剂和新剂型研究技术平台等给予了大力支持，逐步形成了国家创新体系，但是中药的创新技术能力建设显得不足，有待加强。

国家重视中药产业的发展。中药产业作为"国家战略产业"发展已经写入我国《中药现代化发展纲要（2002—2010 年）》（简称《纲要》），现代中药作为重大专项已列入了国民经济和社会发展"十五"规划，中药行业的发展已列入了国民经济和社会发展"十一五"规划。

各方资金加快向中药行业倾斜。政府对中药行业的发展导向和相应的扶持政策，提高了投资者对中药产业的利润预期，提高了产业吸引力。国内一些行业的投资界普遍看好中药产业，金融、证券业纷纷抢占中药高技术项目，一些大企业的风险基金甚至也开始投资于此。

三、影响药材市场的因素

（一）供求关系周期变化

中药材完全受市场调节，供求关系周期性变化明显，表现为产量过剩—市场疲软—价格下跌—产量锐减；待一个时期消耗—供求趋紧—价格上浮—刺激生产增长。但其周期常有所变动，如受粮食比价影响。但除人为因素外，波幅在缩小，趋于平稳。

（二）外贸因素

如桔梗、人参价格上涨，主要是因为外商求货较多。但后来又因农药残留量超标等因素影响出口，使其价格上涨乏力，甚至出现下滑。

（三）自然因素

自然因素影响中药材产量和质量，从而影响价格。如旱灾使很多药材大量减产，品质降低。又结合其他因素导致价格大涨。

（四）疫情因素

疫情严重可加大需求量，使价格上涨。

（五）人为因素

人为因素主要表现在人为炒作。如近年太子参、山茱萸、五味子、黄连、胖大海、麦冬价格居高不下，人为因素很大。

（六）新产品开发与上市

使原料需求增加，引起价格上涨。如银杏叶因其提取物对心脑血管病有较好的疗效，市场一直看好；再有天津天士力制药有限公司生产的"丹参滴丸"已为美国食品药品管理局接受直接进入 2～3 期新药临床试验，如果能进入美国市场，丹参市场将看好。

（七）技术因素

如何降低农药残留量和重金属含量，如何提高产量和品质，将直接影响药材外销的价格和市场。

（八）政策法规的变更

如复方丹参片从 1997 年度开始执行 1995 版药典标准，厂家将

13

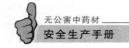

原粉压片改为浸膏烘干压片，仅此一项，使丹参用量增加了几倍甚至几十倍。

四、当前中药材市场特点

（一）药材产销变化频繁

经营者采用小批量购销可防止经营上的损失，且资金不积压，周转又快。市场药材货源供应基本宽松，可随购随销。小批量购货可缓解资金短缺，在一定程度上还可起到抑制价格上涨的作用。

（二）中药材社会库存量转向合理周转

全国药材库存有偏薄之感。主渠道经过多年调减，库存基本稳定下来。社会上的药材经营者对产销正常的品种不会储存很多，对一些市场供求转紧的品种才会储存囤积。对于供过于求、市价不稳定的药材品种，经营者不会盲目购进库存占压资金。

（三）药材市场价格将会基本稳定

但一些品种因受自然灾害的影响价格仍有涨落。暴涨暴落的品种市场还会出现，缓涨缓落的品种要多一些。资源稀少的野生动植物药材价格仍将持续坚挺。

（四）中药材市场经营秩序仍将进一步规范

经过这几年国家对药材市场的整顿，中药材经营市场秩序有较大好转。但要防止回潮现象，特别是中药材饮片不能上市。目前有的地方已从地上转移到地下，非法经营运销饮片现象依然存在。一些运销经营户出售的药材质量也有问题，掺水、掺杂物等时有发生，在药材规格质量上的规范整顿还需进一步切实加强。

五、中药在国际市场的现状与前景

（一）现状

在 2006 年，制药巨头们的六大王牌产品因为专利保护到期而结束其市场黄金期。从另一个角度来看，大量畅销药专利到期对仿制药产业无疑是一个良好的发展机遇。2006 年全球仿制药产业以 18%～19%的增长速度，成为历史上增幅最大的一年，而且未来几年的快速增长趋势已初显端倪。从新产品方面看，2006 年的全球医药市场迎来了 39 个新药加盟，其中 26 个产品为专科用药。2006 年全球医疗市场专科用药的增长超过了基础护理药物。从地域上来看，中国快速发展的经济对全球医药市场的带动能力被看好。同时，日本以外的亚洲市场、拉美市场以及东欧市场都成为快速增长的热点地区。而欧洲市场数年来的沉闷气氛被打破，且由于欧洲成为全球首个引入生物制品仿制药的地区，再加上南欧部分地区大力推动仿制药的发展，欧洲医药市场的发展增添不少变数。

2006 年，国际市场的嬗变，引发了中药产业投资的持续升温。世界植物药和传统医药在全球的地位正在悄悄地发生着深刻的根本性变化，从民间的认同，发展到官方的认可，全球已进入对传统药和植物药进行立法管理的时代。澳大利亚、欧盟、加拿大等西方发达国家已对中医药或传统医药实行立法管理，英国已启动中医药捆绑立法程序。欧洲已成为中国主要中药出口市场之一，而传统药品也已成为当今世界发展最快的传统产业。根据世界卫生组织最新统计，目前世界草药市场的总额已超过 600 亿美元，并仍以年均 10%的速度增长。有关国际组织预测，今后一段时期，国际传统药品市场将增长至 1 000 亿美元的销售规模。强劲的增长推动着资本前赴后继地投入到全球性的中药市场争夺战中。面对这股强劲的投资热潮，作为中药发源国，中国中药企业应该利用原有优势，克服困难，把握行业发展趋势，制定国际化发展战略，提高国际市场份额。

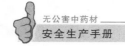

　　尽管国际上对中医药需求急剧上升，中国又是中医药传统出口大国，但中医药在国际市场所占份额仅约5％。影响中医药国际市场份额的因素很多，除了东西方文化差异之外，主要原因是中药科技含量低，多数中药材没有产地、主要成分含量及采收时间等标识，而且有些药材农药残留量存在超标现象；多数中成药没有安全性、质量可控性和有效性方面完整的科学数据；加之剂型、包装落后，难以进入世界医药市场。与此同时，各国都在投入巨资开发中药，近年"洋中药"进口与日俱增，几乎与中国出口中成药相等。因此，中医药面临严峻挑战。

（二）中药进军国际市场面临的问题

　　中国国内中医药科研机构林立，可称世界上最庞大的一支天然药物研究队伍，拥有的技术设备也不比国外差，每年有大量的科研成果。但问题是，这些中药科研成果却很难产生国际影响力。其中宣传不够是很重要的原因。据统计，世界天然药物年贸易额已高达150亿美元，药用植物及其制品、保健品、化妆品、香料等成交额也高达300亿美元以上。然而，要进入国际市场，首要任务是让全世界的人了解中药。有一点可以肯定，中药进入国际市场，不再是中国人对中国人的买卖。

　　另外，中药要进入国际市场，特别是打入西方市场，必须适应国际观念，净化中药品种，摒弃一些不被西方人接受的毒性成分、濒危物种和一些矿物药分。中药要进入国际市场，必须先从传统中成药处方中去除有毒成分，或者用其他同等药性的无毒成分来替代。另外，《国际濒危生物品种贸易公约》规定，绝对禁止在一般医药用途的贸易中使用虎骨、豹骨、玳瑁、广木香、麝香、犀角、熊胆等。而该《公约》还禁止使用野生的穿山甲、羚羊角、天麻、芦荟、小叶莲、西洋参，却允许人工饲养或栽培品种的使用。再者，中国人普遍接受的虫草类药很难得到西方人的认同，英国的中药批发商也都不经营虫草类药物。专家指出，五灵脂、夜明砂这一类源于动物粪便的中药，更应防止流入国际市场。

要进入国际市场，中药还面临一大挑战。世界卫生组织负责传统医学发展的官员说，"让熟悉化学结构的西方人理解中药复方的作用是一件很不容易的事情"。中药研究最大的难题是分析复方中各单味药的效果。如果这一点可以突破，将大大推动中药国际化的进程。目前世界上已有124个国家和地区建立了各种类型的草药研究机构，日本、韩国在国民中大力宣传中医药的天然、无害和有效，并投资开发中药产品，向国际化、处方化、标准化迈进。即便是地处欧洲的德国，每年也出资资助开发自然疗法。

（三）展望今后发展趋势

为了提高中药质量，促使中医药走向世界，中国政府制定了"中药现代化科技产业行动计划"，并成立了"中药现代化项目管理办公室"，拨出专款建设药材 GAP 基地，研究开发符合国际需求的现代化中药，旨在从中药的源头即开始控制质量，最后得到优质中成药。从"九五"以来至 2007 年初，科技部先后支持了 140 多种中药材的规范化种植研究，从种源鉴定、生态环境选择、栽培技术、药用植物的病虫害及防治、中药材的采收及产地加工、中药材质量标准及控制技术等，不但较系统地总结了传统生产经验，而且部分项目取得了重大突破，为制订中药材生产标准操作规程（SOP）提供了科学依据。

"中药现代化科技产业行动计划"的四大目标是：研究开发符合国际市场需求的现代中药；建立中国中药现代研究开发体系；开创中国科技先导型中药产业；推进中国中药进入国际医药市场。

1. 中国中药进入国际市场的有利条件

（1）国际医药市场迅速增长，为中药产业的发展创造了良机。

（2）植物药日益受到消费者的肯定和欢迎。

（3）中药作为新药研究开发的源泉，越来越受到人们的重视。

（4）各国对中药的使用表现出接受的趋势。

2. 制约中国中药出口的不利因素

（1）国产的中药制剂，缺乏被国际公认和接受的质量控制

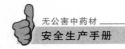

标准。

（2）中成药的科研开发和技术创新能力弱。

（3）中药出口面临其他国家传统药的有力竞争。

（4）中国中药多渠道出口导致管理困难、市场混乱。

（5）中药知识产权保护的意识淡漠。

（6）中国中药出口的名牌品种过少 。

3. 对策

（1）重视国际市场调查，有的放矢开发适销对路产品。

（2）采用国际先进标准，注重产品的科学性。

（3）掌握进口国的药政法规，以最佳方式进入市场。

（4）加强国际间的科研合作，加深对中医药的认识和运用。

中医药必将迅速走向世界，造福全人类，成为与西医药平起平坐、相互补充而又不能相互取代的人类另一医疗保健体系。

第二章

无公害中药材生产规范

第一节 无公害中药材生产质量管理规范

一、目前中药材生产存在的主要问题

（一）野生资源日趋减少，难以满足中药事业的发展需求

中国有着丰富的植物资源，药用植物的种类也随着人类文化的发展而不断增加。三千年前的《诗经》和《尔雅》分别记载了近百种药用植物。1578 年完成的《本草纲目》记载了 1 892 种中药，其中植物药 1 100 余种。中华人民共和国成立后，在 20 世纪 60 年代和 80 年代分别进行了两次全国性的大规模中药资源的普查，对国内的中药资源的种类和蕴藏量有了更加详细的了解，新的研究结果和民间用药不断充实到中药资源库中，1977 年出版的《中药大词典》记载植物药 4 773 种；1978 年出版的《全国中草药汇编》记载植物药 2 074 种；1982—1994 年修订版的《中药志》记载植物药 2 100种；1994 年出版的《中国中药资源志要》记载中药 12 807 种，其中植物药 11 020 种；2005 年出版的《药用植物词典》记载了中外药用植物 22 000 余种，其中中国有 12 000 种。中国动植物种类繁多，仅高等植物就有 3 万余种。随着人们对健康的要求和中药事业的不断发展，新的中药资源不断被人们认识，药用植物的种类也将会不断增加。

有药用价值的中药种类虽然很多，但是常用的种类仅有 600 余种。目前全国人工栽培和饲养的中药有 200 余种，植物药的种植总

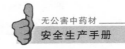

面积约 46.7 万公顷。从药用种类看，70％以上仍然来源于野生资源，从药用的总量看，仅约有 50％来源于野生资源。近些年由于生态环境的不断破坏，人们对野生药用资源的需求量不断增加，加上没有规划的乱采乱伐，野生药用资源遭到极大的破坏，有些种甚至遭毁灭性的破坏，个别稀有种接近灭绝，野生资源的保护和可持续利用问题日趋严重。为此，国家将 168 种植物和 162 种动物列入中国珍惜濒危保护种类。根据目前药用植物资源情况，在保护和利用野生资源的同时，实行规范化种植是解决药用资源紧张、避免过度采伐的有力措施，中草药规范化种植势在必行。

（二）品种混乱，种质资源急需优选优育

中国目前人工种植和养殖的 200 余种中药材中，有些品种种植历史悠久，形成了该品种与原野生种明显不同并具有独特特征的栽培种。这些种基本是处于种植者长期自由发展的状态，小面积繁殖，小范围使用，长期以后将使品种混乱，产生十分严重的退化现象。这种现象严重地影响了中药材的品质。也因为品种不统一，使中药产品的质量难以保证，更难以保证中药产品的均一性。所以，对不同品种的收集、整理、评价、选育，按照标准确定优良品系，优化中药材的种质资源，是中药材标准化生产的重要而急迫的内容之一。

（三）生产不规范，中药材质量难以保证

在中药种植和饲养过程中，化肥、饲料、农药，甚至空气、水、土壤等生长条件，以及不规范的应用，都会影响到中药材的质量和中药材有效成分的均一性。如种子退化变异、农药的残留、有害重金属的超标等，都是影响中药材质量的重要因素。

另外，目前相当多的中药材种植人员还缺乏科学、规范种植的意识，如对农药的使用还缺少深刻的认识，对农药对中草药的不良作用了解较少，只单纯考虑其杀虫作用，并且长期使用一种农药，使病虫产生抗药性，从而又有增加使用次数和加大使用量的趋势，

造成恶性循环，而使中药材的农药残毒等严重超标，其结果是中药材和中药产品走向世界的最大障碍之一。

再如，中药的生长环境也是影响中药材品质的重要因素之一。由于现代化工业生产，特别是在一些直接受到工业污染源、如废液、废气、废渣等污染的地区，其土壤和水中含有大量的重金属，如砷、铅、汞等，药用植物在这样的环境中生长，其结果也是植物体内富集和保存了这些对人体有严重危害的元素。重金属的超标是影响中药材生产和质量的另一个重要原因。

目前很多中药材种植户还单纯地以追求产量为主要目标，较少考虑甚至没有考虑到产品的质量，这种现象势必严重影响到中药材的质量。

二、中药材生产质量管理规范（GAP）的提出及意义

（一）中药材生产质量管理规范（GAP）的提出

1. 中药材生产质量管理规范（GAP）　中药材生产质量管理规范（Good Agricultural Practice for Chinese Crude Drugs，GAP），包含了产地生态环境、种质和繁殖材料、栽培与饲养管理、采收与产地加工、包装、运输与贮藏、质量管理、人员及设备、文件及档案管理等多个环节，是药用植物和动物的规范化农业实践的指导方针。

2.《中药材生产质量管理规范（GAP）》的起草实行　1998 年 8 月，欧共体提出了"Guidelines for Good Agricultural Practice of Medicinal Plants and Animals"，形成了欧共体 GAP。同年中国自然资源学会天然药物资源专业委员会成立《中药材生产质量管理规范》起草小组，在学习欧共体 GAP 基础上，结合我国国情，进行第一稿的起草任务，1998 年 11 月，国家药监局在海口市召开中药材 GAP 第一次研讨会，草拟了中药材第一稿。1999 年 5 月，国家药监局在天津对第一稿进行讨论修订，形成第二稿。2000 年 9 月，国家药监局召开第三次中药材 GAP 起草工作会议，对第二稿进行

讨论修订，形成第三稿，各省、自治区、直辖市逐步开始部署实施中药材 GAP 工作。2001 年 9 月，国家药监局召开第四次中药材 GAP 起草工作会议，对第三稿做了进一步的修改和完善，完成 GAP 送审稿上报，最后于 2002 年 3 月经国家药品监督管理局审议通过，2002 年 4 月 17 日，国家食品药品监督管理局签署的国家药品监督局令（第 32 号）正式颁布《中药材生产质量管理规范（试行）》，要求于 2002 年 6 月 1 日起开始实行。我国的中药材生产进入规范化管理的轨道，这是中药材实施监管的里程碑。

（二）实施中药材生产质量管理规范（GAP）的意义

中药材是取自于大自然的生物资源。掠夺式的采集，盲目的扩大范围，致使许多物种面临枯竭，药材的地道性难以保证，严重地影响了中药材产品的质量及中药产业的发展。目前，我国中药材生产还处在一个比较落后的水平上，中药材质量与国际市场的要求存在一定的距离，还不能满足重要现代化的需要。中药材生产对药厂生产及科学研究具有非常重要的影响。改变当前中药材生产现状，改变传统观念，增强质量和规范意识，从根本上保证中药材、饮片和中成药的质量势在必行。根据中药材生产质量管理规范（GAP）大力推行中药材规范化、标准化、科学化栽培种植，使中药材质量达到"安全、有效、稳定、可控"，农药残留及重金属含量符合绿色中药材标准，对满足国内外市场对中药材"品种与内在质量稳定、道地产地稳定、种植生产规范、可持续供应"的要求具有非常重要的意义。

1. 提升科技含量，实施中药材的品牌化　传统的中药材收集多以种山货的形式出现，包装粗糙，杂货较多，产地、加工方法不明，可谓简单粗放，普遍存在质量不稳定的问题，严重影响药材的应用。只有实施 GAP，通过规范化、规模化、集约化的生产，规范中药材的来源，完善中药材的质量标准，保证中药材的质量，才能实现中药材的品牌化；才能为企业发展成为具有高技术含量、强国际竞争力,以产业化生产现代中药获得良好的市场效益提供基础保障。只有凭借现代中药品牌,中药才能走出国门,增强国际市场的竞争力。

2. 实现药材和中药生产的可控性,保证产品质量 实施GAP,中药材规范化生产优质、可控、无公害的优质中药材,是保证药品质量"安全、有效、稳定、可控"的基础。中药材生产质量管理规范(GAP)是国家实施药品生产质量管理规范(GMP)、药品销售管理规范(GSP)、药品非临床安全试验管理规范(GLP)、药品临床试验管理规范(GCP)的基础。如果没有中药材GAP,中成药的GMP、新药研制开发的GLP和GCP、药品供应的GSP也就不复存在。GAP是中药药品研制生产及开发应用的源头,只有严格遵守GAP,得到质量稳定、均一、可控的药材,才能保证产品质量,从根本上解决中药的质量和现代化问题。

3. 合理选择种植条件,确保药材的地道性 在实施规范中,药材产地的选择、药材种子的选择具有重要意义。不同产地的同一药材,其组分含量差异很大。因此,应在药材传统地道性和现代科学研究的基础上,选择种植基地及种子。此外,应在中医理论的指导下,突出中医辨证施治特点,充分体现药材的地道性,保持传统优势,保证最佳疗效。

4. 由需求控制产量,保证原料的稳定供应 中药材的人工规范化种植,可以根据市场的需求量宏观的控制生产量,不仅能减轻野生资源的压力,利用和保护并重,而且能保证优质、稳定原料的供应,避免产量不稳定而引起的市场混乱,造成部分品种短缺、部分品种积压等现象的发生。标准化种植可为生产高品质的现代中药提供稳定优质的中药材原料。

5. 改变分散的药材种植形式,促进农业产业化,建立无公害中药材 GAP 生产基地 结合农村退耕还林还草等农业结构调整,采用公司+农户、公司+承包商(或分公司)+农户、政府(官)+公司+农户、商(商业药材经营企业)+农户、公司(制药企

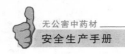

业）＋租赁土地＋农工、公司＋农场＋农工等模式，将单个农户的
生产与市场相结合，以市场为导向，企业为主体，科技为依托，政
府协调，向企业化管理规模化种植的方向发展。充分调动广大农民
的积极性，合理整合和开发各地资源，官、研、商、农等相结合，
形成研、产供销一条龙的产业结构，促进农业产业化、集约化和规
模化，建立中药材 GAP 生产基地，从而满足制药企业和医疗事业
的需要。

三、《中药材生产质量管理规范》的基本内容

《中药材生产质量管理规范》是对药材种植、生产、加工、贮藏等
全过程的控制标准和程序规范，主要解决原料的集中、质量的均一和
稳定性。GAP 只是一个大原则，具体每个药材品种，需有各自的
SOP。GAP 的实施是一个多学科共同组成的较为复杂的系统工程，大
致又分为 3 个子系统：药材生物学系统、环境系统和管理系统。GAP
内容广泛，包括了十章五十七条。具体内容如下：

第一章　总则

说明 GAP 的目的和意义；

第二章　产地生态环境

对大气、水质、土壤环境生态因子等的具体要求；

第三章　种质和繁殖材料

正确鉴定药材来源的物种，保证种质资源的准确和质量；

第四章　栽培与饲养管理

制定药用植物栽培和药用动物饲养的多项技术措施，重点是病
虫害防治及田间管理；

第五章　采收与产地加工

确定适宜的采收期、药材干燥及产地加工技术；

第六章　包装、运输与贮藏

包装应规范（含包装材料），运输、贮藏的基本保证等；

第七章　质量管理

对药材的形状、杂质、水分、灰分等的检测，注重质量管理及监控；

第八章　人员及设备

对不同生产和管理人员的培训及生产场地的硬件设备的具体要求；

第九章　文件及档案管理

对药材生产全过程的记录、有关软件资料等的要求；

第十章　附则

相关术语的解释、说明等。

四、关于标准操作规程（SOP）

（一）SOP 及其制定

《中药材生产质量管理规范》的制定与发布是政府行为，为中药材生产提出应遵循的要求和准则，这对各种中药材和生产基地都是统一的。各生产基地应根据各自的生产品种、环境特点、技术状态、经济实力和科研实力，制定出切实可行的、达到 GAP 要求的方法和措施，这就是标准操作规程（Standard Operating Procedure，SOP）。

SOP 涉及多个学科的综合，其科学与否直接影响药材生产的质量，因此 SOP 的制定要在总结前人经验的基础上，以药材质量为核心，通过科学研究、技术实验，并应经过生产实践证明是可行的，要具有科学性、完备性、实用性和严密性。SOP 的制定是企业行为，是生产基地对具体的品种的长时间的研究成果，是检查和认证以及自我质量审评的基本依据，也是一个可靠的追溯系统，也是研究人员、管理人员以及生产人员的具体培训内容，必须认真研究制定，严格执行。SOP 不仅是企业指导生产的重要文件，也是企业的研究成果和财富，还是企业进行质量评价、申请 GAP 基地认证或原产地域产品保护的重要技术文件。企业作为知识产权人，应对 SOP 加以重视和保护。

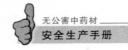
（二）SOP 的内容

SOP 作为一个具体的操作规程，每一个生产环节都需要细化，可操作。其中应该具有生产操作指南和操作记录报告。SOP 包括正文和附录两部分。正文部分是一个操作系统，不必对操作内容进行解释，所有解释都在操作规程的附录中说明。附录中的说明是正文操作系统的技术支撑，每项具体操作都应该提出近两三年的试验技术资料作为依据，而且 SOP 应该通过技术权威部门的认定。当前应注重研究和制定的 SOP 具体内容如下：

1. 生产环境的质量现状、评价及动态变化。

2. 药用植物的生物学特性确定。

3. 良种优选与复壮条件。

4. 物种鉴定及种子、种苗标准的制定等。

5. 栽培技术的确定和经验总结及优化组合。

6. 病虫害种类、发生规律及综合防治方法研究。

7. 农药使用规范及安全使用标准。

8. 农药最高残留量及安全间隔期的确定。

9. 不同肥料的合理使用。

10. 农家肥的无害化处理。

11. 药用植物专用肥的研制。

12. 活性成分和指标性成分的积累动态。

13. 采收期确定。

14. 药材采收、产地加工方法的研究与改进。

15. 药材质量的检测与认证（国家标准、企业标准）。

16. 药材的包装、运输与贮藏。

17. 文件档案的建立与管理等。

SOP 软件的设计与管理同硬件设施的购置同等重要。软件是硬件应用的保证，可以弥补硬件设施的不足，而先进的硬件必须有良好的管理、正确运作及维修，才能达到原设计的目的，符合 GAP 的要求，所以硬件和软件是相互配合、相互依赖的。

（三）编写 SOP 的基本格式

1. 封面　某生产基地、药材名称的标准操作规程。

2. 目次　列出编号、章节、标题与附录等。

3. 前沿　并附加说明——本规程由×××企业负责解释以及起草单位和起草人。

4. 正文　①范围：适用药材的生产地区。②引用标准：本规程引用的国家或地方有关标准。③定义：本规程所涉及的主要专业术语等。④生产操作步骤及要点和要求等。要求依据中药材 GAP 的要求和不同中药材的生产特点，详细说明各主要环节的操作要求和过程，尽可能采用文字、列表、数据相结合的表达方式。

五、中药材生产的发展方向

中药材生产发展方向的中心目的就是围绕提高中药材生产的质量和数量而提出的一些具体的切实可行的措施和方法。最主要的应强调中药材的基地化、规模化、规范化生产，而基地化、规模化、规范化生产彼此间又是相互密切联系的。

（一）基地化

中药材的基地化建设和生产，是保护药材资源，提供优质药材的必由之路。

中药是用于防病治病的特殊商品，必须保证质量稳定可靠。目前有些中药材生产处于盲目无序状态，各地区小农小户散种占有较大的比例，其结果导致栽培品种混乱、管理粗放、栽培技术差异大、采收期不一致等导致产量低、质量差。中药材讲求地道性，地道药材强调药材的生长环境和生长采收时间。地道药材质量优良，信誉卓著。只有实行基地化生产，才能规范生产加工技术标准，确保中药材质量，稳定中药材生产，并可形成稳定的产销渠道，保证农民的经济收入，满足中药企业对中药材数量和质量的需求，才能

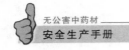

适应国际市场的要求，有利于中药产业进入国际医药市场。

（二）规模化

在中药材生产基地的基础上进行大规模化生产。

规模化生产是节约成本、提高经济效益的有效途径，也是中药材生产产业化的需要。大规模的基地化生产，有利于中药材栽培规范化的执行，有利于新技术的推广和应用。建立高产优质高效的大规模的中药材生产基地，才能在市场经济中得到更大更快的发展，才具有更强的市场竞争力。

（三）规范化

中药材生产基地化、规模化的发展，必须要在生产规范化的要求下进行操作执行，也就是必须执行《中药材生产质量管理规范》（GAP）。大规模的基地化生产，必然要求采用新品种、新技术，提高栽培水平和产品技术含量。采用栽培新品种、新技术，引进新的生产管理模式，不但可以提高中药材产量和质量，还可以降低生产成本，生产符合中药质量标准的中药材。

规范化是中药产业化、现代化的要求。中药现代化，生产符合质控标准的中药材，必须对中药材生产进行规范化管理，GAP的实施势在必行。实行规范化栽培，提高中药材质量，是中药质量标准控制的源头，对中药现代化、标准化具有重要作用和意义。

第二节　无公害中药材生长的
外界环境条件

《中药材生产质量管理规范》对中药材的生产产地的生态环境包括大气、水质、土壤环境等生态因子都提出了具体的要求。此外，中药生长环境的光照、温度以及土壤的化学性质，生物特性等也在随时地影响着植物的生长和中药的质量。

一、气候因子与药用植物生长的关系

(一) 光照

1. 光照对植物生长的影响 绝大部分植物是绿色的自养性植物，体内含有大量叶绿素。绿色植物依靠体内的叶绿素来吸收太阳的光能，并把二氧化碳和水加工成碳水化合物，以提供给植物的生长、发育的需要，这种现象称为光合作用。可以说，不单纯植物体的生长，包括植物体内所有积累和贮藏的营养物质都是依靠光合作用得到的。可见，光是影响植物生长的一个非常重要的生态因子。

在一定范围内，随着光照强度的增加，光合作用的强度也随之加强，但是当光合作用增加到一定程度后，光照虽然加强，但光合作用并不随之增加，这时的光照强度称为光饱和点。超过光饱和点，植物的光合作用减弱。如果光照强度不足，会导致植物的光合作用降低，光合作用降低到一定程度后，光合产物仅能补偿植物呼吸作用的消耗，此时光照强度称为光补偿点。当光照强度低于光补偿点时，植物开始消耗体内积累的光合产物。

光照在陆地上不是均匀分布的，光照可随海拔的高度、地理的纬度、地形的坡度、地势的朝向等而不同。另外也随着季节的变化和一天内的时间不同而改变。

2. 受光照影响的植物类型 对具体的植物物种，不同的生长时期对光照的需求也不同。

每种植物对光照的要求是植物在长期的演化过程中对环境的一种适应的结果。对某一种植物，光照的强弱、光照的时间是不能随便改变的，否则将会影响植物的生长。

(1) 以光照强度确定的植物类型 根据植物生长对光照强度的要求可将植物分为阳生植物、阴生植物和中生植物。

①阳生植物。植物适应在较强的阳光下生长，在光线较弱的荫蔽环境下长势不好。如地黄、益母草、荆芥、麻黄、火绒草、栓皮栎、槐等。

②阴生植物。适应在较弱的光照条件下生长，在光线较强的条件下长势不好。如人参、细辛、黄连等。

③中生植物。是适宜生活在上两者光照条件之间类型，光照太强、太弱都会影响植物的正常生长发育。如龙胆、桔梗等。

（2）以光照长短确定的植物类型　根据植物对光照长短的要求将植物分为长日照植物、短日照植物和中间性植物。

①长日照植物。每天光照时间在15小时以上才能开花的植物称为长日照植物。如紫菀、天仙子、牛蒡等。

②短日照植物。植物在白天短、夜间长的生长条件下长势良好，称为短日照植物。如紫苏、野菊花、苍耳等。

③中间性植物。对光照时间长短没有严格要求的称为中间性植物。如千里光、蒲公英等。

（二）温度

1. 温度对植物生长的影响　温度是影响植物正常生长发育的另一个重要的环境因子。通常对具体的某种植物都有一个最适宜的生长温度范围叫最适点，同时也有能使植物生长的最低温度叫最低点，最高温度叫最高点，也就是通常所说的植物生长与温度的三个基点。在最适宜的温度范围内植物能很好地正常生长发育，温度高于最高点或低于最低点，植物都不能正常生长，或停止生长，并出现伤害。通常温度低于0℃时植物不能生长，温度高于0℃时，植物生长速度将随温度升高而加快，在20～35℃生长最快，如温度继续升高，往往由于呼吸作用加强，光合作用减弱，养分消耗多于积累，使生长速度下降，温度升高到最高点后，生长将逐渐停止，并将受到伤害。

植物生长期间常会遭到低温的伤害，低温对植物的危害通常分为冷害和冻害两种。冷害是指温度在0～5℃对植物造成的伤害。在此温度范围植物体蛋白水解速度比正常情况高几倍，一些酶的活性显著下降，破坏了细胞的正常代谢功能。冻害是指0℃以下低于冰点的低温对植物造成的伤害，温度在低于冰点以下将会使植物组织内出现冰晶，细胞体内的原生质体受到不可逆的破坏，而使植物受到伤害。植物的抗寒性是根据不同植物种类、品种而不同的。

高温对植物生长的危害首先是破坏了光合作用和呼吸作用的平衡，使呼吸作用不同程度地超过了光合作用，不断加大体内积累的消耗，结果将使植物因长期饥饿而死亡。高温也是加强植物蒸腾作用的主要原因。蒸腾作用加强，体内水分过分散失，体内水分平衡受到破坏，使植物因失水而萎蔫、枯死。当气温达到近50℃的高温时，可使植物体内蛋白凝固而影响植物的正常生长，除少数热带多汁植物外，绝大多数植物将会死亡。植物的抗高温能力也同样是因种而异，就是同种植物的不同生长期也表现出不同的抗高温能力。对大多数植物种，植物的休眠期抗性最强，发育初期最弱，以后随着植物生长抗性不断加强。

抵御高温对植物伤害的有效方法是保持土壤湿润，促进蒸腾作用，也可采用给植物喷水降温等方法。

2. 受低温影响的天气灾害　国内和温度有关的灾害性天气主要有寒潮、霜冻、冷害等。

（1）寒潮　中国国家气象局规定，凡冷空气入侵，气温在24小时内下降10℃或10℃以上，同时最低温度在5℃以下，称为寒潮，并发布寒潮警报。各省、自治区又根据本地区的具体情况，对寒潮标准作了不同的补充规定。

寒潮的到来除了造成明显的降温以外，同时常伴有大风的到来。突然的降温常导致越冬植物遭受冻害，特别是冬末春初，天气已经变暖，如有寒潮突然来临，会使幼嫩植物遭受严重伤害。通常采用的防御方法是，在得知寒潮来临预报后，利用挡风和覆盖物来进行保护，也可提早施肥，提高植物的抗寒能力，还可以采用培土等措施提高大田植物的温度。

（2）霜冻　指在一年日平均气温在0℃以上的温暖时期，当冷空气南下入侵时，土壤和植物表面的温度在短时间内下降到足以引起植物遭受伤害或死亡的现象。

除了天气是造成霜冻的主要原因外，局部的地形条件也是造成

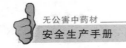
小范围霜冻的原因之一。特别是盆地、低洼地、谷地是冷空气容易聚集的环境，容易造成严重的霜冻。另外，北坡、山脚、迎风坡要比南坡、山坡、背风坡严重。

常用有效的霜冻防御方法有利用熏烟、提前田间灌水、利用稻草等覆盖物对植物进行遮盖等方法。

（3）冷害　指植物生长期间遭到低温的影响，使植物生长缓慢或生理机能受到障碍。

3. 不同温度适宜生长的植物类型　每种植物生长的最适宜温度是该种植物长期演化形成的适宜结果，不同的气温条件分布着不同的药用植物种类。根据中国气温环境和药用植物的分布情况，大致可以分为以下几种类型：

（1）喜热型药用植物　主要分布在南亚热带、热带。如砂仁、槟榔、马钱子等。

（2）喜温型药用植物　主要分布在北亚热带、中亚热带、暖温带。如金银花、杜仲、川芎、白芍、菊花等。

（3）喜凉型药用植物　主要分布在中温带。如人参、五味子、细辛、枸杞、黄连、北柴胡、龙胆等。

（4）高寒型药用植物　分布在西北与青藏高原的高原寒带。如大黄、雪莲、冬虫夏草、川贝母等。

（三）水分

1. 水分对植物生长的影响　水是植物体的重要组成部分，也是植物生命活动不可缺少的重要环境因子之一。作为环境因子，包括植物周围的土壤中的水、地下水，也包括大气中的水。但是这些环境中含有水的多少是相互联系、彼此影响的，常常是土壤缺水大气同时也表现干燥。从生态环境角度看，水对气候类型的形成和气候的稳定具有重要的作用。

生长环境水的不足是植物生长中最常见的影响植物生长的生态因子之一。少量缺水会影响植物的正常生长，大量缺水将会造成旱灾。干旱可分为大气干旱、土壤干旱和生理干旱，不同的干旱类型彼此之间相互影响，相互联系、相互制约。在较强的阳光照射下，大气的温度会很快增高，大气的湿度也会相应下降，植物体内的水分也会随着蒸腾的加快而减少，同时又会加快植物吸收土壤水分的速度。

在植物体内，木本植物的含水量达70％，一般的草本植物达到80％，一些水生植物的含水量可高达90％以上，可见水和植物的关系非常重要。水不单是植物体的重要组成部分，水也影响着体内酶的生化反应、植物的光合作用、有机物的代谢过程等。另外植物体吸收无机、有机养料以及营养物质在植物体内的运行也是依靠水来进行的。水在细胞体内可增加细胞膨压，使细胞维持正常形态，这也就是为什么干旱时期植物体萎蔫的原因。水还具有调节植物体温的功能等，水是植物生命的最重要的物质基础。

2. 植物的抗旱和抗涝性 每一种植物对其生长环境水的要求是不同的，对具体的植物种都有一个最佳的适宜条件，水多将出现水涝，水少将出现干旱，植物的抗涝和抗旱能力也是根据种的不同而异。

（1）植物的抗旱 植物在干旱的环境，当蒸腾失水大于根系吸水时，就会出现萎蔫现象。一些通过减弱蒸腾就可以恢复正常状态的称为暂时萎蔫，这种现象会造成花果脱落，导致减产。如果植物长时间严重缺水，导致植物萎蔫而不能恢复正常的植物生长状态，甚至死亡，称之为永久萎蔫。

通常把植物对干旱的抵抗能力叫做植物的抗旱性。植物对干旱的适应性和抗旱能力是多种多样的，如一些旱生植物的特点是根系发达、叶片较小、毛绒丰厚、角质层明显；植物体内储水能力强，光合作用强等特征。

人为的对植物进行抗旱锻炼也是提高植物抗旱能力的有效途径。如在植物的苗期可有目的地减少水分的供给，以迫使植物根向土壤深处生长。还可以在播种前，将种子浸泡1～2天，再风干到原来的重量，反复多次，然后播种。另外，合理施肥、选用一些化学药剂处理等都可以提高植物的抗旱性。

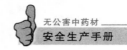

（2）植物的抗涝　植物生长的环境水分过多而对植物造成伤害，称为植物的涝害。陆生植物在土壤水分过多时会严重影响植物的生长，甚至死亡。水涝实际上是因为水分过多，充满了土壤中的空隙，而使植物根系处于缺氧的状态，抑制了有氧呼吸。

植物对生长环境过多水分的适应能力和抵抗能力称为植物的抗涝性。不同种类植物，甚至同种植物的不同时期，其抗涝能力也是不同的，应该因种和不同生长期而异。

对于涝灾的防御要事先做好排水防涝，还应该对遭受涝灾的植物进行及时的排水抢救，使植物体尽快摆脱缺氧窒息的状态，以减轻损失。水涝排除后还要尽快把茎叶上的泥沙冲掉，使叶片尽快恢复光合作用，进行正常生长。也可以根据植物受涝情况，适当追施速效肥料，促进植物生长和增强抵抗能力。

3. 受水分影响的植物类型　根据不同植物对水的适应和对水环境的要求，常将植物分为以下几种类型：

（1）旱生植物　这种植物的抗旱能力较强，可以正常的生活在较为干旱、缺水的环境中，长期对缺水环境的适应，使植物体在形态和结构等方面都形成了旱生植物的特征。如甘草、沙棘、骆驼蓬、麻黄类的根深植物，依靠几米甚至更长的根吸收干旱土层下面的地下水。又如景天、仙人掌、芦荟等肉质性植物，依靠其肥厚的叶片等器官中的大量薄壁组织储存大量的水来克服缺水环境对植物带来的危害。还有的植物种类依靠较厚的角质层来控制体内的水分过分散失，如夹竹桃、橡胶树等。有的植物表面具有浓密的毛绒，借以遮挡强烈光线对植物的照射而带来的水分过度蒸发，如火绒草、白头翁、毛地黄等。还有的种类叶片特化成针状或鳞片状等，借以减少水分的蒸发，以此来适应干旱的生长环境，如仙人掌、山天冬等。

旱生植物的生态环境往往和较强的光照相联系。

（2）湿生植物　这类植物主要生长在潮湿的河谷、沼泽地带、阴湿林下等处。通常叶片较大而薄，抗旱能力较弱，对干旱非常敏感，缺水条件下容易影响植物生长甚至死亡，如慈姑、水菖蒲等。

（3）中生植物　植物生长的环境条件介于旱生植物和湿生植物之间。大部分植物都属于这种类型，如龙胆、白芷、黄檗、银杏等。

（4）水生植物　生长在水下土壤。因为水分充足，水生植物的吸收能力很差，体内的通气组织发达。进一步又可分为茎、叶都漂浮在水面的浅水植物，如莲、泽泻等；根也生长在水中的漂浮植物，如浮萍、满江红等；根、茎、叶都生长在水中的沉水植物，如水王荪、金鱼藻等。

（四）空气

空气主要由氮、氧组成，其次还有二氧化碳、氢及少量不固定成分如二氧化硫等组成，根据不同环境还可能有不同量的粉尘、废气等。

任何生物的生命现象都和空气分不开。对于植物的生理要求，空气中的二氧化碳和氧的浓度直接影响着植物的生长和发育，特别是二氧化碳的浓度不足是影响光合生产率的重要限制因素。

空气中的有毒气体对植物的生长有着两重性：一方面对植物的生长造成严重的危害，特别是对中药材的种植，会因为过分吸收有毒气体而严重地影响着药材质量；另一方面有些植物还有吸收和净化大气的作用。但是根据《中药材生产质量管理规范》要求，种植药材的生产基地空气质量必须符合国家二级标准。

1. 氧与植物的生长　氧是植物呼吸作用的必要元素，氧的供给影响着植物的生长和生存。当空气中氧的浓度不足 20% 时，植物的呼吸作用开始下降，生长开始受到影响和限制。当氧气浓度低于 5% 以下时，呼吸作用急剧下降。空气中缺氧时，植物的有氧呼吸便完全停止。土壤中氧的含量也根据土壤的质地不同而不同，适宜根系生长的土壤中氧气的含量应在 15% 左右，如低于 10% 时，根系的呼吸作用将会受到影响。不良的土壤结构和不适的耕作、灌溉都会使土壤的通气条件下降，如土壤中含氧量在 2% 以下，将会限制根系的呼吸，严重地影响植物的生长发育。提高土壤含氧量的有效方法是改良土壤、中耕松土、改建排水工程等。

2. 二氧化碳与植物的生长 二氧化碳是空气中重要的成分之一，并且是植物光合作用的原料。所以空气中二氧化碳是否充足，与光合作用强度有着很大的关系。对于大多数植物，空气中最适合光合作用的二氧化碳浓度是 1％ 左右，大气中的二氧化碳的浓度仅有 0.02％～0.03％，远不能满足植物光合作用的需要，如果在天气晴朗并风平浪静时，二氧化碳的不足就更为明显。特别是在大面积的植物群体中，以及塑料薄膜大棚，由于薄膜的覆盖，限制了室内外的气体流通和交换，室内植物进行光合作用吸收了二氧化碳，造成了本来就不足的二氧化碳更为缺少，严重地影响了植物光合作用的进行。

目前主要采用二氧化碳施肥的方法来补充空气中二氧化碳的缺少。实验证明是一个行之有效的办法，特别是在育苗和植物生长盛期，进行二氧化碳施肥效果更好。

3. 风与植物的生长 风对植物的生长发育有着多方面的作用。有宜于植物生长的一面，如风媒传粉、变换调节温度、湿度、二氧化碳的浓度等；也有不利于植物生长的一面，如狂风对植物的损害，寒流时促使温度进一步降低等。

风对环境中热量、物质等的传送作用可对植物发生直接的影响。风可以加快地表和大气热量的交换，促进土壤水分快速蒸发，使植物体内水分快速蒸腾；风可使植物体叶表面温度迅速降低，以免遭受强烈阳光对植物的热伤害；风还可以改变群居环境的小气候，加快二氧化碳的交换，使外界的二氧化碳源源不断地提供给植物进行光合作用；风是风媒植物进行传粉的重要媒介，在风媒植物开花传粉时期，风的大小和有无对植物的传粉受精以至于产量都有重要的影响。

强风对植物的生长发育也有着不利的一面。如风速加大会使植物蒸腾加快，引起植物缺水；长时间的大风也会影响植物体的正常生长，使一些木本植物变得矮小；而大风还是造成植物大面积倒伏的主要原因；有的地区在夏季时还经常遭受到干热风的侵害，造成大气干旱，使植物遭受旱灾。

在中草药种植过程中，特别要注意通风透光，使植物内外之间的温度、湿度不断得到调节，避免产生对植物生长的不利因素。

二、土壤条件与药用植物的生长关系

土壤是药用植物的生长基础，除了阳光，空气中提供的二氧化碳、氧气外，其他绝大部分的养料生长条件都是由土壤来提供的。土壤的好坏，是否适合于植物生长发育是药用植物增产高产提高药材质量的基础条件，一些地道药材的质量就与其生长环境的土壤性质有着密切的联系。

（一）土壤的特征

土壤是一种复杂的混合物质，由固体、液体、气体组成。固体部分主要是矿物质、微生物、有机质；液体部分是土壤中的水分；气体就是土壤中的空气。土壤中的水分和空气是存在于土壤颗粒的空隙中。土壤的固体、液体、气体也被称为固相、液相、气相，三者之间的相对比例又叫做土壤的三相比。三相之中，固相是相对稳定的，与液相、气相彼此相互联系、相互制约，一方面有着自己固定的特征，同时也受着外界环境的影响而发生着变化。

土壤的结构主要由土壤固体部分的排列方式而决定的。土壤的固体颗粒大小不同，形态各异，组成了不同的空间排列格式，土壤的结构对土壤肥力的好坏、微生物的活动等都有很大的影响。

土壤的质地是土壤中各种颗粒的重量百分比，如沙、砾、粉等的含量。根据土壤颗粒的含量常将土壤质地分为沙土、沙壤土、轻壤土、中壤土、重壤土、黏土。土壤的质地也是影响土壤肥力和耕作的因素之一。

典型沙土的土壤颗粒较粗，含有 50％以上的沙粒，通透性好，但保水能力差，容易发生干旱。因为沙粒较多，土质疏松，易于耕作。

黏土中沙粒的含量一般不超过 20％，因为沙粒较少，土壤通

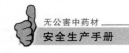

透性较差，耕作阻力较大，但是保水保肥能力较强，肥效持久，多数药用植物不宜在黏土条件下种植。

土质介于沙土和黏土之间的是壤土。壤土的通透性较好、保水保肥，耕作性能等都很好，是理想的药用植物种植土壤，特别是根和根茎类药材更适宜在壤土栽培。壤土类型又因为含沙较多称为沙壤土，含沙较少称为黏壤土。

土壤的通气性和保水性是影响土壤质量的重要因素。沙土通透气较好，但是保水能力差，黏土保水能力好，但是通透气又差。所以，适宜大多数植物生长的高质量的土壤即要保持有良好的通气作用，使土壤中有大量的氧气存在以适应植物根的呼吸，同时还要保持一定的湿度和含水量。

从表面观察土壤有不同的颜色，根据不同颜色对土壤命名也是常采用的方法，如红壤土、黄壤土、黑壤土等。

（二）土壤的微生物

土壤是各种微生物生存最多的环境，主要包括细菌、真菌、放线菌和一些低等藻类、变形虫等。

细菌是很小的单细胞生物体，是土壤中最为广泛分布的生物体。虽然很小，但数量之大，繁殖速度之快，对植物生长的直接影响，使人们对其格外重视。对植物生长有直接关系的细菌主要有硝化细菌、氨化细菌、固氮细菌、硝酸盐细菌等。微生物的种类很多，对植物的生长发育有不同的影响，主要作用有可使土壤中的一些死亡的植物体、动物体等有机质分解成腐殖质，把复杂的有机质分解成植物能够利用的有机养料。微生物还能分解土壤中的一些难溶于水中的矿物质养料，如存在于一些矿石中的磷、钾等，被硝化菌类等分解，成为能被植物所吸收的养料。一些固氮细菌还可以将空气中的氮吸收变成自身的组成，随着这些菌的死亡和分解，将其成为能被植物所利用的氮肥。

很多种土壤微生物对植物的生长有很大的益处，创造一个适合这些微生物生存的良好环境也是间接地提高药用植物生产产量和质量的一个重要保证。如保持能适宜微生物生长繁殖的土壤水分和湿度以及空气，提供有足够的有机质等营养条件，保持一定的温度等。

土壤中除了一些有益于植物生长的微生物外，也有一些不利于药用植物生长的有害微生物。了解不同类型的微生物的习性和生长规律，创造条件增加有益的土壤微生物的大量繁殖，抑制有害微生物的生长，也是提高中药材产量和质量的有力措施。

（三）土壤的肥力

土壤肥力主要是指土壤中的有机质的含量多少，土壤有机质和土壤的矿物质共同提供植物的主要营养的需要。有机质的主要来源是动物、植物、微生物的遗体以及他们的排泄物，在水分、空气以及土壤中小动物、土壤微生物等的作用下发生腐烂分解。其中绿色植物的全部或部分是有机养料的主要来源，土壤中的动物和微生物主要分解这些有机物质，经微生物分解改造的有机体被叫做土壤腐殖质，土壤腐殖质的多少是土壤性质和土壤肥力好坏的标志之一。不同地区、不同环境土壤中有机质的含量差距较大，低的可能不足1%，高的可达 20%以上。

土壤有机质的营养成分非常丰富，含有植物生长所必需的氮、磷、钾、钙、镁等重要元素，还含有一些植物必需的微量元素。在有机物质被动物和微生物分解的同时，还可产生二氧化碳释放到大气中，成为绿色植物光合作用原料的来源。土壤中含有的一些成分，不但能对植物的生长起到促进作用，也可以增加药用植物抵抗病害的能力。

丰富的土壤有机物质还可以使土壤形成良好的结构，使土壤更加疏松，具有较好的通透性，保证空气和水分的流通，同时还可以使土壤的保水性能加强。

土壤中的营养成分以多种形式存在，有的容易或能直接被植物吸收利用，被称为速效性养分。速效性养分多以离子状态存在，其中阳离子氮、钾、钙、镁等，多被吸附在土壤胶体上，少数在土壤溶液中；一些阴离子主要存在于土壤溶液中。还有一些难以被植物

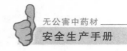
直接吸收利用的较为复杂的有机化合物和无机化合物，被叫做迟效性养分。这些复杂的化合物质只有在长期的分解和转化为速效性养分后，才可被植物吸收利用。值得一提的是，在全部土壤养分中，速效性养分只占较小的比例，大部分是一种以储藏形式存在的迟效性养分。

（四）土壤中的水分

土壤中的水分是组成土壤的液态部分，土壤中的水和植物的生长发育有着最为密切的关系。任何植物赖以生存的土壤都不能缺少水分，植物体的组成成分绝大多数是水，这些水主要是来源于土壤中的水。植物也要不断地从土壤里吸收营养物质以满足本身的生长需要，这些物质也是溶解在水中才被植物吸收到体内，再进一步运输到植物体的各部。水也是调节土壤温度的有效物质。炎热的夏季，强烈的光线直射地面可使地表温度达到 50℃ 以上，太阳强烈的照射和地表的烘烤，很容易使植物遭受高温的伤害。如果土壤中含有充足的水分，地表温度增高，可以通过水分蒸发而降低土表温度，以此避免高温对植物的伤害。土壤中的水分还参与一些物质的不同形式转化，如土壤中的一些矿物营养成分的转化，一些有机物质的分解与合成等。

土壤中的水分过多对植物的正常生长也会带来不利因素，甚至因水过多而使植物出现涝灾而死亡。水分过多首先会使土壤颗粒间的空隙被水充满，造成空气不能顺畅流通，土壤中出现氧的严重缺乏，使根的呼吸和吸收不能正常进行，从而导致根的腐烂，种子的萌发也会受到严重影响。如果水分过多还可以导致土壤中有机养料等的流失，降低土壤的肥力。

（五）土壤中的空气

土壤中的空气是土壤中的气态部分，根系的呼吸作用和土壤中空气的含量有着直接的关系，土壤中的动物和微生物的呼吸也主要依靠土壤中的空气，土壤中一些有机物质的转化也要依靠空气，所以，土壤中的空气和植物生长有着直接或间接的关系。

土壤中的空气一部分是和大气进行交流而来，而另一部分还要靠土壤中的生物体的呼吸所产生。土壤中生活有大量的生物，它们的呼吸作用可以释放出大量的二氧化碳，但是不能消耗氧气，其结果使土壤空气中二氧化碳的比重远高于大气中二氧化碳的含量，最高可达百倍以上。这种情况有利于土壤矿物质的风化及矿物质养分的释放。

由于土壤生物的消耗和各种氧化反应的原因，土壤空气氧的含量低于大气氧的含量，特别是在土壤板结或土壤积水的情况，氧的含量更低。在氧不足的条件下，植物的地下呼吸和微生物的生活将受到很大的影响。

土壤空气中二氧化碳和氧气的含量也和土壤的通气性的好坏直接联系。土壤通气性是指土壤的通气能力，也是指地表面大气与土壤空气进行交换的能力。土壤中的二氧化碳和氧气的含量与大气中的含量有很大的区别，如果土壤通气性能好，浓度高的气体就会不断地向低浓度的方向移动，也就是土壤中的二氧化碳向大气中流动，而大气中的氧气也会向土壤中渗入，使土壤内外气体组成尽可能平衡。

土壤的通气性能是由土壤颗粒的大小决定的，土壤中毛管孔隙的大小，土壤的类型、结构、质地、含水量等都是影响土壤孔隙大小的重要原因。土壤通气性太强和太弱对植物的生长都有一定的影响，太强会使有机质损失过快，营养成分也会很快丢失；如果通透性较差，又会影响有机质的分解，使营养物质供应不足。好的土壤，适宜植物生长的土壤应有适当的固体、液体、气体的比例，既可保证良好的通气性能，又能保证充足的水分。

第三节　无公害中药材产地
环境监督与管理

中国是中药材和中药产品生产量最大的国家，中医药作为中国

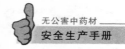
传统的医疗手段在世界享有盛誉。近些年中国的中药产品出口无论是数量和品种总体上呈上升趋势。但是随之而来的一些问题也在很大程度上限制了出口的数量，其中最主要的原因就是中药材和中药产品的质量。而影响质量的主要原因之一，又是因为药用植物生长环境被人为地干扰和破坏而不断恶化，包括化学农药的不科学使用、化学肥料的过度应用等，造成了药用植物体内蓄积了大量的有毒或有害于身体健康的物质，致使药材质量受到了很大的影响。

中药 GAP 研究中，有害物质的检查与控制是一项重要的内容，特别是近年来世界各国和地区不断加强对进口中药商品的规范管理措施，主要是在重金属、农药残留和黄曲霉毒素等有害物质限量方面，参照食品要求进行限制。目前研究表明，对中药质量影响较大的主要污染源是化学农药、重金属、化肥、工业排污以及生活垃圾等，这些污染源直接或间接的影响着植物生长的环境土壤、水质和大气。这就要求我们应对污染源有着充分的了解，并制定相关的管理监测及防治措施，以保证中药的安全性和人民的健康，从而与国际接轨，为中药及产品的出口创造良好的条件。

一、土壤的污染和管理监测

土壤是药用植物的生长基础，是最重要的生长环境条件。土壤的好坏，是植物生长好坏的最根本条件。根据中药材规范化生产与管理的要求，中药材种植基地的土壤应符合土壤质量二级标准。无论是农药、重金属、还是化肥、工业排污、生活垃圾对各种环境因子最直接的影响应就是土壤了。无公害药用植物的生长应重点对土壤进行检测和管理。

（一）土壤的污染及对药用植物生长的危害

1. 农药对土壤的污染　农药对土壤的污染是指农药通过多种不同渠道最后残留在土壤中，污染的程度也是由农药残留的多少来决定的。农药的来源可以直接向土壤施撒，也有来源于向田间植物喷洒农药后又落到土壤表面。据统计，田间喷洒的农药，绝大部分落到地表，最后融入到土壤中，而直接落在植物的表面上的比例较少。还有一些也可以随着雨水的冲刷流到土壤中，或流到河流中。即使是落在植物体的表面也不能全部分解或挥发掉，在植物体的表面经过一段时间的保留后，必将又随着植物的死亡枯萎最后又将回落到土壤中。

不同农药在土壤中的稳定性能是不同的，有的在短时间内很容易分解，有的即使很长时间也仍然保存在土壤里。

同一种农药对不同土壤的污染程度也是不同的。通常认为沙质土对农药的吸附作用和能力较弱，沙质土中易被植物吸收的农药比例就较大，在这种环境中生长的药用植物也就容易从土壤中吸收残留农药，并在植物体内富集，严重地影响到中药材的质量。

在土壤中，特别是土壤中有机质含量较多的情况下，土壤中的有机质可以吸附大量的流失在土壤中的农药，间接地起到了药用植物对土壤中农药的吸收程度。

在较湿润的土壤中，特别是水较多的土壤中，因为土壤中水可以减轻土壤对农药的吸附力，从而使药用植物与农药的接触机会加大，导致植物对农药的吸收量明显增加。

2. 大气重金属对土壤的污染　对土壤的污染，重金属的作用是巨大的。重金属的污染源主要有化学工业、重工业、原子工业，在这些工业生产过程中，排放到大气中的有害元素造成了对环境的影响。还有煤、石油等的燃烧，这些燃料中含有的重金属元素也随着烟尘一起排放到大气中，这些排放到大气中的污染物可以随着空气的流动而漂浮到十几千米甚至数十千米以外，造成大面积的污染。

大型热电站对环境造成的污染是最为严重的，煤燃烧后排放到大气中的有害物质对陆地生物和地球本身都造成很大的影响。有资料显示，黑色和有色金属的冶金企业排放的大部分重金属以工业粉尘的形式落到土壤表面。在锌冶炼厂产生的排放物的数量要比黑色

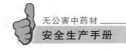
冶金厂的排量大几倍。

3. 化肥对土壤的污染 化肥的种类较多，多数是利用矿物质加工而成的矿质复合肥。化肥对药用植物的种植生产起到了很大的作用。但不合理的使用和过量使用将会起到相反的效果，不但会使土壤板结，土壤的物理化学性质也会向不利于植物生长方向转化。

如氮肥在好气的条件下，很容易被氧化转为硝酸根，经雨水等冲刷后流向土壤深处而污染了土壤。氮肥在反硝化的作用下，又会形成氮气等释放到大气中，导致大气的污染。

利用矿质肥可以提高土壤中植物所需要的营养元素的含量，在这些矿质肥中同样也含有一定量的杂质，其中有些是可对土壤造成严重污染、对药用植物造成危害的重金属。矿质肥中的重金属含量是根据矿质原料和加工不同而有很大的区别。含有重金属的主要矿质肥是磷肥以及利用磷酸加工成的硝磷钾等复合肥。

有资料表明，磷肥也是土壤中放射性重金属的铀、钍、镭的污染源。通过对不同产地的磷矿石分析，虽然不同产地的放射性物质的含量有所不同，但多数种含磷肥料长期使用都将使土壤积聚不同量的天然放射性重金属。轮换使用化肥和使用农家肥是解决这一问题的有效措施。

4. 废弃物对土壤的污染 废弃物质的种类很多，而主要的来源是工业的废弃物质和生活垃圾以及污泥污水等。

工业的废弃物质就是通常指的工业"三废"，即废水、废气、废渣。随着工业化的迅速发展，工业排出的"三废"对环境的污染越来越严重，直接污染着大气、土壤和水，对人类的生活造成了直接和间接的危害。

工厂排出的废气、废水、废渣多含有大量的二氧化硫、氯、汞、氟化物、镉、铅、砷、铜、锌等。在被污染的土壤中种植药用植物，在被污染的大气环境中生长，并浇灌着被污染的水，其结果将是在药用植物的体内可以富集着几倍以上的重金属和有害物质，这样的中药材不但难以治疗疾病，而且还会使人服用以后在体内浓缩和积累大量的毒素，给身体的健康带来极大的危害。

生活垃圾种类繁多难以统计，从破碎的玻璃、废纸、烂菜叶到家畜粪便、污水等，比比皆是。这些生活垃圾常堆积在城市的郊区，污染着周围的土壤和大气，也污染着水源。这些垃圾有些是含有植物生长需要的营养物质，但如将未经过处理的垃圾用做肥料，会使土壤的物理结构发生很大的而且是不适合植物生长的变化，使植物生长受到限制和影响，导致药材品质下降，产量降低。

污泥是经常被认为有利于植物生长的肥料，一些村边污泥的确含有大量的有机物质和多种营养元素，是较好的肥料，但是如不经过特殊处理，特别是受到厂矿排污影响的污泥，可以含有大量的有毒成分和重金属等有害物质，会严重地影响植物的生长。

（二）土壤污染的预防与治理

土壤的污染源主要是工业的"三废"排放；化肥和农药的不规范、不科学的使用；不同类型的污物、污水的使用和排灌等。预防土壤的污染最有力的措施就是控制污染源。对工厂的"三废"排放要严加控制，并进行净化处理。化学农药的控制最重要的是提高病虫害的预防意识，把病虫害尽可能地控制在发生之前，减少病虫害的发生，一旦出现病虫害要及早治理，尽量减少化学农药的使用，提倡生物防治，必要时一定要合理使用化学农药，尽量减少化学农药对土壤的污染。对化肥使用的控制是提倡使用农家肥，减少化肥的使用，对不合格的化肥要严禁使用，对氮、磷、钾和微生物肥料等要科学地配合使用，对氮肥的使用也要限制，不可过多使用。对灌溉水等要经常定期、定点进行检测，严格执行对灌溉水的具体要求。对灌溉的土壤也要定时、定点进行检测，预防重金属和有毒物质对土壤的污染。

对已经污染的土壤可采用深耕、换土、增加有机肥或绿肥的施入量等方法进行治理，但是难度很大，特别是大面积的土壤，需要大量的人力、财力和时间。所以，预防才是最根本的措施。

二、水的污染和管理监测

水污染的来源很多，包括了农药残留的污染，城市的污水和工业的排污等。污染水中的有害物质主要有以氮素存在的物质、有机毒类、重金属类等。

（一）水的污染及对药用植物生长的危害

植物的生长环境的多个环境因子彼此有着不能分割的联系，农药对植物的生长环境的影响也不是单一的。农药对水的影响同时也不同程度地联系到土壤和大气，但是还是有主次之分。水中农药的来源主要是在向植物喷洒农药的同时，会有不同程度的农药撒落在土地上，而又随着降水将土壤中的农药冲刷后流向地下水和河流、湖、海。另外，对某些地下害虫常采取在土壤中直接施撒农药的方法，或在水中直接施撒农药进行灌溉，最后，农药也将随着地下水流向河流和湖、海。在水中的农药可以随着水的流向而广泛散播，会加大农药对水、对土壤的污染面积。

土壤水中存在的氮素物质可分为无机态氮类和有机态氮两类，各种氮类物质的存在对植物的生长随种类和量的多少而不同，但是无论是哪一种，只要是含量大，都会出现对植物的危害现象，使植物生长遭到不同程度限制。通常出现的植物贪青倒伏、果实发育不好、病虫害多发等都与氮素过剩有关。

污水中的有机毒物质的种类较多，其中常见危害较大的有酚、氯等。不同的有机毒类对药用植物有着不同的危害，如水中酚的含量过高会使植物的生长发育受阻，使植物的品质变坏，口味不佳。一些有机物质在土壤中经分解后会使土壤的环境发生很大的改变，使植物的生长受阻或引起病害等。一些工业排泄的废物，特别是开矿、冶炼等的排污，经常含有大量的重金属，如铜、锌、镉、砷等，不但影响着药用植物的生长发育，还使一些有毒物质储积在植物体内，严重地影响着中药材的质量。

（二）水污染的预防与治理

根据《中药材生产质量管理规范》的要求，中药材的种植基地灌溉水应符合灌溉水质标准。水污染的问题是直接影响植物生长的大问题，解决这一问题的关键是预防，其次才是治理。预防的关键还在于提高认识，首先必须认识到不同污染物的危害，然后对不同污染源进行设障把关。如对农药的使用，要严格遵守无公害药用植物的农药使用规范，力求不用或减少毒性大、危害大的农药使用，提倡生物防治等。对一些排污量较大的厂矿和企业要求按照环境保护法进行限制和改造，严格把好各种污染源的出口，使污染降低到最小。

采用氧化塘法也起到了较好治理水污染的作用。这种方法简单易行，就是将污水停留在池塘或蓄水池几天到几十天，利用水中生活的生物将污水净化。有资料显示，利用这种方法可将污水中的有机磷类农药清除 90％以上，对生活污水的处理效果也很好。

三、大气的污染和管理监测

（一）大气污染及对药用植物生长的危害

随着人类活动的频率加快和工业化生产的日益发展，对大气质量产生的影响也在日益加强，如汽车尾气的大量排放，工厂废气、有害气体的排放，不同类型的燃烧排放出的烟尘等，使大气质量在逐渐下降。

人类对大气污染的最直接感觉是能见度降低，空气浑浊，不但使人的感觉不舒服，也是影响气候多变、出现多雾、多雨的重要原因。大气污染也是使大气辐射发生不平衡改变的一个重要原因，是导致地球温室效应使地球表面温度升高的重要因素，排放到大气中的污染物也可能使大气形成酸雨，酸雨的形成又是导致某些土壤酸化的重要原因。

不同的污染源对大气的质量影响不同，大气中的有害物质和气

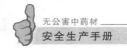

体也不相同，对药用植物的影响也不相同。一些大气中的有害物质，如氟化物、硫化物、氯气、粉尘等，可以通过植物体表面的呼吸通道气孔进入到植物体内，或吸附在植物体的表面。大气有害物质可导致植物黄化、白化、坏死等，也可使植物发育不良、生长缓慢等。氟、氟化氢等可以抑制植物的新陈代谢，高浓度的氟化物可导致植物组织坏死，低浓度氟化物可使植物黄化；氯气被植物吸收后可使叶绿素分解而变成黄白色；二氧化硫进入植物体内可使叶片变白而干枯；臭氧被植物吸收也可使叶片出现黄白色，高浓度时可使叶片坏死；大气中的粉尘落在植物体的表面会直接影响光合作用，导致植物生长发育不良。

（二）大气污染的管理和监测

根据《中药材生产质量管理规范》的要求，中药材的种植基地空气应符合大气环境质量二级标准。对大气污染的治理首先还是应以预防为主，其次才是监测和治理。和水污染的预防一样，提高人们的认识，严格控制各个污染气体的来源，对间接排放有毒气体和污染粉尘的源头也要进行控制和改造。如一些产业化生产的工艺流程改进，高效低污染的原材料的选用，改善燃烧条件，控制燃烧废气的排放，特别是一些新厂的建立，一定要严格把好环保关，回收污染物，或污染物处理的设施一定要健全。另外，植物特别是森林有吸收有毒气体、阻挡尘埃、补充氧气、吸收二氧化碳、调节湿度、控制温度、改善气候条件、净化空气等作用，所以，植树造林，建设天然的绿色屏障也是防治大气污染的有效措施。

对大气进行监测，是为了更准确地掌握和了解大气。大气污染的监测方法因环境不同，大气的污染源不同，以及污染的气体不同等选用的方法也不相同。

化学和仪器分析的方法有：测氧法、容量法、滴定法、比色法、碘量法、薄层层析法、气相色谱法、分光光度法、红外线法等。

一些植物对特定的气体也有明显的敏感反应，这些植物常被称为指示植物。如大豆、小麦对二氧化硫敏感；韭菜、白菜对氯气敏感；烟草、马铃薯对臭氧敏感；菜花、芥菜对氨气敏感等。这些植物也对大气的监测起到了辅助作用。

四、污染对环境生物的影响和综合防治

（一）污染物对环境生物的影响

不同污染物对土壤、大气、水的污染是危害药用植物生长的重要因素。受污染的土壤、大气、水，也直接影响着植物的生长。而农药、工厂排出的有害废气等对药用植物生长环境中的一些生物的影响也是巨大的，这些生物又可以直接或间接地影响着药用植物的生长。特别是化学农药在对害虫进行防治的同时，对一些有益于植物生长的昆虫同样起到作用。如一些抗药性较弱的昆虫，像蜜蜂等都可以直接受到伤害。对一些抗药性较强的昆虫也可通过食用含有农药的生物而起到二次伤害作用，如此通过食物链的作用，使多种生物分别受到不同的伤害。

在生物圈内，各种生物通过食物链建立了不同种间复杂的关系，许多植物的害虫是一些昆虫的食物，这些昆虫就成了这些害虫的天敌。有报道表明，在喷洒一些化学农药后，结果却增加了害虫的危害，其结果可能是由于农药的作用，使一些害虫的天敌大量减少，使害虫又大肆泛滥成灾。

从另一个角度讲，一些害虫对农药的抗药性也会随着农药的使用次数和剂量而不断加强。为了达到防治效果和目的就必须靠加大药量和喷洒的次数，这样又导致了抗药性的进一步增强而形成了不可逆转的恶性循环。如在中国北方一些棉区的棉蚜对有机磷农药的抗性甚至达到了 100 倍，有的蔬菜害虫对多种农药产生了抗性，甚至陷入到无药可治的状态。

（二）环境生物的保护和病虫害的综合防治

考虑到生物和环境的总体关系，以预防为主，并要高效、经济、简单、安全，合理运用农业、生物、物理、化学等方法，将病

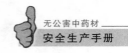
虫害控制在最小的程度，达到提高经济效益、生态效益和社会效益，称为综合防治，包括植物检疫、农业防治、物理防治、化学防治和生物防治等。

合理轮作和间作是综合防治常用有效的方法，无论对防治病虫害和充分利用土壤的肥力都是非常重要的，特别是对在土壤中休眠或越冬虫害的土壤更为重要。尤其会使对新环境和食物不适应的害虫具有明显的控制和杀伤作用，使害虫逐渐减少或死亡。对那些食物选择单一、专属性很强害虫的作用更加明显。

生物防治是利用生物消灭或抑制一些害虫的方法，也包括利用昆虫性信息素和不同激素等对害虫进行防治的一种有效的方法。生物防治可直接消灭害虫，对人畜等无害，且有无残毒、无污染、效果持久等特点，对防止药用植物的病虫害有着重要的意义，特别是对中草药种植进行规范化管理，与国际接轨，生产绿色环保中药材，利用生物防治将是非常值得提倡的重要措施。

第四节　无公害中药材安全生产的生产资料

药用植物种植所涉及的生产资料种类很多，最主要的有种子、肥料和农药。

一、种子

药用植物的种植繁育以种子为主，种子具有使用简便、经济、繁殖系数大、有利于引种驯化和新品种培育等优点。但对一些生长周期较长的木本植物，因其开花结实较晚，有些种类种子萌发困难，对药用植物的种植有一定的限制。此外，长期利用种子繁殖，还可能使后代出现退化的现象。

（一）种子采收

种子成熟后要及时采收，以免种子过熟而从植物上脱落丢失，影响采收量。没有完全成熟的种子其种皮相对较厚，贮藏的营养物质还没有完全形成，含水分较多，易被微生物感染而霉变，因为没有完全成熟，其发芽率也较低，甚至不能发芽。采收后的种子要根据不同类型进行分别处理。干果类的种子如芍药、板蓝根、桔梗等，可以将果实连同种子一同保存；浆果类的种子如商陆、酸浆等，可将果皮与种子分离后，风干后贮藏。

（二）种子贮藏

种子是植物生命过程中的一个阶段，是以胚的形式存在的一个休眠体，其生命并没有停止，植物的呼吸等各种新陈代谢活动都在缓慢地进行。所以，种子保存环境的温度、空气、湿度是种子能很好地得到保存的基本条件。一般情况下，在低温、干燥、缺氧的条件下，种子可以保持良好的生活力，随着贮藏时间的加长其生活力将逐渐降低，直至完全丧失发芽能力。

因为温度、湿度、空气直接影响着种子的贮藏，贮藏环境条件就必须达到种子的要求。如地面湿度较大，贮藏种子时尽量避免种子直接和地面接触；塑料袋没有透气性，在缺氧的条件下种子不能进行正常的呼吸，容易使种子发霉而死亡；潮湿的环境易于一些病虫和微生物的生存和对种子蛀蚀，要尽量使种子干燥，造成不利于病虫和微生物生长繁殖的环境。

（三）种子寿命

种子的寿命主要由遗传特性来决定，不同种植物的种子寿命长短相差很大，多数植物种子的寿命在 2～4 年，寿命长者可达百年以上，如莲子；短者只有几个月甚至只有几天，如杜仲的种子寿命仅有半年，豆科、蓼科植物寿命较长，可达 5 年以上。

外界环境对种子的寿命有着很大的影响。如温度升高将促使种子内的酶的活性增强，加速种子贮藏物质的转化，从而缩短种子的寿命；温度过低会使种子遭受冻害。一般种子含水量在 10% 以下能耐低温，含水量较高的种子最好保存在 0℃ 以上才能免受冻害。

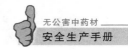
通风条件的好坏也是影响种子寿命的一个重要因素，贮藏种子环境通风不好会减低氧的含量，种子会由于氧的不足而产生中间物质，导致种子中毒而坏死。

（四）种子检验

种子是保证中药种植和生产质量的最重要的因素，种子质量的优劣应在适应当地生态环境条件的基础上，更要注重单位面积产量，有效成分的含量，植物的抗逆性，植物的发芽率，发芽势以及种子表面特征，如子粒饱满、千粒重高、外形整齐清洁等。种子的检验方法常采用直观检验和品质检验，包括种子的纯度、发芽率、发芽势、含水量、千粒重等。

1. 种子的直观检验　直观检验方法简单、实用，但必须要有一定的实践经验。如种子的含水量，种子的整齐度和纯度，是否被病虫害侵蚀，是否是陈年种子等，可用肉眼等感官直接检验出来。

2. 种子的千粒重　种子的千粒重是人们评价种子成熟程度、饱满、整齐最常用的指标。通常以克为单位，表示一千粒种子在自然干燥状态下的重量。检测时，随机取种子 1 000 粒称重，重复一次以上取其平均值。

3. 种子的发芽率　种子在经过一段时间的贮藏后，由于贮藏的条件和时间对种子的影响，常会导致一些种子的发芽受到破坏，影响到整体的发芽率，所以在播种前应预先进行发芽试验，对外购的种子发芽试验尤为重要，以免种植后对生产造成影响。

在适宜的条件下，发芽种子数与供试验种子数的百分比就是种子的发芽率。

$$发芽率＝（发芽种子数／供试种子数）\times 100\%$$

4. 种子的发芽势　发芽势是指种子在适宜的条件下发芽时，于规定的时间内发芽的种子数量占供试种子数的百分比。

$$发芽势＝（规定时间内发芽种子数／供试验种子数）\times 100\%$$

发芽势和发芽率的试验通常可同步进行。

（五）播种前种子处理

播种前进行种子处理主要目的是打破种子的休眠，促使种子萌发，出苗整齐，防病抗病，提高种子的质量，使药用植物生长得更加健壮等。现在无论是在粮食种植、蔬菜种植、还是药用植物种植，播种前种子处理已经是一项广泛应用的技术。播种前处理的方法很多，如浸种、晒种、层积处理、射线处理、植物生长调节剂处理、菌肥处理、机械损伤处理等，不同植物种类适应不同的方法，应根据具体情况来进行选择。

1. 浸种　浸种是播种前最常采用的一种种子处理方法。水可以将种皮软化，促进种子更快、更整齐地萌发。可根据不同的种子选用不同温度的水和浸种时间，对一些带有病菌的种子，利用高温水还可以将种子的病菌杀死。如薏苡的种子可先在 15℃ 左右的冷水中浸泡 24～28 小时，然后将饱满的种子连同装种子的筛子一起放入开水中，再立即将筛子提出水面，尽快散热，完全冷却后再用同样方法处理一遍，放入水中冲洗，将种子的病菌冲洗干净，这是预防薏苡黑粉病的一种常用方法。

又如杜仲，将在常温下室内保存的种子，可用 60℃ 的热水浸种，随时搅拌，直至凉后再浸泡在 20℃ 的温水中，连续浸泡2～3天，每天换水 2 次，捞出晒干后即可播种。播种前用变温对种子进行处理，以打破种子的休眠，促使发芽。

2. 层积处理　层积处理是用沙子和种子按照一定要求混合，并保持一定的水分和温度，以促进种子发芽的方法，也是一种常用的方法，如人参、五味子、杜仲、银杏、黄连等常用层积处理方法促进种子成熟。

杜仲种子的层积处理，常把种子与用水洗净的河沙交互分层叠放或混合均匀存放于木箱内，保持适宜的湿度，以手捏沙不见指缝有水滴出为宜，在露地挖坑层积，坑底设排水沟，木箱放入坑内后，用土填平，再覆土使之高出地面。湿沙与种子每层的厚度以相互盖住为准，或者沙与种子混合均匀，最上一层盖沙约 15 厘米。

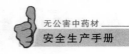
层积 30～40 天，播种时将种子挑出即可。待大多数种子露白时，即可播种。有报道说，杜仲种子在 8～10℃低温条件下层积 50～70 天，发芽率高达 92.7％。

3. 植物生长调节剂处理　用生长调节剂处理种子，可显著提高种子发芽率，促进生长。常用的植物生长调节剂有赤霉素、吲哚乙酸、α-萘乙酸、2,4-D 等。

不同种类的植物生长调节剂、不同的浓度、使用的不同方法等对植物的作用都不尽相同。如赤霉素有解除种子休眠，促进种子发芽的作用，可部分代替低温与长日照的作用。用赤霉素处理杜仲种子，先将杜仲种子用 30℃的热水浸种 15～20 分钟，然后捞出种子放到 0.02％的赤霉素溶液中浸泡 24 小时，捞出后马上播种。经赤霉素处理的种子发芽率高达 80％，而且出苗整齐，在播种 12 天内，种子的出苗率可达 70％。因此，促使杜仲种子发芽，使用赤霉素效果是非常明显的。

二、肥料

植物要进行正常的生长和生命活动，就需要依靠大量的营养元素来支持和维护，这些营养物质主要来源于大气和土壤，而另一部分靠人为施入。植物生长需要的营养物质种类较多，以碳、氢、氧、氮、磷、钾需要量最大，而铁、硼、锌为需要的微量元素，需要量虽然微少，但缺少了将会影响植物的正常生长。因为药用植物的生长对氮、磷、钾的需求量较大，土壤的成分难以满足，必须通过施肥来补给。对微量元素的需求量较少，在大多数的土壤中都可以满足植物的需要。所以氮、磷、钾通常被称为肥料的三要素。而种植生产使用的肥料又常被分为有机肥、无机肥和微生物菌肥三大类。

（一）有机肥料

有机肥又被称为农家肥，主要由动物的排泄物和动、植物的残体腐败而成。有机肥含有丰富的植物所需要的各种营养，又被称为完全肥料。有机肥料还具有改良土壤结构的作用，并且肥力持久，来源广泛，是大力提倡使用的肥料。

1. 动物排泄物肥料　动物排泄物是最常用和最值得提倡使用的肥料，包括猪粪、牛粪、羊粪、马粪、兔粪、鸡粪、鸭粪、鹅粪等。各种肥料的质地不同，成分不同，肥效也不相同。

猪粪是一种优质、广泛使用的肥料，其质地较细，养分含量较高，具有增加土壤保水、保肥的作用。猪粪分解利用的速度较慢，后劲长，适应多种不同类型的植物和不同的类型土壤，可做底肥又可作为追肥。

牛粪和马粪常含有较丰富的纤维，所以质地疏松，对黏土类的土壤有改良作用。牛粪和马粪可直接作为底肥，也可以作为高温堆肥的原料。

羊粪和兔粪是养分含量较高、肥力较大的动物肥料，特别是氮、磷、钾的含量比猪粪、牛粪、马粪都高，适合多种药用植物的应用。

鸡、鸭、鹅等禽类粪便的尿酸盐含量较多，尿酸盐不能被植物直接吸收，在使用前应先堆积将其腐熟，腐熟后的禽类肥料养分更高，更利于植物吸收，是优质的速效肥，所以常将腐熟后的肥料用做追肥和种肥。

2. 人的排泄物　在欧盟 GAP 管理规范中特别强调不能使用人粪尿，其原因是人粪尿中可能会带有多种感染病菌和寄生虫卵等，是潜在的污染源。但人粪尿有着较高的养分，并且肥效快，是中国人民长期习惯使用的重要有机肥料，所以根据中国的实际情况，国家 GAP 管理规范规定，使用人粪尿作为有机肥料必须将其"充分腐熟达到无害化卫生标准"，禁止使用未经腐熟的人粪尿。人粪尿的腐熟常采用密封堆积的方法，将人粪尿和泥土、绿肥等混合密封成堆肥，利用密封产生的高温杀死寄生虫和致病菌。在将人粪尿进行发酵处理时，也可以加入一些有毒的植物，不但可以杀死人粪尿中的虫卵和致病菌，还可以起到防治土壤病害的作用。

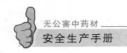
3. 堆肥和沤肥 堆肥也是常用的一种农家肥料，其肥效稳定，肥力较长，常用做底肥。堆肥是将植物的枯死部分和泥土以及动物粪便等混合后，再经发酵腐熟而成。为了加快堆肥的成熟，经常在堆制过程中施加适量的水和动物的粪肥，并可用塑料薄膜覆盖，促使温度迅速增高，进行高温发酵。沤肥不同于堆肥是因为其在厌氧条件下高温发酵，在沤肥期间温度可达到 60～70℃，使有些虫卵、病菌在高温条件下死亡。

堆肥的原料主要来源于植物的秸秆和枯死的植物体，是秸秆还田的最好措施，堆肥技术将大量的废弃枯死的植物体转化为有机肥料，比起将秸秆等焚烧更有直接和间接的应用价值，堆肥是一项非常值得提倡的制肥方法。

4. 绿肥 绿肥是将新鲜的绿色植物，可能是杂草，也可能是栽培的作物直接翻压到土壤中使其腐烂后当作肥料使用。绿肥是一种特殊的有机肥料，根据用做肥料植物的种类等特点又可分成多种类型，要选择生长季节适合的栽培植物，并且绿肥不能与栽培植物有共同的病虫害，也就是绿肥植物不能是栽培植物的寄主。

（二）无机肥料

无机肥料即化肥，是人工化学合成或利用矿物加工合成的肥料。因为长期使用化肥会破坏土壤结构，破坏土壤的酸碱度，也会因为长期使用将使土壤中一些重金属含量，有毒物质的含量增加，所以 GAP 管理规范规定，中药材种植要少用或不用化肥。

但化肥的有效养分含量高，肥效快，使用方便，营养成分直接等是其最重要的优势，也是深受人们欢迎的主要原因。这些优点是有机肥料所不及的。所以就目前药用植物的生产种植还不能完全排斥化学肥料的使用，适时、适量、有针对性的科学的使用无机化肥也是保证药用植物高产的基本条件。无机化肥的种类较多，而最常用的是氮肥、磷肥、钾肥。

1. 氮肥 氮肥的种类很多，常用的有尿素、硫酸铵、硝酸铵、磷酸二铵、氨水等。其中因为尿素含氮量可达 45％，为各种氮肥含氮量最高的种类，所以深受人们的欢迎。尿素在使用中应注意土壤对其吸附力较弱的特点，最好在深层土壤中施用，并与有机肥、磷肥等混合使用。

2. 磷肥　常用的磷肥有过磷酸盐、过磷酸钙、磷酸二铵等。使用磷肥要多采用条施、穴播、叶面喷洒等施肥方法，要注意与氮肥、钾肥及其他肥料的配合使用。因为磷肥肥效缓慢，所以应尽量早用，并多做底肥施用。

3. 钾肥　常用的钾肥有氯化钾、硫酸钾等。钾肥可以广泛地应用于基肥、种肥和追肥等。但作为基肥也要适当地在植物根系分布的区域施肥，这样将会利于植物对钾肥的吸收。

应该注意的是，钾肥和磷肥通常都含有有害元素，使用时一定要控制不可用量太大。

常用的无机肥料除了氮、磷、钾三大要素外，还有镁、硫等，以及微量元素铁、锰、锌、铜、钼等。在使用时应注意选择合适的种类，以及按照使用方法科学使用。

（三）微生物肥料

因为微生物肥料主要使用细菌为主要原料，所以又叫菌肥，是对环境没有污染的生物肥料。微生物肥料的特点是含菌量高、使用量少，并具有特定的作用，如固氮、解钾、解磷等。微生物肥料本身没有植物生长需要的养分，但是它能促进土壤中养分的释放，所以不能长期使用微生物肥料，否则将会导致土壤肥力下降。另外使用微生物肥还要注意尽量避免不同菌种的混合使用，使用时要与磷肥、钾肥甚至有机肥配合使用，以提高土壤的肥力。

三、农药

科学适当地使用农药是防治病虫害，保障药用植物正常生长的必要措施。农药的种类很多，特别是一些高效、低毒、低残毒的农药不断产生。但是其中的一些化学农药虽然对病虫害防治作用很强，并有明确针对性，然而同时也表现出较大的毒性，特别是有些农药可被植物吸收而富集在植物体内，严重影响药材的质量。有些农药含有重金属成分，使用时需要注意。对此，早在1997年就公布了《中华人民共和国农药使用管理条例》，在《中药材生产质量管理规范》中也对农药的使用和限量使用做出了明确的规定。2002年6月5日发布生效的中华人民共和国农业部公告（第199号）中规定，甲胺磷、甲基对硫磷、对硫磷、久效磷、磷胺、甲拌磷、甲基异柳磷、特丁硫磷、甲基硫环磷、治螟磷、内吸磷、克百威、涕灭威、灭线磷、硫环磷、蝇毒磷、地虫硫磷、氯唑磷、苯线磷19种高毒农药不得用于蔬菜、果树、茶叶、中草药材上。

常用农药的种类和性质简要介绍如下：

（一）按用途和作用方式分类

1. 杀虫剂

①胃毒剂：农药经昆虫取食后，经过消化系统而使昆虫中毒死亡，如氟硅酸钠等。由于氟素剂属于剧毒农药，GAP禁止使用。

②触杀剂：药剂接触昆虫后，透过昆虫的体壁，或封闭昆虫的气门，使昆虫中毒或窒息死亡，如除虫菊素、鱼藤酮等。

③熏蒸剂：气态农药通过昆虫的气门或啮齿动物的呼吸系统进入体内发挥作用，如磷化铝、氯化苦、敌敌畏等。

④内吸剂：药剂被植物吸收，分布体内，在不影响植物生长的情况下，毒死取食该植物的害虫或寄生在该植物上的病菌，如乐果和大多数有机磷农药等。

⑤拒食剂：使昆虫消除食欲，不再取食，最后导致其死亡。这类农药不直接杀死昆虫。

⑥忌避剂：农药喷施后，由于某种气味或挥发性物质对害虫有忌避作用，从而起到保护作用。

⑦诱致剂：利用害虫的某种趋性，把害虫引诱而杀灭。常用性诱和食诱两种，多用于测报。

⑧干扰剂：通过干扰昆虫正常的生理过程而使其不能完成正常

的生活史，导致死亡。这类农药专一性强，只对昆虫发育的某一阶段起作用，属特异性农药，如抗蜕皮激素、保幼激素等。

2. 杀菌剂

①保护剂：药剂预先喷洒在植株表面，形成保护层，以杀死病菌或阻止病原菌侵染植物。使用这类药剂必须严格按照预测预报提供防治，目前的杀菌剂多为保护剂，如波尔多液、代森锌、百菌清等。

②治疗剂：在对植物起保护作用的同时，在植物病原物侵染寄主不久后用来处理植物，能对病害起较为显著的治疗作用，如多菌灵、托布津、石硫合剂等。

③内吸剂：通过植物的根、茎、叶吸收进入植物体内，保护植物免受病原菌的侵害，或杀死已经侵入的病原菌。内吸剂一般都具有治疗作用，所以内吸剂实际上是杀菌剂中能被植物吸收和输导的治疗剂，是治疗剂中的特殊种类，如敌锈钠、多菌灵、托布津、敌克松和大多数有机磷农药等。

3. 除草剂　用于化学杀灭杂草的药剂。GAP禁止使用任何除草剂，除草的问题基本通过人工除草、田间覆盖稻草等方法解决。

（二）按原料来源和化学成分分类

1. 化学农药　是指利用化学方法人工合成生产的农药。化学农药的最大优点是高效、速效，同时还有最大的不足是具有较强的毒性，不但严重地影响着生态环境，并且其毒性物质可以被植物体吸收而富集在植物体内，严重影响着药材质量。随着人们的健康意识和保护生态环境意识的不断增强，对使用化学农药提出了一些具体要求和限制。特别是《中药材生产质量管理规范》规定了严禁使用高毒、高残留化学农药，对低毒低残留化学农药提出了限量使用的规定。化学农药可分为有机农药和无机农药。

（1）有机农药　是指主要由碳素化合物构成的农药，主要原料是苯、醇、脂肪酸、有机胺等，也称合成农药。目前主要包括有机磷类农药和有机氯类农药等，如代森锌、敌克松、敌锈钠、灭菌丹、杀螟松等。有些有机农药的毒性较大，并且残毒较高，如1605、甲基 1605、滴滴涕、六六六、五氯硝基苯等已经被列入GAP 禁止使用名单之列，必须严格注意；有些虽然不在 GAP 禁止之列，但对低等动物或人畜存在一定的毒性，应尽量不施用或少施用；有些农药在中药材种植中规定限量使用，且被《中国药典》2005 版列为污染检测对象，如马拉硫磷、乐果、敌敌畏等。

（2）无机农药　是指不含有机碳素化合物的农药，主要原料来源于天然矿物质，也称矿物农药。常用的有波尔多液、石硫合剂等。无机农药的化学稳定性较好，但作用单一，易发生药害，使用范围受到一定的限制。如波尔多液是一种低毒杀菌剂，对植物炭疽病、锈病、黑斑病、叶斑病等的防治效果明显。但对一些植物的花期用药应格外注意，可影响植物授粉及出现花过早脱落的现象。石硫合剂也是一种低毒杀虫剂，对植物的锈病、白粉病、叶螨等防治效果明显，但一些植物对其非常敏感，使用不当会出现药害，故不宜使用。

2. 微生物农药　是指利用微生物及其代谢物质制成的农药。目前微生物农药可分为两种类型：一种是用微生物活菌体，主要是活芽孢等制成的农药；另一种是利用微生物的代谢产物，主要是抗生素类物质制成的农药。另外，一些菌肥也具有抗生作用，如"5406"抗生菌肥不但能促进植物生长，还能够抑制多种土壤病害。微生物农药药效较高，选择性强，使用安全，抗药性差，是绿色食品、无公害中药生产的理想农药，但是因为生产成本、技术等各种原因，微生物农药的生产、使用发展速度较慢，受环境和季节条件的限制。

微生物农药按功能作用可分为：杀虫微生物农药、杀菌微生物农药、除草微生物农药和植物生长调节剂及抗生素类微生物农药。

①杀虫微生物农药：又可以分为细菌杀虫剂、真菌杀虫剂及病毒杀虫剂。细菌杀虫剂是利用对某些昆虫有致病或致死作用的杀虫细菌及其所含有的活性成分制成。其作用机制是胃毒作用。目前被开发成产品投入实际应用的杀虫细菌主要有 4 种，即苏云金芽孢

杆菌（Bt）、日本金龟子芽孢杆菌、球形芽孢杆菌和缓病芽孢杆菌。苏云金芽孢杆菌是当今研究最多、用量最大的杀虫细菌。真菌杀虫剂以真菌分生孢子附着于昆虫的皮肤，分生孢子吸水后萌发而长出芽管或形成附着孢，侵入昆虫体内，造成病理变化和物理损害，最后导致昆虫死亡。真菌杀虫剂和某些化学杀虫剂的触杀性能相似，杀菌广谱、残效长、扩散力强。缺点是作用较慢、侵染过程长、受环境影响大。杀虫真菌的种类很多，其中以白僵菌、绿僵菌、拟青霉应用最多。病毒杀虫剂宿主特异性强，能在害虫群内传播，形成流行病，导致昆虫死亡，也能潜伏于虫卵，传播给后代，持效作用长；缺点是施用效果受外界环境影响较大，宿主范围窄。目前已知有60种杆状病毒可引起1 100种昆虫和螨类发病，可控制近30%的粮食和纤维作物上的主要害虫。其中研究最多、应用最广的是核形多角体病毒（NPV）、质形多角体病毒（CPV）和颗粒体病毒（GV）。

②杀菌微生物农药：微生物杀菌剂是一类控制植物病原菌的制剂，主要有细菌杀菌剂、真菌杀菌剂和病毒杀菌剂等类型。细菌的种类多、数量大、繁殖速度快，且易于人工培养和控制，因此细菌杀菌剂的研究和开发具有较大的前景。目前用作杀菌剂的拮抗细菌主要有枯草杆菌、放射形土壤杆菌、洋葱球茎病假单胞菌、胡萝卜软腐欧文氏菌地衣芽孢杆菌。拮抗细菌及其代谢产物的开发利用，以及通过基因工程改造产生新型、高效、稳定、适生性强的拮抗细菌，是今后生防菌发展的趋势。真菌杀菌剂研究和应用最广泛的是黏帚霉和木霉。利用木霉菌防治植物病害一直是国内外研究热点，已被用于防治水稻纹枯病、棉花枯萎病、花生白绢病、蔬菜猝倒病等。目前我国已有2个木霉菌产品获得农药登记。

③除草微生物农药：微生物除草剂目前成为国外研究和开发的热点，常用于微生物除草剂研究的植物病原菌有细菌、真菌和病毒。其中以真菌除草剂的研究和开发最为活跃。微生物除草剂是由杂草病原菌的繁殖体和适宜的助剂组成的微生物制剂。其作用方式是孢子、菌丝等直接穿透寄主表皮，进入寄主组织、产生毒素，使

杂草发病并逐步蔓延，影响杂草植株正常的生理状况，导致杂草死亡，从而控制杂草的种群数量。具有杂草生物防治开发潜力的微生物中真菌类主要集中在以下 9 个类型：镰刀菌属、盘孢菌属、链格孢菌属、尾孢菌属、疫霉属、柄锈菌属、黑粉菌属、核盘菌属、壳单胞菌；细菌类主要为根际细菌，主要有假单胞杆菌属、黄杆菌属、黄单胞杆菌属等。

④植物生长调节剂及抗生素类微生物农药：20 世纪 50 年代初，我国开始植物生长调节剂的研究，品种有细胞分裂素、赤霉素、脱落酸等。农用抗生素是由细菌、真菌和放线菌等微生物在生长代谢过程中所产生的次级代谢产物，此类物质在低微浓度时即可抑制或杀灭作物的病、虫、草害或调节作物生长发育。我国从 20 世纪 50 年代起已筛选出不少农用抗生素新品种，如多效霉素、春雷霉素、华光霉素等。最近开发的申嗪霉素对蔓枯病、枯萎病和根腐病等平均防治效果达 80％。目前申嗪霉素已经获得农业部的正式登记并推广。

在人们越加重视保健意识和环保意识的今天，微生物农药的研制、生产、应用是一项重要的工作，对《中药生产质量管理规范》的执行有着重要的意义。

3. 植物农药 是指以植物为原料经过加工而制成的农药。其对哺乳动物选择性毒性微弱，在环境中无持久性的残留，对防治对象的作用方式多种多样，表现为毒杀、拒食、忌避和抑制种群、引诱、麻醉和抑制生长发育等，病虫害不易产生抗性，生产条件温和、费用低。利用植物有效成分创制农药主要有 2 种形式：一是对植物原料的直接利用，从植物中提取、分离具有杀虫抗菌抗病毒功效的有效成分，以此为主体配制无公害植物源农药；二是从种类繁多的植物中分离纯化具有农药活性的新物质，以此先导化合物为结构模板，进行结构的多级优化，创制高效低毒新农药。其中后者应是植物农药今后发展的主流。我国是研究应用杀虫植物最早的国家，20 世纪 30 年代，我国就对烟草、鱼藤、巴豆、百部等植物进行过广泛的研究，目前研究较为系统深入的主要杀虫（菌）植物种类有除虫菊、狼毒、鱼藤、烟草、苦参、藜芦、百部、苦楝、蛇床子等。由于植物农药属于无公害农药，近些年越发引起人们的重视，但是因为技术和植物来源以及成本等原因，尚未广泛应用。植物农药应该因地制宜，在当地寻找适宜的植物，开发研制新种植物农药，提倡广泛应用植物农药。

第五节　无公害中药材的栽培管理

一、药用植物栽培的环境条件

在药用植物栽培过程中，温度、光照、水分、土壤是主要的环境条件，这些条件是影响植物生长发育的主要因素。由于各种药用植物在一定生活环境的长期适应中，形成了相对稳定的遗传特性。一旦环境不能满足它的生活要求时，就会出现生长不良现象，甚至死亡。对栽培的药用植物，由于长期在人为较好环境中栽培，对自然环境的要求就更加严格了。只有采用因地制宜的栽培措施，满足其生长条件，才能获得预期的效果。在栽培药用植物时，要充分了解药材原产地的年平均温度、降水量、霜期等气候条件。

（一）温度

温度是影响植物生长的主要因素之一。不同植物有各自的生长最高温度、最低温度和最适温度。引种栽培中药材时了解产地、气候条件及药材对温度的适应情况，对于决定是否引种及引种后如何创造条件，满足药材对温度要求，合理安排生产季节，使其正常发育具有重要意义。根据药材对温度的要求，大致可分为以下四种类型：热带型、亚热带型、温带型、冷凉型。

1. 热带型　喜高温，怕霜冻，遇寒易死亡。一般只生长在最低气温 0℃ 以上的环境中。如：穿心莲、肉桂等。

2. 亚热带型　喜温暖而无寒冷气候环境，可耐受短时间的低

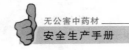
温。采取一定措施可在温暖地带栽培。如生姜、枳壳等。

3. 温带型 生产期喜温暖气候，耐寒、耐热能力都较强，分布范围广。如桔梗、防风等。

4. 冷凉型 喜常年低温、夏季凉爽无高温环境。当气温高于30～35℃时植物停止发育或者死亡。如黄连、人参。

（二）光照

药材的生长发育离不开光照。按药材对光照强弱的需求分为喜阳性植物、喜阴性植物、耐阴性植物。

1. 喜阳性植物 又称阳性植物。这类药材要栽培在向阳的坡地或无遮挡的田地，荫蔽地区不能种植。因为光线的不足会出现产量低、易倒伏、易发生病虫害等。如栝楼、丝瓜、广金钱草等。

2. 喜阴性植物 又称阴性植物。不能忍受阳光直射或过强的阳光。栽培这些药材需人工遮阴或在荫蔽处栽培。如黄连、三七、人参等。

3. 耐阴性植物 属中间型植物。既能在阳光充足的环境中生长，又能在荫蔽的环境中生长。如木瓜、麦冬、佛手、桔梗等。

（三）水分

土壤水分多，通气性差，有效成分减少，植株根部缺氧，造成生长不良，一些根茎类药材易传染根腐病、菌核病等。若土壤水分少，既不能满足植株正常生理所需求水分而导致枯萎，又可加快土壤有机质的分解，造成养料不足。根据水分对药材的影响及药材对水分不同需求，对引种栽培地的降雨量和土壤水分情况做到心中有数，以便有针对性地引种，有效实施灌溉或排涝，确保栽培品种的产量和质量。

药用植物一般可分为4种水分生态类型：水生类，如泽泻等；旱生类，如仙人掌、麻黄等；湿生类，如黄连、紫花等；中生类，如百合、菊花等。

（四）土壤

土壤的质地、酸碱度、有机质、温度和土层深浅对药材的生长发育不容忽视。引种栽培药材时可根据品种不同选择土壤。

1. 土壤质地　土壤矿物质是组成土壤最基本的物质，其主要成分有磷、钾、钙、镁、铁等元素及一些微量元素。土壤矿物质呈颗粒状，其大小相差悬殊，其不同的比例组合称为土壤的质地。土壤质地是影响土壤肥力和生产性能的一个主要因素。一般土壤大致可分为沙土类、壤土类、黏土类三种。

（1）沙土类　土壤间隙大，通气透水、但保水性差，土温易增易降，昼夜温差大。养分含量少，保肥力差。常用于配制培养土和改良黏土的成分，也用于扦插土或栽培幼苗及耐干旱的药材，如麻黄、北沙参、甘草等。

（2）黏土类　土壤间隙小，通透性差，保水保肥性强，含有机质较多，昼夜温差小，对药材的生长不利。适宜在黏土中生长的药材有泽泻、黑三棱等。

（3）壤土类　土粒大小适中，通透性好，保水保肥力强，有机质含量多，土温较稳定，适应多数植物的生长。

2. 土壤酸碱度　是指土壤溶液的酸碱程度，用 pH 值表示。土壤酸碱度影响土壤的理化性质，还直接影响植物的生长发育。不同的药用植物对土壤的酸碱度要求不同。土壤酸碱度的测定，常用土壤 pH 值速测法。如 pH 试纸。大多数药材适合在中性、弱酸、弱碱的土壤中生长，也有一些药材喜碱性土壤，如麦冬、枸杞。也有的喜酸性土壤，如栀子、厚朴。土壤的酸碱度可通过适当的措施改变。

3. 土壤有机质　土壤有机质是土壤养分的主要来源，在土壤微生物的作用下，分解释放出植物所需的各种元素；同时对土壤的理化性质和生物特性有很大的影响。土壤中的有机质的含量和成分在很大程度上取决于施肥的数量、肥料的性质及有机质转化的情况。

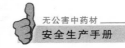

4. 土壤温度 土温直接影响药材的生长发育，不同种类的药材及同一种药材的不同发育阶段均要求一定的土温条件。在药用植物栽培中适时调节土温是必要的。尤其在幼苗期和扦插期，适当提高地温对幼苗生长和扦插成活有很大的促进作用。在调节地温时应注意合理处理地温和气温的关系，使药材的地上部分和地下部分生长适应。土温主要来自太阳，此外，在栽培时可人为调节土温，如利用酿热物、利用热力管道或电热加温等。

土层深浅：一般根系大的药材如黄芪选择土层深厚的土壤，根细小的药材对土层的深厚要求不高。

二、药用植物的种植与管理

确定适宜栽种的药用植物品种后，还要根据药用植物的特殊性及其他作物的相互关系，因地制宜地采取各项栽培技术措施，解决问题，提高产量。

（一）选地和整地

1. 选地 药用植物选地要根据每种药材生长习性来选择。大部分药用植物适宜在结构良好、疏松肥沃、排水良好、呈中性反应的壤土和沙质壤土中生长。但各种药用植物的生物学和生态学特性及收获目的不同，而对土壤的性状和肥力的要求也各有差异。例如：人参、西洋参、黄连、贝母适宜土质疏松土壤；黄芪是深根性多年生药用植物，在土层深厚的黄土层上栽培，不但产量高，而且质量好；党参、地黄等适宜在肥沃的沙质壤土上栽培；沙参、防风大都生长在壤土上；沙棘、麻黄、白芷、怀牛膝宜选用沙质土上栽培；泽泻等水生药材适合生长在黏质多湿润的土壤中。不同酸碱度的土壤适宜于不同药用植物种类。酸性土壤适于肉桂、人参、西洋参、丁香、胖大海、黄连等；碱性土壤适于甘草、枸杞等；而中性土壤则适于大多数药用植物生长。

2. 整地做畦 药用植物整地包括耕翻、耙耱、镇压、平整、

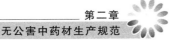

做畦、做垄等作业。其作用在于改变土壤肥力，消除杂草和病虫害等，以利药用植物生长发育。北方在整地过程中结合浇灌冻水，春土壤墒情好，有利于苗齐苗壮。深翻对根及地下根茎类药材生长极为重要，药农称"地翻多深，药根扎多深"，而且提高质量。不深翻地块，很难深扎发根多，质量差。

（二）繁殖

药用植物的繁殖有无性（营养）繁殖和有性（种子）繁殖两大类。从国内栽培面积较大的一百多种药用植物看，生产上用种子繁殖的为65％左右，其余的均为无性繁殖。

1. 种子繁殖　繁殖率高，成本低，运输方便。此外，用种子繁殖出来的实生苗，对环境适应力强，有利于引种，通过几代驯化后，更适于在当地栽种。但有些药材植物如玄参等，虽然可用种子繁殖，但由于繁殖速度缓慢，当年播下的种子只能长出细根；而用根芽（芽头）繁殖的，当年就能长出较多较粗的根，所以在生产上不用有性（种子）繁殖，而用无性（根芽）繁殖。

各种药用植物的种子都有一定的寿命，可以保持数年，但隔年种子一般出苗率都比较低。有些药用植物的种子，其寿命很短，如杜仲的种子只有一年的寿命，隔年的杜仲种子几乎不出苗。有些药用植物的种子由于种皮坚硬、有蜡质等原因，播种前要进行处理，以促进发芽。

2. 无性繁殖　植物无性繁殖是植物的营养器官（根、茎、叶）离体后在一定条件下形成新个体的一种繁殖方式，又称营养繁殖。它不通过两性细胞的结合产生后代，而是靠营养器官的再生特性培育新的后代。离体后的根再生出枝条，叶、茎能再生出不定根，叶能再生出根和茎。一个茎和一个根，或两个茎嫁接起来能够结合在一起长成一个新的植株，开始独立生活。无性繁殖材料的保存方法有堆藏、冷藏、原地贮藏、挂藏或摊藏。无性繁殖方法通常有以下五种：分生繁殖、压条繁殖、扦插繁殖、嫁接繁殖、组织培养。

（1）分生繁殖　分生繁殖就是把某些药用植物的鳞茎、球茎、块根、根茎以及珠芽等部分从母株上分割下来，另行栽植，培育成独立的新植株。鳞（球）茎繁殖如贝母、百合、大蒜及天南星、半夏、番红花等，在鳞茎或球茎四周常发生小鳞茎、小球茎，可取下做种繁殖；根茎繁殖如款冬、薄荷、甘草等，可将横走的根茎按一定长度或节数分若干小段，每段保留 3～5 个芽，做种繁殖；块茎或块根繁殖如地黄、山药、何首乌等，按芽和芽眼的位置分割成若干小块，每小块必须保留一定表面积和肉质部分，做种繁殖；分根繁殖如芍药、玄参、牡丹等多年生宿根草本植物，地上部分枯死后，萌芽前将宿根挖出地面，按芽的多少、强弱，从上往下分割成若干小块，做种繁殖；珠芽繁殖如百合、半夏、山药、黄独的叶腋部常生有珠芽，取下也可繁殖。分株时间一般在休眠期，植株开始生长前为好。

（2）压条繁殖　压条繁殖是使连在母株上的枝条形成不定根，然后再切离母株成为一个新生个体的繁殖方法。压条时，为了中断来自叶和枝条上端的有机物如糖、生长素和其他物质向下输导，使这些物质积聚在处理的上部，供生根时利用，可进行环状剥皮。在环剥部位涂 IBA 类生长素可促进生根。

（3）扦插繁殖　即取植株营养器官的一部分，插入疏松润湿的土壤或细沙中，利用其再生能力，使之生根抽枝，成为新植株。按取用器官的不同，又有枝插、根插、芽插和叶插之分。扦插时期因植物的种类和性质而异，一般草本植物对于插条繁殖的适应性较大，除冬季严寒或夏季干旱地区不能行露地扦插外，凡温暖地带及有温室或温床设备条件者，四季都可以扦插。木本植物的扦插时期，又可根据落叶树和常绿树而决定，一般分休眠期插和生长期插两类。休眠期插即将开始落叶的时候，或经过几次轻霜以后，生长完全停止，这时剪取枝条扦插。常绿植物发根比落叶植物需要较高温度，一般采用生长期扦插。在中国南方，梅雨时期温度较高，湿度较大，扦插成活率较高。如常绿树种杜鹃、黄杨、卫矛、冬青、鼠李、小檗、常春藤等。

（4）嫁接繁殖　将一株植物上的枝条或芽等（接穗）接到另一

株带有根系的植物（砧木）上，使它们愈合生长在一起而成为一个统一的新个体，称为嫁接繁殖。常用嫁接繁殖的药用植物有辛夷、胖大海、罗汉果、枳壳等。根据嫁接植物的部位，可分为枝接、芽接两大类。枝接是用母树枝条的一段（枝上须有 1~3 个芽），基部削成与砧木切口易于密接的削面，然后插入砧木的切口中，注意砧穗形成层对体吻合，并绑缚覆土，使之结合成活为新植株。枝接一般在树木萌发的早春进行。芽接是从枝上削取一芽，略带或不带木质部，插入砧木上的切口中，并予绑扎，使之密接愈合。

（5）组织培养　就是在无菌的情况下，将药用植物体内的某一部分器官或组织，如茎尖、芽尖、形成层、根尖、胚芽和茎的髓组织等从植物体上分离下来，放在适宜培养基上培养，经过一段时间的生长、分化最后长成一个完整的植株。组织培养是加速植物繁殖、创造优良品种的一种行之有效的方法。它可以为药材生产提供许多优良的新品种，也为药材生产工厂化提供了一个广阔的前景。组织培养之所以能成功，主要在于植物的再生能力和植物细胞的全能性。

（三）种植

1. 播种方法　有点播、条播、撒播三种方法，在播种过程中要注意播种密度、覆土深度等。如大粒种子深播，小粒种子宜浅播，黏土宜浅，沙土宜深。

2. 育苗移栽　多数药用植物是直播或直接下种的，但也有些药用植物要经过种子育苗再种植。育苗移栽的有杜仲、黄柏、厚朴、菊花、白术、党参、黄连、射干等。先在苗床育苗，然后移栽于大田。育苗移栽能提高土地利用率，管理方便，便于培育壮苗。育苗的苗床有以下两个要求和特点，一是苗床要靠近大田，浇水方便；二是苗床的土质肥沃，表面平整，土块细小，土层疏松。育苗的苗床有旱地与水田两种。

3. 播种期　药用植物特性各异，播种期很不一致。但通常以春、秋两季播种为多。一般耐寒性差、生长期较短的一年生草本植

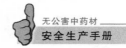
物以及没有休眠特性的木本植物宜春播，如薏苡、紫苏、荆芥、川黄柏等。耐寒性强、生长期长或种子需休眠的植物宜秋播，如北沙参、白芷、厚朴等。由于中国各地气候差异较大，同一种药用植物，在不同地区播种期也不一样，如红花在南方宜秋播，而在北方则多春播。每一种药用植物在某一地区都有适宜播种期，如当归、白芷在秋季播种过早，第二年易发生抽薹现象，造成根部不能药用，而播种过迟，则影响产量甚至发生冻害。在生产过程中应注意确定适宜播种期。

4. 播种深度　播种深度是指种子播下后覆土的厚度，应依药用植物的种类和种子的大小而定。凡种子粒小、发芽率低的应浅播，颗粒大、发芽率高的应深播。

5. 播后管理　主要是指掌握田间的干湿度，尤其是经催芽的种子，不耐干旱。浇水时要避免土壤板结。出苗以后应适当控制水分，以便幼苗根系向下伸展。另外，有些药用植物，为了延长生长期，提高产量和质量，往往提前在保护地育苗，待田间气温上升后移植到大田。目前，常用的育苗设施有改良阳畦、塑料温室与玻璃温室等。

（四）施肥

各种化肥价格逐年增高。在药材生产中，如何因土、因药通过合理施肥，以较小的投入取得较大的经济效益，达到增产增收、培肥土壤、节本增效目的，是当前急需解决的重要问题。配方施肥是综合应用现代农业科学技术成果，根据药用植物需肥规律、土壤供肥状况与肥料效应，在以有机肥为基础的条件下，事前提出氮、磷、钾和微量元素肥料的适宜用量和比例以及相应的施肥技术。其具体做法如下：

1. 测土　对耕地有效养分含量进行化验，看药用植物必需的养分量。

2. 配方　对土壤化验结果进行分析后，根据所种药用植物需肥规律、需肥量配方。

3. 施肥 主要是采取合理的施肥方式（如穴施、垄施、撒施、浇施等）和最佳施肥时期。在肥料选择上应含有氮、磷、钾三元素的肥料，其施用比例为 $1：0.29\sim0.40：0.29\sim0.40$ 较好。

配方施肥必须在充分了解药用植物营养特性及土壤肥力状况和供应性能、气候条件及栽培技术的前提下进行，合理运筹基肥、种肥、追肥的数量和方法，逐渐形成适宜当地生产条件的合理施肥体系。

（五）田间管理

田间管理，是保证药材生产，获得高产优质的一项重要的技术措施。由于各种药用植物的生物学特性以人们对药用部位需求不同，其栽培管理工作有很大差别，要努力做到及时而充分满足各种药用植物不同生育阶段中对温度、水分、光照、空气、养分的要求，综合利用各种有利因素，克服自然灾害，以确保优质高产。

1. 灌溉 灌溉量、灌溉次数和时间要根据药用植物需水特性、生育阶段、气候、土壤条件而定，要适时、适量、合理灌溉。主要有播种前灌水、催苗灌水、生长期灌水及冬季灌水等。灌溉方法分沟灌、畦灌、喷灌、滴灌、渗灌、浇灌等。

2. 排水 是以人工的方法排除土壤孔隙中的水分和地面积水，改善土壤通气状况，加强土壤中好气微生物的作用，促进植物残体矿物化，避免涝害。明沟排水：即在田间地面挖沟排水。此法简单易行，但占耕地较多，肥料易流失，沟边杂草丛生，容易发生病虫害，影响机械化操作；暗沟排水：即挖暗沟或装排水管排水。暗沟排水可节省耕地，在大面积生产时可采用。

3. 中耕除草 是药用植物经常性的田间管理工作，其目的是：消灭杂草，减少养分损耗；防止病虫的滋生蔓延；疏松土壤，流通空气，加强保墒；早春中耕可提高地温；可结合除蘖或切断一些浅根以控制植物生长。中耕除草一般在封垄前、土壤湿度不大时进行。中耕深度要看根部生长情况而定。根群多分布于土壤表层的宜

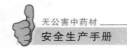
浅耕，根群深的可适当深耕。中耕次数根据气候、土壤和植物生长情况而定。苗期杂草易滋生，土壤易板结，中耕宜勤；成株期枝叶繁茂，中耕次数宜少，以免损伤植物。此外，气候干旱或土质黏重板结，应多中耕；而后或灌水后，为避免土壤板结，待地表稍干时中耕。

4. 培土　能保护植物越冬过夏，避免根部裸露，防止倒伏，保护芽苞，促进生根。培土时间视不同植物而定，一、二年生植物，在生长中后期可结合中耕进行，多年生草本和木本植物，一般在入冬结合越冬防冻进行。

5. 间苗与定苗　凡采用种子或块根、根茎繁殖的药用植物，为避免幼苗、幼芽拥挤、争夺养分，要拔除部分幼苗，选留壮苗。如发现杂草和生有病虫害的幼苗，也要及时拔除，这些均称间苗，间苗宜早不宜迟。间苗的次数应根据药用植物种类而定，小粒种子间苗次数一般可多些。最后一次间苗后即为定苗。

6. 覆盖　利用枝叶、稻草、麦秆、谷糠、土壤等撒铺在地面上，叫覆盖。覆盖可改善畦面生态环境，防止土壤水分蒸发，使土壤不易板结，改善土壤肥力，并有保温防冻、防止鸟害和杂草等作用，有利于出苗、移植后的植株成活和生长。

7. 遮阴与支架　对阴生植物如西洋参、人参、三七等和苗期喜阴的植物，为避免高温和强光危害，需要搭棚遮阴。由于药用植物种类不同及不同发育时期对光的要求不一，因此还必须根据不同种类和生长发育时期对棚内透光度进行合理的调剂。至于棚的高度和方向，则应根据地形、气候和药用植物生长习性而定。荫棚材料应就地取材，做到经济耐用。有些药用植物具有缠绕茎、攀援茎或茎卷须，不能直立，栽培时需给以支架，以利植物正常生长。

8. 整枝　是通过修剪植株枝叶来控制植物生长的一种管理措施。整枝后，可以改善通风条件，加强同化作用，调节养分和水分的运转，减少养分的无益消耗，提高植物的生理活性，从而增加植物的产量和改善药材品质。

（六）药用植物的间混套作

药用植物间混套作运用得当，具有明显的增产、增收效果。间混套作提高了田间植株密度，增加了叶面积系数，提高了光能利用率，同时利用不同作物根系分布范围及吸收特点，可以更加充分有效地利用土壤肥力因素。间套作，尤其是实行合理的带状间套作可以增加田间行数，充分利用边行优势达到高产目的。合理的间套作可促进用地与养地结合，如豆科作物可能提高土壤含氮量，有利于非豆科作物生长。在一年一熟的北方地区，套作可能争取时间，相对延长后作生长期，使一年一熟的达到一年两熟。此外，合理的间套作可以改善局部小气候，抑制杂草和减轻病虫害。在药用植物育苗中，常把药用植物间作套种在一些高大草本作物之下以利遮阴，既减少了生产成本，又提高了当年效益，一些药用植物幼苗怕强光、干旱，直播时可进行混作，如党参与菠菜的混种，前期菠菜起到遮阴作用。在党参田间混播些高秆作物，可起到支架的作用，增强通风透光，防止烂秧，从而利于党参四周发育而达高产。药用植物间套作的主要类型：粮药间套作，林药间作，药药间作。

（七）药用植物的轮作

药用植物连作的很少，有平贝、白芷、丝瓜、牛膝、板蓝根等。而大多数不耐连作，如党参、桔梗、黄芪、丹参、北沙参、附子、红花、菊花、延胡索等。如果连作，易发生病虫害造成减产。此外，连作一种药用植物，易造成某种元素的缺乏，而影响其正常生长。中耕的禾谷类作物是根和根茎类药用植物良好的前作，如地黄喜谷茬、玉米茬和豆茬。同时，这类药用植物，特别是根系入土较深的根茎类，如黄芪、甘草、牛膝、白芷、丹参、玄参、山药、地黄等，种植后土壤疏松，土层深厚，杂草较少，又是其他作物良好前作。叶及全草类药用植物，如曼陀罗、洋地黄、薄荷、荆芥等，以豆科作物和蔬菜作物为前作最好。在轮作

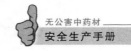

时应注意到某些药用植物与大田作物、蔬菜作物有共同的病虫害，如地黄与白菜、萝卜的病害，红花、薏苡与小麦、玉米的黑穗病、苗期地下害虫等。在严重发生的地区轮作时，这些植物不宜为前作，否则易引起病虫害的大量发生，造成严重的损失。

三、病虫害无公害综合治理

（一）病害

药用植物在栽培过程中，受到有害生物的侵染或不良环境条件的影响，正常新陈代谢受到干扰，从生理机能到组织结构上发生一系列的变化和破坏，以至在外部形态上呈现反常的病变现象，如枯萎、腐烂、斑点、霉粉、花叶等，统称病害。

引起药用植物发病的原因，包括生物因素和非生物因素。由生物因素如真菌、细菌、病毒等侵入植物体所引起的病害，有传染性，称为侵染性病害或寄生性病害，由非生物因素如旱、涝、严寒、养分失调等影响或损坏生理机能而引起的病害，没有传染性，称为非侵染性病害或生理性病害。在侵染性病害中，致病的寄生生物称为病原生物，其中真菌、细菌常称为病原菌。被侵染植物称为寄主植物。侵染性病害的发生不仅取决于病原生物的作用，而且与寄主生理状态以及外界环境条件也有密切关系，是病原生物、寄主植物和环境条件三者相互作用的结果。

侵染性病害根据病原生物不同，可分为下列几种：

1. 真菌性病害　由真菌侵染所致的病害种类最多，如人参锈病，西洋参斑点病，三七、红花的炭疽病，延胡索的霜霉病等。真菌性病害一般在高温多湿时易发病，病菌多在病残体、种子、土壤中过冬。病菌孢子借风、雨传播。在适合的温、湿度条件下孢子萌发，长出芽管侵入寄主植物内为害。可造成植物倒伏、死苗、斑点、黑果、萎蔫等病状，在病部带有明显的霉层、黑点、粉末等征象。

2. 细菌性病害　由细菌侵染所致的病害，如浙贝母软腐病、佛手溃疡病、颠茄青枯病等。侵害植物的细菌都是杆状菌，具有一至数根鞭毛，可通过自然孔口（气孔、皮孔、水孔等）和伤口侵入，借流水、雨水、昆虫等传播，在病残体、种子、土壤中过冬，在高温、高湿条件下易发病。细菌性病害症状表现为萎蔫、腐烂、穿孔等，发病后期遇潮湿天气，在病部溢出细菌黏液，是细菌病害的特征。

3. 病毒病　如颠茄、缬草、白术的花叶病，地黄黄斑病；人参、澳洲茄、牛膝、曼陀罗、泡囊草、洋地黄等的病害都是由病毒引起的。病毒病主要借助于带毒昆虫传染，有些病毒病可通过线虫传染。病毒在杂草、块茎、种子和昆虫等活体组织内越冬。病毒病主要症状表现为花叶、黄化、卷叶、畸形、簇生、矮化、坏死、斑点等。

4. 线虫病　植物病原线虫，体积微小，多数肉眼不能看见。由线虫寄生可引起植物营养不良而生长衰弱、矮缩，甚至死亡。根结线虫造成寄主植物受害部位畸形膨大，如人参、西洋参、麦冬、川乌、牡丹的根结线虫病等。胞囊线虫则造成根部须根丛生，地下部不能正常生长，地上部生长停滞黄化，如地黄胞囊线虫病等。线虫以胞囊、卵或幼虫等在土壤或种苗中越冬，主要靠种苗、土壤、肥料等传播。

（二）虫害

危害药用植物的动物种类很多，其中主要是昆虫，另外有螨类、蜗牛、鼠类等。昆虫中虽有很多属于害虫，但也有益虫，对益虫应加以保护、繁殖和利用。因此，认识昆虫，研究昆虫，掌握害虫发生和消长规律，对于防治害虫，保护药用植物获得优质高产，具有重要意义。

各种昆虫由于食性和取食方式不同，口器也不相同，主要有咀嚼式口器和刺吸式口器。咀嚼式口器害虫，如甲虫、蝗虫及蛾蝶类幼虫等。它们都取食固体食物，危害根、茎、叶、花、果实和种子，造成机械性损伤，如缺刻、孔洞、折断、钻蛀茎秆、切断根部

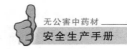
等。刺吸式口器害虫，如蚜虫、叶蝉和螨类等。它们是以针状口器刺入植物组织吸食食料，使植物呈现萎缩、皱叶、卷叶、枯死斑、生长点脱落、虫瘿（受唾液刺激而形成）等。此外，还有虹吸式口器（如蛾蝶类）、舐吸式口器（如蝇类）、嚼吸式口器（如蜜蜂）。了解害虫的口器，不仅可以从为害状况去识别害虫种类，也为药剂防治提供了依据。

（三）综合防治措施

对有害生物不应只注重于杀死，更要注重于调节，只要把危害控制在不影响植物观赏效果就可以了。在防治上要从生态学观点出发，在管理上要创造不利于病虫害发生的条件，减少或不用化学农药，保护天敌，提高自然的控制能力，保持药用植物生产的稳定。

因此，在现阶段药用植物病虫害无公害治理，应全面考虑生态平衡、社会安全、防治效果和经济效益，放宽防治指标，将有害生物控制在可允许为害范围之内。基于此，必须以搞好植物检疫为前提，养护管理为基础，积极开展生物、物理防治，合理使用化学农药，协调各种防治方法综合治理。

防治方法主要可分为以下五个方面：植物检疫、农业防治、生物防治、物理机械防治、化学防治。

1. 植物检疫　包括国际检疫和国内检疫两方面。在进出口时，要严禁带有危险病虫的种子、种苗，及农产品等输入或输出。在国内，将局部地区发生的危险病虫种子封锁在一定范围内，并采取消灭措施。

2. 农业防治　是基本的防治措施。是贯彻"防重于治"的主要途径。要运用优良的栽培管理技术措施，促进药用植物的生长发育，以达到控制和消灭病虫害的目的。

（1）合理轮作　连作易使病虫害数量累积使危害加剧，通过轮作可改变病虫的生态环境而起到预防效果。

（2）深耕细作　可促进植物生长发育，同时也可直接杀死病虫，如冬耕晒垡；清洁田园、田间的杂草及病虫残株落叶，往往是病虫隐蔽及越冬的场所，将病株落叶收集烧毁，清除田间杂草，可以减少病虫害的发生。

（3）调节播种期　有些病虫害和药用植物某个生长发育阶段的物候期有着密切关系。如这一生长发育阶段避过病虫大量侵染危害的时期，可避免或减轻该种病虫的危害程度。

（4）合理施肥　通过合理施肥促进植物的生长发育，增强其抗病虫的能力或避开病虫的危害期。一般增施磷、钾肥可以增强植物的抗病性，偏施氮肥对病虫发生影响最大。

（5）选育抗病虫品种　不同品种的药用植物对病虫害的抵抗能力往往差别很大，选育抗病虫优质、高产品种是一项经济有效的措施。

3. 生物防治　利用自然界的种间竞争和"天敌"等消灭害虫和病菌，以达到防治目的。主要包括以下几方面：

（1）利用寄生性昆虫　寄生性昆虫，包括内寄生和外寄生两类，经过人工繁殖，将寄生性昆虫释放到田间，用以控制害虫虫口密度。

（2）利用捕食性昆虫　主要有螳螂、步行虫等。这些昆虫多以捕食害虫为主，对抑制害虫虫口数量起着重要的作用。

（3）微生物防治　利用真菌、细菌、病毒寄生于害虫体内，使害虫生病死亡或抑制其为害植物。

（4）动物防治　利用益鸟、蛙类、鸡、鸭等消灭害虫。

（5）不孕昆虫的应用　通过辐射或化学物质处理，使害虫丧失生育能力，不能繁殖后代，从而达到消灭害虫的目的。

4. 物理机械防治　选用灯光或某些诱性的物质进行诱杀；或用套袋、涂胶、刷白、填塞等对病虫进行隔离防治；精选种子，去除虫瘿、菌核等；利用热力、太阳光进行消毒，以及应用放射性元素等。

5. 化学防治　即药剂防治。是防治病虫害的重要措施之一。一般杀虫药剂不能杀菌，杀菌剂不能杀虫，只有在个别情况下，才具有双重作用。用药剂防治的方法有如下几种：

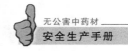

（1）喷粉、喷雾　把药剂配成药粉或药液来喷洒。

（2）拌种　把药粉直接拌在种子上。

（3）浸种　把种子浸在药液中浸后下种。

（4）毒饵　将毒药拌在某种害虫喜欢吃的食料中进行诱杀。

（5）涂抹　将药剂涂抹在药用植物上保护伤口。

（6）熏烟　大多用在仓库等方面。

（7）土壤处理　将药剂洒在土壤中，以杀死害虫或病菌等。

化学防治只在必需应急时进行，实施靶标防治，尽可能地选用具有选择性、低毒、对环境污染小的药剂，少用或不用广谱性的化学农药，经常变化用药品种和混用配方，以免害虫产生抗药性。施药方式也应采取涂茎、根施和注射等方法，以减少对环境的污染。

以上的防治措施要综合运用，并强调农业防治与化学防治相结合。综合防治是根据药用植物的生长特性和病虫害的为害规律，结合栽培技术与田间管理，进行综合治理，从而提高植物的防虫抗病的能力，以便把病虫害控制在最低危害程度。

第六节　无公害中药材的采收与加工

一、采收

中药材的采收在无公害中药材安全生产中是一项要求较为严格的环节。采收的时期、方法对药材的产量与质量都有着很大的影响。因为中药在其生长发育的不同阶段，药用部位所含的有效成分和疗效也不同，因此要提高中药的质量，必须从源头抓起，特别是植物类药材因其入药的花、叶、根、茎、实的采收季节均有严格的限定，提早或延期采收，或采收后不及时进行加工处理，都直接关系到有效成分的含量或变异。现代研究也证明，不同时间采收的中药其有效成分也不尽相同。如麻黄的生物碱春天采较低，夏秋采含量则较高，说明了按生长季节适时采收的重要性。中药的采收季节、时间、方法对中药的质量好坏有着密切的关系，根据药材的品种、入药部位的不同、生长发育特点等，以药材质量最优化和产量最大化为原则进行合理采收。

（一）采收时间

药材的采收期直接影响药材的产量、品质和收获效率。适期收获的药材产量高、品质好，收获效率也高。要做到适时采收，必须客观地掌握不同药用植物品种，不同生长区域气候、水分等因素对药材形成的影响以及植物本身的生长特性和不同药用部位生长发育的规律。采收时间包含两个方面：采收年限和采收期。

1. 采收年限　也称为收获年限，指播种到采收经历的年数。影响因素如下：

（1）植物本身特性　如木本或草本，一年生或多年生等。一般木本植物比草本植物收获年限长。

（2）环境　同一植物因气候或海拔的差异而造成采收年限不同，如红花在北方多为一年收获，在南方是二年收获。

（3）药材品质的要求　根据药用要求，有的药用植物收获年限可短于其生命周期，如麦冬等为多年生植物，其药用部位的收获年限却是1～2年。

因此在采收的时候，要根据药用植物栽培的特点，适时采收。

2. 采收期　中药材的采收期是指药用部位或器官已符合药作要求达到采收标准的收获时期。

药材是防病治病的物质基础，既要求其药效成分含量高，又要求其产量的最大化。华北地区有"三月茵陈，四月蒿，五月茵陈当柴烧"的谚语，说明茵陈只有三月苗期采收才能做药材。

目前科学地确定采收期的方法是用中药材不同生长发育阶段的有效成分含量或有效成分总量来指导中草药的采收。这种方法虽然比较合理，但还需要做大量的科研工作，同时很多中草药有效成分目前尚未明了，因此，利用传统的采药经验及根据各种药用部分的生长特点，分别掌握合理的采收季节、采收方法，仍是十分重要的。中药材的采收期要根据传统的经验和有效成分含量积累的动态

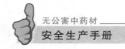

规律研究数据来确定。

（1）根及根茎类　这类植物一般为草本植物，大多数是在植株生长停止，要进入或已经进入休眠期的秋季采收，或在春季萌芽前采收。当年播种收获的药用植物有牛膝、半夏、天麻、浙贝母等。栽培 2～3 年收获的品种有柴胡、当归、前胡、知母、丹参、何首乌等。有些药用植物生长期较短，夏季就枯萎了，如浙贝母、半夏等，其中浙贝母应在夏初采收，半夏在夏末和秋初采挖。在采挖过程中应注意保持根和根茎的完整，以免影响药材的品质和等级。

（2）全草类　此类药材通常多在植物进入生长最旺盛时期，枝叶生长茂盛，如蕾期、初花或花时采收，如益母草、荆芥、穿心莲、半边莲等。但有些种类如佩兰、青蒿等应在开花前采，而马鞭草等要在花开后采；少数药材要采集嫩苗，如茵陈、春柴胡等；有的一年能割采几次，如薄荷、曼陀罗等。极少数还要连根挖取入药，如细辛、紫花地丁等采收方法是割取或挖取。低等植物石韦等四季都可采收。

（3）果实种子类　果实类药材一般在自然成熟或将要成熟时采收，如栀子、枸杞等；枳壳等在未成熟时采收。种子类药材入药时一般为成熟的，如决明子、王不留行等。成熟期不一致的果实或种子，应随熟随采，如木瓜等。过早，肉薄产量低；过迟，肉松泡，质量差。多汁浆果，如枸杞子、山茱萸等采摘后应避免挤压和翻动。

（4）花类　此类药材采摘时要求比较严格。一般多在花蕾含苞待放或初放时采收。如辛夷等要采摘未开放的花蕾供药用；金银花等要采摘刚开放的花朵入药；而菊花、凌霄花、红花、西红花等则要在盛花期采收。以花蕾入药的药用植物要注意其发育程度，及时采收，否则可能成为废品。如金银花应在花蕾膨大变白时采收，此时的绿原酸含量高，故收购时花蕾 50％以上的为一级，40％以上为二级。

花类药材采集选晴天分期分批采摘，采后必须放入筐内，避免挤压，并注意遮阴，避免日晒变色。

（5）茎类和皮类　茎木类药材一般在秋冬或春初萌芽前采收，如木通等。树皮类药材多在春夏之交采收，含量既高，也易于剥离。剥皮应选择在多云、无风或小风的天气，清晨或傍晚时剥取。根皮多在春、秋季采收。因为树皮、根皮的采收，容易损害植物生长，应当注意采收方法。有些干皮的采收可结合林木采伐来进行。

（6）其他类　包括树脂、汁液、孢粉类药材。树脂类栽培年限较长，采收时以凝结成块为准，随时采集。

由于每一种植物都有其自身的生长发育特性，因此在具体的采收过程中，要根据各论中的采收介绍进行合理采收。

（二）采收方法

中药材的采收方法因植物种类、入药部位而定。

1. 掘取法　根及根茎类药材一般用此法采收，少数全草类药材也可用此法。挖掘时要选择适宜土壤含水量时操作。采收时应避免损伤药用部位。及时干燥，否则会引起变质。

2. 收割法　主要用于采收全草、花、果实、种子类药材。一般齐地割取整株，有的植物可进行第二次或多次收割时应留茬，以提高下次的产量，如薄荷、柴胡等。

3. 摘取法　主要用于花类、果实、种子、叶类药材。在进入成熟期后，边熟边采。花开不整齐的、果实成熟不一致的要分批摘取。采收时要注意不要损伤植株，采摘果实时应注意不要挤压，及时干燥。叶类药材摘后要及时晾晒。

4. 剥取法　皮类药材采收用此法。主要具体方法有砍树剥皮、活树剥皮、砍枝剥皮、活树环状剥皮等。为了使植物资源不被破坏，目前常采用活树剥皮或部分剥皮和砍枝剥皮。

（三）注意问题

1. 区域性　不同生产区域植物采收期不同。要根据当地的生态环境条件适时采收。如黄芪在黑龙江和山西采收时间要相差一个月左右。

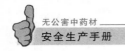

2. 药用部位 同一个植物体有多个部位入药时要兼顾各自的采收期。如菘蓝，在采收叶片时要适度，以免影响板蓝根的生长。

3. 资源保护 要注意保护野生资源，合理采收，计划采药，不要积压浪费。有些中草药，如铃兰，久贮易失效。封山育药，有条件的地方，在查清当地药源和实际需要之后，把所属山地分区轮采，实行封山育药。

4. 保纯 采收过程中应避免非药用部位或杂质混入，保持采收工具的清洁，做好采收记录。

二、加工

药材采收后绝大多数需要及时进行加工。古代用药多为鲜品，但随着科学的进步，对药材的深入了解，药材加工技术已成为生产中的关键技术。加工方法主要有：净制、切片、蒸、煮、烫、发汗、干燥等。如厚朴经"发汗"后，油性大，气香，味浓，临床用于燥湿消痰、下气除满效佳，不经发汗者差。部分中药需炮制后入药，其炮制方法或程度不同，成分或成分含量亦有异，严重影响药物的质量。因此在加工时，方法显得尤为重要。正确的加工方法可达到纯净药材，保持药效，便于利用和贮运的目的。由于药材种类不同，药用部位和用途也不同，其加工方法也存在差异，必须严格按 GAP 标准进行。

（一）加工手段

1. 清选 首先清除混在药材中的杂质并将药材按大小、粗细分等。也可采用风选、水选的方法。水选多用于植物种子类的挑选。常用的清洗方法有喷淋法、刷洗法、淘洗法等。

2. 刮皮 主要用于根、地下茎、果实、种子及皮类入药的植物，以外表光滑、去净表皮为度。常用方法分为手工去皮、工具去皮、机械去皮、化学去皮。一般手工去皮趁鲜进行；工具去皮多用于药材干燥过程中去皮；产量大、形状规则的多用机械去皮。

3. 修整　要根据药材的规格来制定具体修整标准。常在药材干燥后进行。

4. 发汗　鲜药材加热或半干燥后，停止加温，密闭，内部水分就会向外蒸发，遇冷，水气就凝结成水珠附于药材表面，整个过程被形象地称为"发汗"。发汗方法有普通发汗和加温发汗，其中以普通发汗应用最广，如板蓝根、黄芪、薄荷等均采用此方法。

5. 浸漂　指浸渍和漂洗。目的是减轻药材的毒性和不良性味，如半夏等。加工时掌握好时间、水的更换。漂洗用水要清洁，以免发自引起药材霉变。

6. 干燥　干燥是药材加工的重要环节，绝大部分药材要进行干燥。分为自然干燥法和人工加温干燥法。

自然干燥法就是利用太阳的辐射、干燥的空气达到干燥的目的。分为晒干、阴干、风干和晾干。晒干的应用最为普遍，但含挥发油成分的药材一般要采用阴干的方法。使用自然干燥法干燥的过程要，要注意天气的变化，防止受雨露霜等影响。

人工加温干燥法可缩短干燥时间，而且不受季节和天气的影响。可分为炕干、烘干、红外干燥法等。温度一般以 $50 \sim 60℃$ 为宜，含维生素类的药材可用 $70 \sim 90℃$。

一般干燥透的药材断面色泽一致，相互敲击时声音清脆，药材质地坚硬、脆。

（二）加工方法

药材的加工方法因植物药用部位不同具体操作方法也有所区别：

1. 根及地下茎类药材的加工　挖取根及地下茎后，要除去泥土、须根和残留枝叶。然后，进行分级、清洗、刮皮或切片。对于质地坚硬、难以干燥的粗大根茎，应趁鲜切片，再行干燥，如丹参、葛根、玄参等；对于干后难以去栓皮的药材，应趁鲜去栓皮，如桔梗、半夏、芍药、大黄、商陆等；有些药材洗刷后要先进行蒸煮，然后再晒干，如天麻、玉竹、黄精、何首乌、百合、延胡索、郁金、黄精等；对一些肉质、含水量大的块根、鳞茎等药材，如百部、天冬、麦冬等，应先用沸水略烫一下，再行切片干燥；有些种类的药材还需要反复进行"发汗"（即回潮），才能完全干燥，如玄参、丹皮、白芍等。

2. 全草和叶类药材的加工　由于叶类、全草类药材多含挥发性成分，一般收割后置于通风干燥处阴干或晒干，在未完全干透之前，将其扎成小捆，再晾晒至全干，如紫苏、细辛、薄荷等。对一些肉质叶类如垂盆草、马齿苋等，因叶肉肥厚，含水量较高，需先用沸水烫后再干燥。

3. 果实、种子类药材的加工　一般果实采收后可直接晒干，如决明子、牛蒡子、薏苡等。对一些果实较大、不易干透的药材，如宣木瓜、佛手等，应先切片后再晒干；以果肉或果皮入药的中药材，如山茱萸、陈皮、栝楼等，应先除去果核或剥皮、去瓤，然后晒干。此外，还有少数药材需要烘烤烟熏后再供药用，如乌梅等。

种子类药材采收后，大多数可直接晒干、脱粒，由于采收时多带果壳或茎秆，有些则要去果皮或种皮，取出种子，如决明子等。还有些种类的药材要打碎果核，取出种仁供药用，如杏仁、桃仁、酸枣仁等。

4. 花类药材的加工　一般采后直接置于通风干燥处摊开阴干，亦可置于低温条件下迅速烘干。加工时，应保持花朵完整，颜色鲜艳，保持浓厚的香气和避免有效成分的散失，如月季花、玫瑰花、金银花等。还有少数种类的药材，如杭白菊等需要蒸后干燥。

5. 皮类药材的加工　树皮或根皮采剥后，一般趁鲜切成块或片，除去内部木心，直接晒干。但有些种类如黄柏、丹皮等采后应立即刮去栓皮，而肉桂皮、厚朴皮、杜仲等应先用沸水淋烫，然后取出纵横堆叠加压，覆盖稻草，使之发汗，待内皮层变为紫褐色时，再蒸软刮去栓皮，切成丝或片，或卷成筒，最后晒干或烘干。在皮类药材加工的过程中，要严禁着露触水，否则会发红变质。

6. 药材加工中应注意的问题

（1）确保加工场地周围无污染源，通风良好，有防鸟、兽、鼠、虫的设施。

（2）为防止由于加工造成中药材质量下降，在其过程要需水洗的，要保证水源未被污染。需要熏制的，如用硫黄熏制金银花，容易导致其中的砷含量高，因此不宜用此方法。

（3）加工人员要保持自身卫生良好，戴手套和口罩。并在最后做好加工记录。

第三章

81 种中药材无公害生产技术

第一节　根及根茎类

1. 马兜铃

马兜铃科马兜铃属多年生缠绕草本。果实和茎、根入药。苦，温。归肝、脾、肾经。果实药材名马兜铃，为清肺镇咳化痰药；茎药材名天仙藤，能祛风活血；根药材名青木香，有解毒、利尿、理气止痛的功效。野生于山坡、林缘、灌丛、溪流旁、路旁等处。北马兜铃分布于吉林、黑龙江、辽宁、河北、内蒙古、山西、陕西、甘肃、山东等地。马兜铃分布河南、山东、安徽、江苏、浙江、广西、江西、湖南、湖北、四川、贵州等地。药材主产河北、山东、陕西、辽宁、山西、河南、黑龙江等地。甘肃、江西、内蒙古、吉林、江苏、湖南、湖北、四川、浙江等地亦产。花期7～9月。果期9～10月。

【栽培技术】

（1）基地选择　喜温暖的气候，以湿润而肥沃的沙质壤土或腐殖质壤土为宜。

（2）种植方法　分秋播与春播两种。秋播在9月上旬，春播宜3月下旬。直播与育苗均可。

直播：用点播或条播法将种子播下，覆土灌水即可。

育苗：在苗床上开成条沟后（沟距12～16厘米）将种子播入，覆土轻压，加盖稻草，以保持土中水分。至翌年4月，按行株距30～40厘米开穴定植。

繁殖可采用分株及种子繁殖。一般家庭少量用材分株繁殖即可，极易成活；大量用苗则用种子繁殖，多采用盆播，将种子均匀地撒于盆沙上，覆一层细沙，以盖住种子为度。浇透水，保持20℃温度至出苗，待苗长至10～20厘米时，可移栽定植。

【生长发育】

多年生缠绕或匍匐状细弱草本。花果期持续120天左右。

【田间管理】

当幼苗期及定植时或阳光直射厉害时，均须适当灌水。苗期施氮肥1次，定植后至开花期，追肥2次，适当加施钾肥与磷肥。植株成长时即搭棚，以利攀援。

【病虫害防治】

根腐病：多发病于7、8月份，根部腐烂后，植株死亡。要拔除病株烧毁。用退菌特50％可湿性粉剂1 000倍液喷穴。

叶斑病：多发生在雨季，叶片上易发生斑点。注意清理排水沟，积水及时排除，用1∶1∶150倍波尔多液喷射。

马兜铃凤蝶：幼虫在7～9月咬食叶片和茎。可用人工捕杀；发生期用敌百虫喷洒。

蚜虫：为害叶片。可用乐果乳剂喷洒。

【采收、加工及贮藏】

9～10月果实由绿变黄时连柄摘下，晒干。按药用部位、药品规格进行加工。贮藏时应注意防潮。

【商品规格】

本品为统货。

2. 大黄

掌叶大黄为蓼科大黄属多年生草本植物。别名川军、生军、雅黄等。干燥根及根茎入药。为临床常用中药。味苦，性寒。归脾、胃、大肠、肝、心包经。具有泻热通肠、凉血解毒等功效。用于湿热便溺，积滞腹痛，泻痢不爽，湿热黄疸，目赤，咽肿，腹痛腹痛，痈肿疔疮，淤血经闭，跌打损伤，上消化道出血等症。喜凉爽湿润环境，耐寒，怕高温，易在海拔1 600～2 800米的高寒山区生

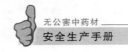

长。多生长在山地沙质土及杂木林下的潮湿地带。海拔过高，气候寒冷，生长缓慢；气温太高，生长不良，而且抽薹率上升。产于甘肃岷县、岩昌、礼县、文县和青海等地。其中以甘肃礼县的产量最大、质量最好。花期6～7月。果期7～8月。

【栽培技术】

（1）基地选择　宜选择高寒山地、土层深厚湿润、富含腐殖质及排水良好的沙质壤土。土质黏重、地势低洼的地点不宜种植。因大黄不宜连作，宜与马铃薯等进行轮作，以恢复地力和防止病害。在选好的种植地，深耕30～40厘米，可施厩肥45 000～60 000千克/公顷作为基肥，然后做宽130～150厘米的畦。

（2）种植方法　分春、秋两季播种。春播在4月初至6月初；秋播在8月末至9月初，采种后即可播种。

直播：按行株距55厘米×55厘米开穴，穴深3～4厘米，每穴播种子8～10粒，覆土2～3厘米。

育苗：按行距9～10厘米开沟均匀播种，覆土2～3厘米，折合每公顷播种子约75千克。播种后应经常浇水，保持土壤湿润，半月左右即可出苗。应经常清除苗床内杂草，至苗高9～10厘米即可移栽。

移栽：在阴雨天进行，按行株距55厘米×55厘米挖穴，穴深5～6厘米，将苗立放穴内，用细土培实，穴面应低于地面以利于培土。

用穴栽（低于地面10厘米）、平栽和垄栽（高出地面10厘米）三种方式栽种大黄，三年后观察垄栽和平栽的均为牛头黄（主根很短，侧根多且粗壮），而穴栽的全部是萝卜黄（主根粗壮，侧根细小）。这是因为穴栽的逐年给其根部壅土，满足了根茎向上延长的条件所致。

根芽繁殖：通常在9～10月收获时进行。当收获3年生以上植株时，选择母株肥大、带芽和大形根的根茎，将根茎纵切3～5块，切口外黏上草木灰。按行株距55厘米×55厘米挖穴，每穴放一根茎，芽眼向上，覆土6～7厘米，踩实。根芽繁殖虽费工，但生长较快，一般第二年即能开花，第三年开始即能收获。

【生长发育】

掌叶大黄个体生长发育需要三个生长季节方能完成。在栽培上可分为四个生长期：

幼苗期：掌叶大黄从采籽播种育苗到移栽，其生长期 395～398 天。

成药期：掌叶大黄从当年春季移栽，生长到第二年秋末、冬初采挖时，生育期 580 天。主要是地上茎叶和地下根茎同时生长的时期，根系呈辐射状向四周扩散，其特点是根茎的上部每年有"轮环"，根据"轮环"可知几年生大黄。

抽薹开花期：掌叶大黄移栽第二年、第三年春季抽薹开花，这段时间为 730 天，花薹从上年秋季开始形成。

种子期：掌叶大黄移栽后第二年、第三年春末夏初开花到种子成熟为种子成熟期，30～37 天。晚霜后，掌叶大黄地上部分开始枯萎，若要收药，便可采挖，若要留种便可直接留在地里。

【田间管理】

中耕除草：秋季移栽的当年不加管理；第二年进行中耕除草 3 次；第一次在 4 月苗刚出土时；第二次在 6 月中下旬；第三次在 9～10 月倒苗后。第三年植株生长健壮，杂草少，只在春秋两季各进行一次。第四年因秋季即将采挖，只在春季除草 1 次。春季移栽的，当年 6 月中旬进行第一次中耕除草，8 月中旬进行第二次，9～10 月倒苗后进行第三次，第二、三年与秋季移栽的第三、四年相同。

追肥：大黄喜肥，除施足基肥外还应多施追肥。追肥是大黄增产的重要措施之一。据实验统计，追肥可提高产量 36％～84％。因大黄以根及根茎入药，故需磷钾肥较多。每年结合中耕除草都要追肥 2～3 次。第一次于出苗或返青后，折合每公顷追施人畜粪尿 22 500～30 000 千克，或腐熟饼肥 750 千克、过磷酸钙 225～300 千克、氯化钾 105～120 千克和硫酸铵 150 千克；第二次于 7 月末，折合每公顷施复合肥 150～225 千克；第三次于秋末植株枯萎后，

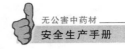
施用腐熟农家肥或土杂肥壅根防冻，如堆肥中加入磷肥效果更好。

培土：培土是栽培大黄的一项特殊措施。大黄根茎有向上生长的特性，而且根茎向上延长时有抑制侧根发育的作用，用穴栽（低于地面 10 厘米）、平栽和垄栽（高出地面 10 厘米）3 种方式栽种大黄（同一品种），3 年后垄栽和平栽的主根很短，侧根多且粗壮，而穴栽的则主根粗壮，侧根细小，这是因为穴栽的逐年给其根部培土，满足了根茎向上延长的条件所致。同时培土避免了根部外露，促进了根系生长发育与吸收能力；培土加厚了土壤的疏松层，对外界的冷空气起到隔离作用，使土壤温度不致因外界冷空气的影响而急剧下降，相对提高了土壤温度，对大黄越冬起到了保护作用；培土使土层加厚，可避免夏季高温的影响；培土加固了植株基部，防止倒伏等。故此，在每次中耕除草、施肥时，均应培土；在每年的最后 1 次培土时，应用堆肥、杂草、泥土等培于土株旁，大约厚 10 厘米。

摘薹：大黄栽后的第三年就要抽薹开花，消耗大量养分，这时要及时摘薹，抑制大黄的生殖生长，使养分集中到营养生长，促进光合产物向根和根茎部运输贮藏，提高根及根茎的产量和品质。摘薹时应选晴天进行，从根茎部摘去花薹，并用土盖住根头部分和踩实，以防止切口灌入雨水后腐烂。

【病虫害防治】

轮纹病：受害叶片上病斑近圆形，近褐色，具同心轮纹，边缘不明显或无；病斑上密生小黑点（病原菌分生孢子器），发生重时，常致叶片枯死。病菌以菌丝在病叶斑内或子芽上越冬，翌年春季产生分生孢子，借风雨传播，扩大为害。防治方法：冬季清除枯叶并集中烧毁，减少越冬病源；增施有机肥，适时中耕除草，促进植株生长健壮；出苗后两周开始喷 1∶2∶300 波尔多液或井冈霉素 50 毫克/升液喷雾防治。

炭疽病：被害叶片上病斑圆形、近圆形，中央淡褐色，边缘紫红色，以后生有小黑点（病原菌分生孢子盘），后期病斑穿孔。防治方法：同轮纹病。

霜霉病：被害叶片上病斑呈多角形或不规则形，黄绿色，无边缘，叶背生有灰紫色霉状物（病原菌子实体）。发病严重时，叶片枯死。病原菌以卵孢子在病叶的病斑上越冬。低温高湿有利发病。本病于 4 月中旬开始发作，5～6 月严重。防治方法：轮作；雨后及时开沟排水，降低田间湿度，减轻为害；发病初期喷 40％霜疫灵 300 倍液或 25％瑞毒霉 400～500 倍液。每隔 7～10 天喷一次，连续喷 2～3 次。

根腐病：发病植株萎蔫，根部腐烂，7～8 月间雨水较多时，容易发生。防治方法：雨后及时排水；生长期经常松土，防止土壤板结；发病期用 50％托布津 800 倍液浇灌病株根部，控制病株蔓延。

斜纹夜蛾：6～7 月间，初龄幼虫啃食下表皮与叶肉，仅留上表皮与叶脉成纱窗状。四龄以后咬食叶片成缺刻，仅留主脉。幼虫老熟后即入土作土室化蛹。防治方法：发生期及时消灭卵块或初孵幼虫；利用黑光灯诱杀；发生期喷 90％敌百虫 800～1 000 倍液。

大黄拟守瓜：分布于陕西。成虫和幼虫为害各种大黄及酸模等蓼科植物叶片，造成孔洞，影响植株生长和产量。一年发生一代，以成虫在寄主植物丛中、杂草及附近土缝中越冬。越冬成虫翌年 4 月下旬或 5 月上旬开始活动为害，8 月陆续死亡。幼虫发生期为 6～9 月，当代成虫发生期为 7 月下旬或 9 月上旬。防治方法：铲除杂草；清园及秋冬或早春翻地，破坏其越冬栖息地，以压低越冬虫基数；忌连作，以与川芎或黄芩轮作为好；发生期可用 50％可湿性西维因 500 倍液喷雾防治。

【采收、加工及贮藏】

采收：大黄通常在定植后 2～3 年即可采收。采挖在秋末冬初进行。收挖前要防止人畜进地践踏，以免大黄腐烂。由于大黄根肥大且深，采挖时先刨开根周围的土壤，然后深挖根部，力求全根。将挖出的部分抖去泥土，去除腐烂大黄和残叶，切除大黄根茎顶端的生长点，用打黄夹打去粗皮，切去水根整形。

整形：把大黄从地下挖出后，选用切刀切去地上部茎叶，再将

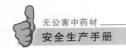

根茎和块根切离，刮掉粗皮，削去块根上的侧根、毛根，分别干制，根茎干制后为上等品，块根干制后为等外品（俗称水根）。

干制：把已整好的大黄根茎和块根分别放在用木椽、竹棍搭成的棚上，体积过大者可纵切成两半或四半上棚。在棚下火盆中点燃树根、树枝等柴火，用微烟熏烤，不用明火，熏烤1周后，看到大黄体表有油状物时，再用较大的烟熏，每隔 10～15 天翻动一次，使热量均匀，温度保持在 12℃以上，昼夜不停地熏烤 60 天后，在棚上晾干。阴干的优点是不用烟熏，使其自然干制，既省柴，又节省劳力。缺点是干制时间长，约 180 天，阴干的具体做法：把整好形的根茎分别用竹篾子或绳子横串起来，挂在房檐下，或在室内搭架挂晾。要通风，忌雨淋，防暴晒。经试验，熏干和阴干的大黄有效成分无显著差异。

【商品规格】

（1）蛋片吉　一等：干货。去净粗皮，纵切成瓣。表面黄棕色。体重质坚。断面淡红棕色或黄棕色，具放射状纹理及明显环纹，红肉白筋，髓部有星点环列或散在颗粒。气清香，味苦、微涩。每千克 8 个以内。糖心不超过 15％。无杂质、虫蛀、霉变。二等：每千克 12 个以内，其他同一等。三等：每千克 18 个以内，其他同一等。

（2）苏吉　一等：干货。去净粗皮，横切成段，呈不规则圆柱形。表面黄棕色。体重，质坚。断面淡红色或黄棕色，具放射状纹理及明显环纹，红肉白筋。髓部有星点环列或散在颗粒。气清香，味苦、微涩。每千克 20 个以内。糖心不超过 15％。无杂质、虫蛀、霉变。二等：每千克 30 个以内，其他同一等。三等：每千克 40 个以内，其他同一等。

（3）水根统货　干货。为主根尾部及支根的加工品，呈长条状。表面棕色或黄褐色，间有未去净的栓皮。体重质坚，断面淡红色或黄褐色，具放射状纹理。气清香，味苦、微涩。长短不限，间有闷茬，小头直径不小于 1.3 厘米。无杂质、虫蛀、霉变。

（4）原大黄统货　干货。去净粗皮，纵切或横切成瓣、段，块片大小不分。表面黄褐色，断面具放射状纹理及明显环纹。髓部有星点或散在颗粒。气清香，味苦、微涩。中部直径在2厘米以上。糖心不超过15%。无杂质、虫蛀、霉变。

（5）出口大黄　出口大黄品质以内茬红度所占比例多少而定，有九成、八成、七成、六成四种。出口有片子、吉子、糠心、粗渣等，其中以片子为最佳，中吉次之，均分红度。小吉、糠心、粗渣无红度之分。

3. 何首乌

蓼科蓼属多年生草本植物。药用块根。味苦、甘、涩，性温。归肝、心、肾经。具有解毒消痈、润肠通便功能，用于瘰疬痈疮、风疹瘙痒、肠燥便秘、高血脂等症。野生何首乌主产于贵州、四川、广西、河南、湖北等省、自治区。此外，江苏、浙江、安徽、山东、江西、云南等省亦产。栽培品主产于广东德庆、高州、清远，湖南永州、会同、黔阳等地。花期8～10月。果期10～11月。

【栽培技术】

（1）基地选择　何首乌适应性强，野生于灌木丛、丘陵、坡地、林缘或路边土坎上。喜温暖气候和湿润的环境条件。耐阴，忌干旱，在土层深厚、疏松肥沃、富含腐殖质、湿润的沙质壤土中生长良好。

（2）种植方法　常用繁殖方法有种子繁殖、扦插繁殖和压条繁殖。

由于种子不易采收，育出的苗生长年限长，且易产生变异；压条繁殖育苗少，不能满足生产的需要；扦插育苗优点是生长年限短，性状稳定且育苗数量大。

何首乌可以春种或夏种。春种发根快，成活率高，但须根多，产量低，质量差。夏种（5～7月）地温高，阳光充足，种后新根易于膨大，结薯快，产量高。从苗地起苗时，苗只留基部20厘米左右的基段，其余剪掉，并将不定根和薯块一起除掉，这是高产的关键。种植时，先在畦上按行株距20厘米×20厘米开种植穴，每穴种1株，种后覆土压实，淋足定根水，以保持土壤湿润。可在房

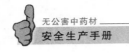

前屋后挖坑种植，每坑栽苗4株。

【生长发育】

定植第一年地上部分生长主藤蔓，第二年后主藤继续生长，并从茎基部和主藤和节间抽生新藤蔓。每年均有一个生长周期，藤蔓从早春3月份气温回升到14～16℃时开始生长，在雨水充足、夏季高温前藤蔓生长进入高峰期，进入高温干旱季节生长缓慢；秋雨季节又进入第二个生长高峰期，比第一个高峰期略次之。由于产地无霜期长，很少出现0℃以下的低温冻期，整个植株中下部分仍保持大部分棕褐色藤蔓，上部分为浅绿色藤蔓。未进入完全休眠时，冻期会出现冻伤。进入12月份后，将进入完全休眠期状态。何首乌藤蔓条数与根条大致呈正比。何首乌一年生植株即可开花，9～10月为盛花期，10～11月果实成熟。一生中可多次连续开花结果。

【田间管理】

何首乌定植后，要经常淋水，前10天每天早晚各淋1次，待成活后，视天气情况适当淋水。苗高1米以后一般不淋水。雨季加强田间排水。

何首乌是喜肥植物，应施足基肥，并多次追肥。追肥采用前期施有机肥，中期磷钾肥，后期不施肥的原则。当植株成活长出新根后，每公顷施腐熟人粪尿15 000～22 500千克。然后视植株生长情况追肥，一般可再施2次，每次每公顷施入畜粪37 500千克。苗长到1米以上时，一般不施氮肥。9月以后，块根开始形成和生长时重施磷钾肥，每公顷施厩肥、草木灰混合肥45 000千克和过磷酸钙750～900千克，氯化钾600～750千克。在植株两侧或周围开沟施下。以后每年春季和秋季各施肥1次，均以有机肥为主，结合适量磷钾肥。每次追肥均结合中耕培土清除杂草，防止土壤板结。

何首乌长至30厘米时，在畦上插竹条或小木条，交叉插成篱笆状或三脚架状，将藤蔓按顺时针方向缠绕其上，松脱的地方用绳子缚住。每株留1藤，多余公藤苗除掉，到1米以上才保留分株，以利植株下层通风透光。如果生长过于茂盛，可适当打顶，减少养分消耗，一般每年修剪 5～6 次，高产田 7 次。

【病虫害防治】

主要病害有叶斑病、根腐病等。雨后要及时疏沟排水，降低田间湿度。及时搭设支架，剪除过密藤蔓和老、病、残叶，改善田间通风透光条件。清洁田园，减少田间病原菌的积累和传播。

蛴螬和蚜虫是常见虫害。防治蛴螬时可将厩肥、人畜粪便集中高温发酵腐熟，杀死虫卵和幼虫。设置诱虫灯或糖醋液诱杀成虫。天旱时，土壤温度过低应及时进行人工灌溉，减轻幼虫为害。对土壤中蛴螬较多的地块，栽种前进行土壤消毒。

保护利用天敌可防治蚜虫。主要天敌有瓢虫、草蛉。

【采收、加工及贮藏】

经大田种植 2 年后，于 10～11 月茎叶枯萎后采挖。初加工主要分为鲜何首乌分选，清洗，去根和须根，初步干燥，修剪，切割，干燥等步骤。

何首乌易受潮，应存放于清洁、阴凉、干燥通风、无异味的专用仓库中，并防回潮、防虫蛀。以温度 30℃ 以下、相对湿度 60％～70％ 为宜，商品安全水分为 12％～14％。

贮藏期间应保持环境清洁，发现受潮及轻度霉变、虫蛀，要及时晾晒或翻垛通风。有条件的地方可进行密封抽氧充氮养护。

【商品规格】

何首乌以个大体重、质坚实、断面无间隙、显粉者为佳。经蒸后的首乌片横断面黄棕色至深色，呈鲜明胶状"云锦花纹"明显。切面黄棕色，有胶状光泽者为佳。

何首乌分为统货和级外两个规格。

统货：干货，熟透。纵切或横切片的表面红褐色或棕褐色，断面褐色或黄褐色，粉性足，厚度不超过 5 毫米，中部横宽 1 厘米以上，无根，无虫蛀或霉变。

级外：干货，熟透。纵切或横切片的表面红褐色或黄褐色，断面黄褐色或黄棕色。粉性足，厚度不超过 5 毫米，中部横宽 4 毫米以上，无根，无虫蛀或霉变。

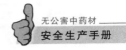
4. 川牛膝

苋科杯苋属多年生宿根草本植物。川牛膝别名牛膝、拐牛膝、大牛膝、甜牛膝等。以根入药，为常用中药。性平，味苦。具有祛淤通经，通利关节，利尿通淋等功能；主治血滞经闭、症瘕、关节痹痛、跌打损伤、尿血、产后胞衣不下等症。野生分布于中国西南地区海拔 1 150～2 200 米的高山。适宜在气候凉爽潮湿，年降水量在 1 400 毫米以上的林缘或荒地草丛以及土质疏松、肥沃的土壤中生长。主要分布在四川。此外，重庆、湖北、云南、贵州等地亦有分布。花期 6～7 月。果期 8～9 月。

【栽培技术】

（1）基地选择　宜选择地势向阳、土层深厚、肥沃、排水良好而略带黏性的壤土栽培，以向阳的缓坡地最好。产区大多数采用开荒种植，砍去灌木杂草后，在 9～10 月下雪之前深翻 30～40 厘米，经冬季休闲熟化后，第二年清明前后，冰雪融化，再耕地一遍，拣去石块和未腐烂草根，耙细整平，做宽 120～130 厘米的高畦。排水良好的地块也可做平畦。如为熟地，亦可在种植当年翻地，施基肥更好。

（2）种植方法　川牛膝主要用种子繁殖。亦可采用分株繁殖。种子繁殖一般采用直播方法。种子育苗移栽费工多，移栽过多苗小操作不便，过晚则易受冻死亡，故一般不宜采用。分株繁殖虽可提早一年收获，但产量低，很少采用。直播一般在清明、谷雨前后（整地后约 10 天）播种为宜。正常情况下，每 667 米^2 用种量 500～750 克。用穴播或条播。穴播按照行株距 30 厘米×20 厘米挖坑，深 3～5 厘米，每 667 米^2 施人畜粪水 1 500～2 000 千克，施肥后每坑撒入拌灰粪的种子一撮，含种子 10 粒，不覆土。

【生长发育】

川牛膝从种子发芽到收获，整个生长发育期大约需要 140 天。其整个生长发育期可分为以下几个阶段：

幼苗期：川牛膝的最佳播种期在夏收后的伏天，此时的日平均温度较高。根据种子的类型确定适宜的种植期，一般蔓菁子在初秋末、二伏初下种，秋子在初伏后 4～6 天下种。蔓菁子若下种过早，容易产生川牛膝旺长的情况，地下根短，不定根及须根多，影响产品的产量及质量；秋子不能播种过晚，否则，川牛膝苗生长过弱，地下根过细，造成产量过低、质量差。川牛膝种下种后一般 4～5 天内即可出苗。

快速发棵期：这一时期为植株生长发育的旺盛期，经过 30 天左右植株生长高度可达 1 米左右，同时开始开花结实。

根部伸长、发粗期：进入 9 月，地上部分植株形成。

枯萎采收期：10 月以后，气温逐渐下降，月平均气温在 15℃左右，川牛膝的生长发育逐渐缓慢，霜降后，植株开始枯萎进入采收期。

【田间管理】

第一次在苗高 5～6 厘米时进行，穴播每穴留苗 4～6 株，条播的每隔 4～5 厘米留苗 1 株。第二次间苗即定苗，在苗高约 10 厘米时进行，每穴留苗 3～4 株，条播的每隔 8～10 厘米留苗 1 株。在间苗时，缺苗的应补苗，间苗可结合中耕除草进行。每年中耕除草 3～4 次。播种当年第一次在 5 月中下旬，此时苗细小，宜浅锄或用手扯。此次除草很重要，宜早宜尽，否则杂草滋生，幼苗易死亡。第二次在 6 月中下旬，第三次在 8 月上中旬。第二、三年也中耕除草 3～4 次，时间与第一年相同。每年在最后一次中耕时培土防冻，培土厚度以盖住根头幼芽 6～8 厘米为宜。培土宜早不宜迟，过迟则培土松泡，易受冻。海拔高者，培土应加厚。每次中耕除草，都应结合追肥。每年第一次和第二次在中耕后施肥，每 667 米² 施人畜粪水 1 500～2 000 千克，可用腐熟饼肥 50～100 千克或尿素 3～4 千克对水 1 000～15 000 千克。最后一次在 8 月中耕前施肥，施人畜粪和草木灰，施后培土。

【病虫害防治】

白锈病：6～8 月发生，叶背面产生白色泡状病斑，稍隆起，当病斑破裂会散发出白色粉状物。防治方法：可轮作；发病初期喷 1∶1∶120 倍波尔多液或 50％甲基托布津可湿性粉剂 1 000 倍液。

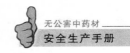

黑头病：冬季受冻害根头发黑腐烂，严重的根部完全腐烂，植株死亡；受冻害根头部分腐烂，第二年春季也能发芽出苗，但生长较差。秋末或冬初可培土防冻；注意排水防涝。

根结线虫病：忌连作，前作忌葫芦科、豆科、桔梗科、唇形科等易受线虫为害的植物；选高山无线虫病的土地栽培；整地时选用阿福丁、米乐尔、好年冬进行土壤消毒。

【采收、加工及贮藏】

川牛膝在播种后 3～4 年后采收。过早，根条小，产量低；过迟，纤维多，品质下降，且易烂根。采挖时间一般在 10～11 月苗枯之后进行。用长锄挖起，抖去泥土运回加工。

将鲜根砍去芦头，剪去须根，用小刀削去侧根均成单枝。然后按根条大小分级，捆扎成小束，立于坑上用无烟煤微火或置日光下暴晒，半干时堆置数日，回润后再继续烘炕或晒干。炕时需用微火，否则易走油或炕焦，影响品质。干燥后打捆成件，草席包裹，置阴凉干燥处贮藏。三年生每 667 米^2 干根产量 150～200 千克，四年生 200～250 千克，高产可达 500～600 千克。

【商品规格】

一等品：为曲直不一的长圆柱形，单枝，柔质，上中部直径 1.8 厘米以上，断面黄棕色或黄白色，有筋脉点（维管束）。

二等品：为曲直不一的长圆柱形，单枝，柔质，上部直径 1 厘米以上，断面黄棕色或黄白色，有筋脉点（维管束）。

三等品：为曲直不一的长圆柱形，单枝，柔质，上部直径 1 厘米以下，断面黄棕色或黄白色，有筋脉点（维管束）。

5. 黄连

毛茛科黄连属多年生草本。根茎入药。性寒味苦。归心、脾、胃、肝、胆、大肠经。具清热燥湿、泻火解毒的功能。有抑菌、增强白血球吞噬、降压、利尿、镇静、镇痛等作用。临床用于湿热痞满、呕吐、高热神昏、心火亢盛、目赤吞酸、消渴等症的治疗。野生或栽培于海拔 1 000～1 900 米的山谷凉湿荫蔽密林中。主要分布于重庆、湖北、四川、贵州、湖南、陕西南部。多为人工栽培，野生已不多见。花期 2～4 月。果期 3～6 月。

【栽培技术】

（1）基地选择　应选择海拔 1 000～1 800 米高度的山坡栽培，坡度平缓为好，以 20°左右较为理想。坡向选择早阳山或晚阳山（西向），以早阳山为好。土壤应选择腐殖质丰富，有机质含量较高，土层深厚的黄棕壤、紫色山壤。

（2）种植方法　以种子繁殖为主，通常先播种育苗，再进行移栽。

育苗：培育壮苗是黄连增产的关键之一。10 月至 11 月份用经贮藏的种子，与少量细碎的腐殖质土拌匀撒于畦面，播后盖 0.5～1 厘米厚的平细腐熟牛马粪，冬季干旱时还需盖草保湿。春季揭去覆盖物，以利出苗。

搭棚架：苗期荫蔽度保持在 80％，一畦一棚，棚高 50～70 厘米。

苗期管理：在 3～4 月长出 1～2 片真叶时进行间苗。

移栽：每年有三个时期可以移栽。在 2～3 月雪化后，新叶未长出前可移栽，效果最好。第二个时期是 5～6 月。第三个时期在 9～10 月份。栽种时按行株距 10 厘米，正方形栽植，每 667 米² 栽苗 5.5 万～6 万株，一般栽 3～5 厘米深。

【生长发育】

黄连生长期较长，播种后 6～7 年才能形成商品。栽后 3～4 年根茎生长较快；5 年后生长减慢，6～7 年生长衰退，根茎易腐烂。

【田间管理】

苗期管理：播种后，翌春 3～4 月出苗，出苗前应及时除去覆盖物。当苗具 1～2 片真叶时，按株距 1 厘米左右间苗。6～7 月可在畦面撒一层约 1 厘米厚的细腐殖土，以稳苗根。荫棚应在出苗前搭好，一畦一棚，棚高 50～70 厘米，荫蔽度控制在 80％左右，如采用林间育苗，必须于播种前调整好荫蔽度。

补苗：黄连苗移栽后，常有死苗，一般 6 月栽的秋季补苗，秋植者于翌春解冻后补苗。

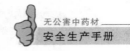

中耕除草：育苗地杂草较多，每年至少除草 3～5 次，移栽后每年 2～3 次。如土壤板结，宜浅松表土。

追肥、培土：育苗地在间苗后，每 1 000 米² 施稀粪水 2 000 千克，8～9 月再撒施干牛粪 200 千克，翌春化雪后，再施入以上肥种，但量可适当增加。移栽后 2～3 月，施一次稀粪水，9～10 月和以后每年 3～4 月及 9～10 月，各施肥一次。春肥以速效肥为主，秋肥以农家肥为主，每次每 1 000 米² 施 3 000 千克左右，施肥量可逐年增加。施肥后应及时用细腐殖土培土。

【病虫害防治】

主要病害有白绢病、白粉病、根腐病、炭疽病等。

白绢病：发病初期，地上部分无明显病症，后期随着温度的增高，根茎内的菌丝穿出土层向土表伸展，菌丝密布于根茎及四周的土表，最后在根茎和近土表形成先为乳白色、淡黄色最后为茶褐色油菜籽大小的菌核。被害植株顶梢凋萎、下垂，最后整株枯死。防治上要预防为主，综合防治。合理轮作，采收黄连后的带病地可与豆科、禾本科作物轮作，以减少土壤中的病原基数，减少对黄连的侵染。实行熟土轮作栽培的，可用生石灰粉进行土壤消毒。发现病株，及时带土移出黄连棚外埋或者焚烧掉，并在病害周围撒生石灰粉进行消毒。可用哈茨木霉麸皮培养物进行生物防治。

白粉病：主要为害黄连叶片发病时。应调节荫蔽度，适当增加光照。在冬季清园，减少棚内湿度，并注意理沟排水。发病初期要及时将病株移出棚外烧毁，防止蔓延。

根腐病：防治上要合理轮作，熟土栽连。一般与豆科、禾本科作物轮作 3～5 年后才能再栽黄连，切忌连作或与易感此病的药材或农作物轮作。移栽前结合整地，用石灰粉消毒土壤。在黄连生长期，要注意防治地老虎、蛴螬、蝼蛄等地下害虫，以减少发病机会。发现病株，及时拔除，并在病穴中施一把生石灰粉。

虫害主要为小地老虎和黏虫。应清除黄连棚周围杂草和枯枝落叶，集中烧毁，消灭越冬幼虫和蛹。清早日出之前，检查黄连地，发现新被害苗附近上面有小孔，立即挖出捕杀。掌握黏虫幼虫的入土化蛹期，挖土灭蛹，或根据产卵习性，用枯萎的草根放上一点醋，诱集捕杀成虫。

【采收、加工及贮藏】

通常在黄连定植4～5年后采收，根据不同生长期黄连的化学成分分析，黄连应定植5年之后采收为好。收获时间为每年的10～11月份为佳。选晴天将黄连挖起，抖落泥沙，剪掉须根、叶子和叶柄，将"毛坨子"运回放在室内通风不潮湿的地方待加工。

干燥方法多采用炕干，注意火力不能过大，要勤翻动，干到易折断时，趁热放到槽笼里撞去泥沙、须根及残余叶柄，即得干燥根茎。须根、叶片经干燥去泥沙杂质后，亦可入药。残留叶柄及细渣筛净后可作兽药。

贮藏时应存放于清洁、阴凉、干燥通风、无异味的专用仓库中，并防回潮、防虫蛀。

【商品规格】

黄连商品常分为次品、合格品、优等品。

次品：味苦，色黄，有须毛、杂质、两段不带连的"桥杆"、长3厘米以上的"过桥"，焦黑，枯炕，霉变。

合格品：味苦，色黄，无须毛，无杂质，无两段不带连的"桥杆"，无"过桥"，无焦黑，无枯炕，无霉变。

优等品：条肥壮，质坚实，断面色黄或全黄。

6. 芍药

毛茛科芍药属多年生草本。别名将离、离草、婪尾春、余容、犁食、没骨花、黑牵夷等。芍药在中国的分布极广，遍植大江南北，品种达400余个。其根入药。温和性平。具有解痉、抗菌、消炎、利水、抑制血小板聚集和抑制消化道溃疡等功能。主治淤滞经闭，疝瘕积聚，腹痛，胁痛，衄血，血痢，肠风下血，目赤，痈肿。生于山坡、山谷的灌木丛或高草丛中。分布东北、华北、西北各省、自治区。河南、山东、甘肃、陕西、四川、安徽、浙江、贵州、台湾等省大量栽培。花期5～7月。果期6～7月。

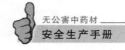
【栽培技术】

（1）基地选择　适宜温和气候，喜充足阳光，荫蔽生长不良。耐寒，华北地区冬季培土安全越冬。抗干旱，怕潮湿，忌积水。要求土壤疏松、肥沃、深厚。以沙质壤土、夹沙黄泥土、冲积壤土为好。忌连作，隔4～5年才能种植。

（2）种植方法

整地：选择排水良好通风向阳，土层深厚，肥沃的壤土或沙壤土为宜，前茬以小麦茬最优。栽培要求精耕细作，深耕20～40厘米，耕翻1次或2次，结合耕翻施农家肥作基肥，耕平，做畦。

繁殖：常采用分株繁殖，芍药的栽植必须在8～9月进行，因这时利于根的伤口愈合和萌发新根，过晚芍药芽头已发新根，栽植时容易弄断，影响来年生长。掘起老株，将芍药头从根部割下，选形状粗大，无病虫害的芽盘，按大小和芽的多少，顺其自然生长形状切成块，每块留芽2～4个，芽头下留2厘米长的头以利生长。一般每公顷芍药芽头可栽3～4千克，每4～5年分株一次为宜。芍药芽头最好随切随栽。如不能及时栽种，应及时贮藏，可在室内选阴凉通风干燥处，地上铺湿润的细沙土，将芽头向上堆放，再盖湿润沙土。栽植时，按芍药芽头大小分别栽植，便于管理。行株距50厘米×30厘米。穴栽，每穴放一块，埋入地下3厘米为宜。栽植时，土壤不宜过湿，以免引起烂根影响成活。烂前覆盖麦草、树叶等，保持土壤温度。第二年3月上旬，芍药萌发前清除覆盖物。

【生长发育】

芍药种子在保鲜贮藏下，种子于9月底至10月为发根期。种子晒干贮藏，失去发芽率。用芍头、分根繁殖。浙江于9月下旬至11月为发根期，10月发根最盛。随气温下降发根放慢。11月至12月中旬根生长速度最快。每年3月上旬露红芽，中旬展叶。4月上旬现蕾，4月底至5月上旬开花，开花时间集中。5～6月根膨大最快，5月间芍头上已形成新的芽苞，7月下旬至8月上旬种子成熟，8月高温植株停止生长，10月地上部逐渐枯死。

【田间管理】

中耕除草：早春松土保墒。出苗后每年中耕除草 4～6 次，中耕宜浅，以免伤根死苗。10 月下旬，封冻前，离地面 7～10 厘米处剪去枝叶，在根茎培土约 15 厘米，以利越冬。

追肥：第二年起每年追肥 3 次，每次追肥，于植株两侧挖穴施下为好。

排灌水：芍药喜旱怕涝，一般不需灌溉，严重干旱时，可在傍晚灌透水 1 次。多雨季及时清沟排水，减少发病机会。

摘蕾：为了使养分集中供根部生长，每年春季现蕾时要及时将侧蕾摘除，花后如不留种子要将残花剪去。

【病虫害防治】

软腐病：病株叶面、叶柄、花茎上出现水浸状斑，进而萎软下垂，如不及时防治全株死亡。发现此病时剪除烂叶、烂茎，在剪处涂硫黄粉，也可用代森锌等药预防。

白粉病：主要危害叶片，被害叶两面出现白粉状病斑。发病初期用 50％托布津 800～1 000 倍液喷雾防治，每周 1 次，连喷 2～3 次。

蚜虫和红蜘蛛病：发生可喷 40％乐果稀释 1 000～1 500 倍喷洒，每周 1 次，连续喷 3 次可消灭。

【采收、加工及贮藏】

采收：芍药栽后以 3～4 年采收为好。安徽亳芍多在第四年收获。采收时期以 8 月上旬至 9 月中旬为适期。选晴天小心挖取全根，抖泥土，留芍芽作种，切下芍根，加工药用。

加工：将芍根分成大、中、小三级，分别放入沸水中煮 5～15分钟，并上下翻动。待芍根表皮发白，有香气时，用竹签不费气力地就能插进时为已煮透；然后，迅速捞起放入冷水内浸泡，同时用竹刀刮去褐色表皮（亦可不去外皮）。最后，将芍根切齐，按粗细分别出晒。以多晾干少暴晒为原则。暴晒后则外干内湿，易霉变。一般早上出晒，中午晾干，下午 3 时后再出晒，晚上堆放于室内一角麻袋覆盖，使其"发汗"，让芍根内部水气外渗，次日早上再出

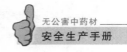

晒，反复进行几天直至里外干透为止。

【商品规格】

商品白芍分四个等级：

一等：干货。呈圆柱形，直或稍弯，去净栓皮，两端整齐。表面类白色或淡红棕色，质坚实，体重，断面类白色或白色。味微苦酸。长8厘米以上，中部直径1.7厘米以上。无芦头、花麻点、破皮、裂口、夹生、杂质、虫蛀、霉变。

二等：长6厘米以上，中部直径1.3厘米以上，间有花麻点。余同一等。

三等：长4厘米以上，中部直径0.8厘米以上，间有花麻点。余同一等。

四等：长短粗细不分，兼有夹生、破条、花麻点、头尾、碎节或未去净的栓皮。无枯芍、芦头、杂质、虫蛀、霉变。余同一等。

7. 延胡索

罂粟科紫堇属多年生草本。块茎入药。块茎不规则扁球形或倒圆锥形。表面灰黄色或黄棕色，有网状细皱纹，上端有略凹的茎痕，底部中央略凹呈脐状，有圆锥状小凸起。质坚硬，角质样，有蜡样光泽。性温，味辛、苦。活血，利气，止痛。用于胸腹疼痛、经闭痛经、产后淤阻、跌打肿痛。主产浙江，现在已扩种到上海、江苏、江西、山东、辽宁、吉林、黑龙江、湖北、陕西、北京等地。花期4月。果期4～5月。

【栽培技术】

（1）基地选择　延胡索多生于荫蔽、潮湿的山地稀疏林地，或树林边缘的草丛中，或背阴的山坡、石缝中。宜选地势较高，排水良好，富含腐殖质的沙质壤土。因根系多分布在表土13～16厘米的土层中，土质疏松根系发达，有利于吸收养料。土壤酸碱度中性、微酸性或微碱性均可。忌连作，需间隔3～4年再种。前茬以小麦、水稻、豆科作物为好。当早秋作物收获后及时整地，做到精耕细作，三耕三耙，使表土疏松有利于发根。延胡索根浅喜肥，生长季节又短，故施足基肥是增产的关键。北京于整地前将充分腐熟的猪粪撒于地面，每公顷约 45 000 千克，耕深 15 厘米，耙平，做成高垄，垄距 80 厘米，高 16～20 厘米，垄面宽 40～50 厘米。

（2）种植方法　延胡索喜温暖湿润气候，耐寒，怕干旱和强光。

留种与种栽贮藏：延胡索用块茎繁殖，收获时选当年新生的块茎，剔除母子，以无病虫害、体表整齐、直径 13～16 厘米的中等块茎为好。过大减少商品用药，增加种栽用量，成本过高。过小栽种后生长势弱，产量低。在南方多雨地区，块茎收获后在室内摊晾数日，待表面泥土发白脱落叶贮藏。在北方春季少雨地区，收获后立即贮藏。选择阴凉、干燥、下雨不进水，不漏雨的地方围一长方形的圈，也可挖浅坑，地面铺 6～10 厘米稍湿润的细沙，上放块茎 13～20 厘米厚，上面再盖 6～10 厘米厚细沙。每半月检查一次，如发现干旱，可稍加些水。过湿有腐烂现象时，则应拣去腐烂，稍加晾晒再行贮藏。

栽植：植期应根据各地的气候条件，宜早不宜晚。早栽植先发根后发芽，有利植物生长发育；晚栽植根细短，根数少，幼苗生长较弱，产量降低。浙江一般在 9 月下旬至 11 月上旬为宜，11 月中旬栽植就显著减产，山东多宜 9 月下旬；北京则以 9 月初为好，如延迟在 10 月间栽植就很少生根，翌年只生长地上部，产量极低。

栽植方法：北方在垄面上开沟 2 条，沟深 16 厘米，沟内再施过磷酸钙每公顷 750 千克，氯化钾 450 千克，豆饼 675 千克，混匀施入，盖土 6 厘米，沟幅宽 10 厘米，每沟栽植延胡索 2 行，按株距 3 厘米三角形排列，每公顷栽种量 900～3 375 千克，边种边盖上。浙江的施肥方法是在种栽上盖熏土，每公顷 37 500 千克，其上再盖豆饼 50 千克，然后盖土 6～8 厘米。栽植深度 6～9 厘米为宜。栽植过浅，地下茎分枝少，茎节短，块茎重叠在一起，数量少，产量低。栽植过深，影响出苗，不能保证全苗。

【生长发育】

延胡索为早春植物，生长季节很短。喜温暖向阳、湿润，忌干旱，耐寒。当日平均气温在 24℃时，叶片发生青枯，甚至死亡。

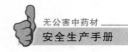
怕积水，多雨季节做好开沟排水。根系生长较浅，集中分布在5～20厘米土层内，要求表土层土壤质地疏松。过黏过沙的土壤均生长不良。

【田间管理】

上冻前应浇水以保护它越冬，春季发芽前也应浇水。延胡索喜肥，除施足基肥外，还应及时追肥。立春芽苗出土时追施人粪尿，每公顷2 250～4 500千克，对水3～5倍。或用硫酸铵对水300千克洒施。在开花时再施一次。追肥要适量，氮肥过多，会造成徒长，浓度大也易烧苗，宜多次少量。延胡索喜湿润又怕积水，所以要经常注意保持土壤湿润而不积水。一般每次追肥后都要适当浇水，以使肥料分解，便于植物吸收。延胡索浅根作物，不宜中耕松土，只能拔草，拔草次数可视杂草情况而定，以经常保持田间无杂草为原则，一般在追肥前将草拔掉，以使肥效提高。

【病虫害防治】

病害主要为霜霉病、菌核病和锈病。霜霉病发病初在叶片上产生褐色不规则的病斑，叶背产生白色霉层；菌核病先在茎基部产生黄褐色或深褐色的菱形病斑，湿度大时，茎基软腐，植株倒伏，土表布满白色棉絮状菌丝及颗粒状菌核，叶片受害后，初呈现水渍状椭圆形病斑，后变为青褐色，严重时成片枯死；锈病为害叶及茎，病斑呈圆形或不规则形的绿色病斑，叶背隆起，生有橘黄色胶黏状物，破裂后散发出大量锈黄色粉末。防治方法：可轮作；下种前用菌毒清浸种；发现菌核病病株立即拔除，并用50％乙磷铝、25％敌锈钠每天喷1～3次。

虫害主要有小地老虎、金针虫等地下害虫，咬食幼苗。按常规方法进行。

【采收、加工及贮藏】

当地上茎叶枯黄时要及时采收，晚收会使块茎变老，品质降低。挖出后，筛去泥土，除留种子外，按大小不同分别放入80℃左右热水中烫煮（水必须漫过块茎），随时翻动，使热度一致。大块茎煮5～8分钟，小块茎煮3～5分钟，烫至中心呈黄色时，全部捞出暴晒 3 天，然后进室内回潮 1～2 天，再晒 3 天，这样反复 3～4 次，直至晒干为止。如遇阴雨天，应在烘房中烘干，温度控制在 50～60℃，用刀切开看横断面，无白心时捞出晒干即可供药用。

【商品规格】

国家医药管理局、中华人民共和国卫生部制订的药材商品规格标准，延胡索分为两个等级：

一等干货：呈不规则的扁球形。表面黄棕色或灰黄色，多皱缩。质硬而脆，断面黄褐色，有蜡样光泽。味苦、微辛。每 50 克 45 粒以内。无杂质、虫蛀、霉变。

二等干货：呈不规则的扁球形。表面黄棕色或灰黄色，多皱缩。质硬而脆，断面黄褐色，有蜡样光泽。味苦、微辛。每 50 克 45 粒以外。无杂质、虫蛀、霉变。

8. 板蓝根

十字花科菘蓝属二年生草本。别名草大青、蓝靛等。其根入药，称为板蓝根。具有清热解毒、凉血功能。主治流行性感冒、流行性乙型脑炎、肝炎。主产于河北安国、江苏南通。全国各地均有栽培。花期 4～5 月。果期 6 月。

【栽培技术】

（1）基地选择　菘蓝为深根系植物。选地势平坦、排水良好、肥沃疏松的沙质壤土为佳。每 667 米^2 施基肥 3 000～4 000 千克，把肥料扬撒均匀，深耕 20 厘米左右，耕后细耙，做宽 1.2～1.5 米的畦。

（2）种植方法　种子繁殖。

采种：5～6 月间种子成熟后采收、晒干，存放于通风干燥处备用。

播种：春播或夏播均可。春播在 4 月上旬，夏播在 5 月下旬。按行距 20 厘米在畦面开沟，沟深 2～3 厘米，将种子均匀撒入沟内，覆土稍加镇压，保持土壤湿润，在气温 18～20℃时，经 7 天左右即可出苗。

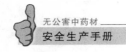

【生长发育】

菘蓝为越年生长日照植物，秋季播种出苗后，是营养生长阶段，露地越冬经过春化阶段，于翌春抽茎、开花、结实而枯死，完成整个生长周期。在生产中为了利用其根和叶，延长营养生长时间，于春季播种，在秋季或冬初收根。喜温暖向阳环境，对土壤要求不严。抗旱，耐寒，忌积水。

【田间管理】

中耕除草：出苗后及时中耕除草，使幼苗正常生长，1 年进行 2～3 次。

间苗：苗高 3～5 厘米时间苗，去弱留强苗；苗高 10 厘米左右时，按株距 5～8 厘米定苗。

追肥：在 5 月下旬至 6 月上旬每 667 米² 追施人粪尿 1 000 千克或每 667 米² 追施硫酸铵 10 千克，加过磷酸钙 12 千克，混合撒入行间，施后浇水。

【病虫害防治】

病害有霜霉病危害叶部，在叶背面产生白色或灰白色霉状物，严重时使叶片枯黄。发病初用 50％退菌特 1 000 倍液喷雾防治。

虫害有蚜虫，参见金银花病虫防治。

【采收、加工及贮藏】

10 月间刨收，因菘蓝的根生长较深，为不将其刨断刨伤，先靠畦边用铁锹挖 60 厘米深的沟，顺沟将根刨出，抖掉泥土，剪去茎叶，晒干入药。每 667 米² 产干板蓝根 400 千克。

本品易受虫蛀、受潮发霉、泛油、变色、散味、吸潮变软，两端及折断面易出现白色或绿色霉斑。泛油品断面颜色加深，溢出油状物，气味散失。应储藏在仓库干燥通风处，适宜温度 28℃以下，相对湿度 65％～75％。储藏期间应定期检查，发现初霉、虫蛀要及时晾晒。

【商品规格】

板蓝根分为两个等级：

一等：干货。根呈圆柱形，头部略大，中间凹陷，边有柄痕，偶有分枝。质坚而脆。表面灰黄色或淡棕色，有纵纹。断面外部黄白色，中心肉色。气微，味微甜而后苦。长 17 厘米以上，芦头下 2 厘米直径 1 厘米以上。无苗茎、须根、杂质、虫蛀、霉变。

二等：芦下直径 0.5 厘米以下，其余同一等。

9. 黄芪

豆科黄芪属多年生草本。又名膜夹黄芪、绵芪、内蒙芪、山西芪、河北芪、甘肃芪等。根入药。味甘性平。有补气生阳、调和脾胃、润肺生津、祛痰之功效。主治脾胃虚寒，自汗盗汗，充气不足，痈疽不溃等。产于甘肃陇南、定西等地。野生于草原干燥向阳的坡地、山坡及林下。宜寒凉干燥的气候。凡土层瘠薄、黏重板结、排水渗透力不强的土壤不宜栽种，因其产品质差。耐旱，耐寒。忌涝、忌连作、怕高温。目前，在全国各地均有栽培。花期 6～7 月。果期 7～9 月。

【栽培技术】

（1）基地选择 黄芪主根垂直向下生长，宜选排水良好、向阳、土层深厚的沙质壤土为佳。每 667 米^2 施圈肥 2 500～3 000 千克，过磷酸钙 25～30 千克，均匀撒施地里，深耕 25～30 厘米，耙细整平，做成行距 40～45 厘米的高垄，垄高 15～20 厘米，宽 40～45 厘米。

（2）种植方法 种子繁殖：2 年生黄芪才开始结籽，种子变褐色时采收，将荚果采下晒干，打下种子，除去杂质，选籽粒饱满有光泽的种子，放于通风干燥处贮藏，以备播种用。黄芪种子皮坚实，播后不易发芽，为了提高发芽率，播种前进行催芽处理，将种子浸于 50℃ 的温水中，不断搅拌，浸泡 24 小时，将种子捞出，摊放在湿布上，再盖上一块湿布，经常保持湿润，裂嘴露出芽后播种；另外一种方法是，在种子中拌入 2 倍的河沙搓揉，擦伤种皮，也能加速发芽。分秋播和春播，春播 3～4 月，秋播 10 月上中旬。条播，在垄面上开 1.5～2 厘米的浅沟两条，将种子均匀撒入沟里，覆土将种子盖严，随即在两垄间的沟内灌水，以使水洇湿到种子处为宜，保持土壤湿润，15 天左右即可出苗，平畦种植也可以，但

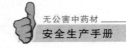

发病较多，根形不如垄栽的好。

【生长发育】

黄芪从种子播种到新种子成熟要经过 5 个月生育时期，需 2 年以上时间。即：幼苗生长期、枯萎越冬期、返青期、孕蕾开花期、结果种熟期。

幼苗生长期：温度 25℃时发芽最快，仅需 3～4 天。土壤水分含量在 18％～24％时最利于出苗，春播在地温达 5～8℃播种，12～15天可出苗。夏播在地温达 20～25℃时播种，播后 5～6 天即可出苗。

枯萎越冬期：一般在 9 月下旬叶片开始变黄，地上部枯萎，地下部越冬芽形成，此期需经历 180～190 天。

返青期：春天当地温达 5～10℃时，开始返青，首先长出丛生芽，然后分化茎、枝、叶而形成新的植株。

孕蕾开花期：一般在 6 月出现花芽，逐渐膨大，花梗抽花，花蕾逐渐形成，7 月初花蕾开放，花期为 20～25 天。

结果种熟期：一般在 8 月中旬至 9 月中旬。

【田间管理】

间苗：苗高 5～7 厘米时定苗，每隔 10～15 厘米留苗 1 株，疏除弱苗，留壮苗。

中耕除草：出苗后及时进行松土除草，除草时随时注意向土垄培土，使土垄保持原来的宽度，视杂草生长情况，中耕除草2～3 次。

追肥：间苗后即进行追肥，每 667 米² 施人畜粪水 1 500 千克或尿素 5 千克，施后浇 1 次水。6 月中下旬中耕除草后，每 667 米² 施堆肥 1 000 千克，过磷酸钙 30 千克，硫酸铵 5 千克，混合后开浅沟施于垄上的沟间，浇水洇湿到垄上的土面。

【病虫害防治】

黄芪白粉病：病叶早黄脱落，病害蔓延迅速。用 50％甲基托布津 1 000 倍液喷雾防治。

紫纹羽病：为害根部，造成烂根，植株自上而下黄萎，最后整株死亡。拔除病株烧毁，病窝用石灰粉消毒。

【采收、加工及贮藏】

黄芪一般播种后2～3年收获。茎叶枯萎后，便可采挖，砍断茎秆，将根挖出，抖去泥土，晒干，捆成小把。每667米² 产干品400～500千克。

黄芪易遭虫蛀、发霉。染霉的黄芪两端及折断面显白色及绿色霉斑，有时表面也见霉迹。因此，黄芪一定要贮藏于干燥通风处，并控制温度30℃以下、相对湿度60%～70%。商品安全水分为10%～30%。

【商品规格】

特级干货：呈圆柱形的单条，切去芦头，顶端间有空心。表面灰白色或淡褐色，质硬而韧。断面外层白色，中部淡黄色或黄色，有粉性。味甘，有生豆气味。长70厘米以上，上中部直径2厘米以上，末端直径不小于0.6厘米，无根须、老皮、虫蛀和霉变。

一级干货：呈圆柱形的单条，切去芦头，顶端间有空心。表面灰白色或淡褐色，质硬而韧。断面外层白色，中部淡黄色或黄色，有粉性。味甘，有生豆气味。长50厘米以上，上中部直径1.5厘米以上，末端直径不小于0.5厘米，无根须、老皮、虫蛀和霉变。

二级干货：呈圆柱形的单条，切去芦头，顶端间有空心。表面灰白色或淡褐色，质硬而韧。断面外层白色，中部淡黄色或黄色，有粉性。味甘，有生豆气味。长30厘米以上，上中部直径1厘米以上，末端直径不小于0.4厘米，间有老皮，无根须和霉变。

三级干货：呈圆柱形的单条，切去芦头，顶端间有空心。表面灰白色或淡褐色，有粉性。味甘，有生豆气味。不分长短，上中部直径0.7厘米，末端直径不小于0.3厘米，间有破短节子，无根须、虫蛀和霉变。

10. 甘草

豆科甘草属多年生草本。根入药。性平，味甘。有解毒、祛痰、止痛、解痉以至抗癌等药理作用。在中医上，甘草补脾益气，止咳润肺，缓急解毒，调和百药。临床应用分"生用"与"蜜炙"

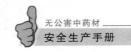
之别。生用主治咽喉肿痛，胃肠道溃疡以及解药毒、食物中毒等；蜜炙主治脾胃功能减退，溏便，乏力发热以及咳嗽、心悸等。甘草对生态环境适应性很强，是抗盐性很强的植物，多分布在日照充足、降雨量少、夏季酷热、冬季严寒、昼夜温差大的地区。花期6～7月。果期7～9月。

【栽培技术】

（1）基地选择　喜干燥气候，耐寒。野生在干旱的钙质土上。宜在排水良好、地下水位低的沙质壤土栽培。忌地下水位高和涝洼地酸性土壤。土壤中性或微碱性为好。

（2）种植方法

种子繁殖：作为多年生草本植物，甘草在春、夏、秋季播种均可。但根据对国内几个甘草种植基地的调查，以春季的产量和质量为好。播种前可利用粗沙或碾米机磨种皮，使种皮粗糙，增加透水性；或者播前将种子在45℃温水中浸泡10小时。机械或人工播种均可。

在4月中旬左右，日平均气温稳定在5℃以上时播种。采用条播，播种深度2～3厘米，行距30厘米。播后适当镇压。每667米²播种量为12千克左右。

育苗移栽：一般在第二年春季进行。移栽时开沟，将甘草倾斜（45°角）放入沟中，再覆土镇压。这样有利于根茎的生长发育和采挖方便。

种植甘草以育苗移栽方法较好。

【生长发育】

甘草为多年生草本植物，地上部分生长周期为一年，秋末死亡，根及根茎在土壤中越冬。翌年5月上旬破土返青，6月上旬为始花期，7月上旬进入盛花期与结实始期，8月中旬进入果实成熟期，10月上旬进入枯黄末期。

【田间管理】

甘草在出苗前后要经常保持土壤湿润，以利出苗和幼苗生长。具体灌溉应视土壤类型和盐碱度而定：沙性无盐碱或微盐碱土壤，播种后即可灌水；土壤黏重或盐碱较重，应在播种前浇水，抢墒播种，播后不灌水，以免土壤板结和盐碱度上升。栽培甘草的关键是保苗，一般植株长成后不再浇水。

一般在出苗的当年进行中耕除草，尤其在幼苗期要及时除草，从第二年起甘草根开始分蘖，杂草很难与其竞争，不再需要中耕除草。

播种前要施足底肥，以厩肥为好。播种当年可于早春追施磷肥，在冬季封冻前每 667 米^2 可追施有机肥 2 000～2 500 千克。甘草根具有根瘤，有固氮作用，一般不施氮肥。

【病虫害防治】

病害：甘草的主要病害有锈病、白粉病、褐斑病和立枯病。秋季植株枯萎后要及时割掉地上部，并清除田间落叶，集中处理，减少病源。

虫害：甘草的虫害较多，主要有叶甲类、叶蝉类、蚜虫等。越冬前要清除田间残枝落叶，并进行冬灌处理，以达到防治目的。在成虫期利用灯光诱杀。

【采收、加工及贮藏】

人工抚育甘草最佳采收期为每年 4～5 月和 9～10 月，采收周期为 6 年。采挖时应避免根及根茎的损伤。宜在晴天采收，注意防雨、防水，否则容易造成甘草腐烂、发霉。

加工分为切制、干燥和分级。

储藏仓库地面应整洁、易清洁。保持清洁、通风、干燥、防霉。合格药材与不合格药材隔离存放。

【商品规格】

甘草外观等级质量以草头直径和长度为标准：

特级条甘草：根长 20～40 厘米，切面最小直径 2.6 厘米。

甲级条甘草：根长 20～40 厘米，1.9 厘米≤切面直径<2.6 厘米。

乙级条甘草：根长 20～40 厘米，1.3 厘米≤切面直径<1.9 厘米。

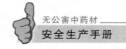
丙级条甘草：根长 20～40 厘米，1.0 厘米≤切面直径＜1.3厘米。

丁级条甘草：根长 20～40 厘米，0.6 厘米≤切面直径＜1.0厘米。

11. 远志

远志科远志属多年生草本。别名小远志、山茶叶、山胡麻等。根入药。具有安神益智、散淤化痰功能。主治惊悸、健忘、咳嗽多痰。生于向阳山坡、路旁、荒草地。喜凉爽气候，耐干旱，忌高温，怕涝。对土壤要求不严，但黏土及低湿地不宜栽培。分布于东北、西北、华北及山东、安徽。花期 4～5 月。果期 7～9 月。

【栽培技术】

（1）基地选择　选向阳、排水良好的壤土。每 667 米² 施厩肥或堆肥 2 000～2 500 千克，深耕 20～25 厘米，整细整平，做宽1.2 米的畦。

（2）种植方法　种子繁殖。

直播：春秋均可播种。春播 3 月底至 4 月初；秋播 10 月中旬至 11 月上旬，秋播于翌年春季出苗。在畦面上按行距 15～20 厘米，开 0.5～1 厘米的浅沟，将种子均匀播在沟里，覆细土后稍加镇压，浇水，经常保持土壤湿润，播种后 15 天左右出苗。每 667米² 播种量 1 千克左右。或按行距 20 厘米、株距 10 厘米开穴点播，每穴播种 6～8 粒，覆薄土。

育苗：于 3 月下旬在苗床撒播，将种子均匀撒在畦面上，覆薄土将种子盖严，稍加镇压，保持土壤湿润，盖上薄膜，苗床温度15～20℃，10 天左右出苗，出苗后逐渐将薄膜去掉。

【生长发育】

远志生长在气候温暖半干旱，土壤以黑泸土、黄绵土和沙质土壤为主。远志喜温凉干旱气候，气温在 15～18℃时萌发，每年 5～6 月生长迅速，至 8 月生长迟缓。潮湿或积水土壤植物生长不利，常引起叶片变黄脱落。远志年生长期较短，在 150 天左右，一般生长三年后才能药用。

【田间管理】

间苗：苗高 3 厘米左右时，直播者按株距 5 厘米定苗，穴播者每穴留苗 2～3 株；育苗时疏除弱苗和密苗，苗高 5～8 厘米时移栽，按行株距 20 厘米×3～5 厘米。

中耕除草：细叶远志植株矮小，故在生长期须松土除草，以免草比苗高而欺苗，宜浅松土。

追肥：每年 5～6 月，每 667 米^2 追施粪水 1 500 千克，9～10 月份施厩肥或堆肥 1 次，冬前灌冻水。

【病虫害防治】

远志在生长期间，用退菌特等杀菌剂喷施 2～3 次，以防病害发生。虫害虽少，但有虫时应及时用杀虫剂喷杀。

【采收、加工及贮藏】

远志以根入药。播种 3～4 年后，于秋季回苗后或春季萌芽前挖出根部，除去泥土，趁水分未干时，抽去木心晒干的称远志肉，直接晒干的称远志棍。

贮藏仓库必须干燥、通风、避光。一般采用编织袋或麻袋包装，注意包装的清洁、干燥、无破损、无异味，包装材料不得影响药材品质。包装前应检查药材是否已充分干燥，并清除劣质品。

【商品规格】

远志根据药材性状分为志筒和志肉。

志筒：分为两个等级。干货，呈筒状，中空。表面浅棕色或灰黄色。全体有较深横皱纹，皮细肉厚，质脆易断。断面黄白色，气特殊，味苦微辛。无木心、杂质、虫蛀、霉变。一等长 7 厘米，中部直径 0.5 厘米以上。二等长 5 厘米，中部直径 0.3 厘米以上。

志肉：干货。多为破裂断碎的肉质根皮。表面棕黄色或灰黄色。全体为横皱纹，皮粗细厚薄不等。质脆易断。断面黄白色，气特殊，味苦微辛。无木心、杂质、虫蛀、霉变。

12. 人参

五加科人参属多年生草本植物。别名棒槌、地精、神草等。以根入药，味甘，性温，自古就有"主补五脏、安精神，定魂魄，止

惊悸，除邪气，明目开心，益智，久服轻身延年"等记载。人参对中枢神经、心血管、消化道、内分泌、物质代谢，以及泌尿生殖系统具有广泛作用。它还具有抗应激作用，提高机体的适应性，增强机体的免疫力，抗衰老等作用。古时太行山脉、长白山脉、大小兴安岭为人参主要分布地区。野生人参生长在深山阴湿林下。现主产吉林、辽宁、黑龙江。朝鲜和俄罗斯也有。多栽培。花期6～7月。果期7～9月。

【栽培技术】

（1）基地选择　适宜人参栽培的土壤为富含有机质，排水透气性能好的棕色森林土或山地灰化森林土，呈微酸性，pH 5.5～6.5。平地或坡度在25°以下、排水良好的地块，各种坡向均可利用，以东、南、北三个坡向为宜。以红松为主的针阔混交林或杂木林、以柞树和椴树为主的阔叶林、间生胡枝和棒柴等小灌木的林地都是人参的适宜生长环境。

林地栽参包括清理场地（伐木、烧场子、搂场子）、场地区划、定向与挂串、刨地等一系列复杂的整地过程。而后在播种或移栽前，边做床边播种或移栽。床高1.2～1.5米，床间距离1.2～1.5米。做床前把有机肥施于床土中，每平方米施肥量为豆饼125克、苏子75克、脱胶骨粉125克，油底子25克。

（2）种植方法　4月中下旬，土壤解冻后即可进行春播，播种经冬储后的催芽种子；10月上旬至封冻前，秋播，播种催芽裂口籽。一般多采用秋播方法。

点播：采用机播或用压根器人工播种，每穴1粒。培育2年生苗，采用3厘米×5厘米或4厘米×4厘米点播；培育3年生苗采用4厘米×5厘米或5厘米×5厘米点播。

条播：在床面上按8厘米行距开沟或压印，将种子均匀撒在沟内，然后覆土，每平方米播入400～500粒种子。

撒播：在参床中间，将覆土取出，用木耙做成5厘米深的床槽，床边要齐，床底要平，中间略高，两边略低，将种子均匀撒播在槽内。用种量50克/米^2。覆土厚度3～5厘米。

【生长发育】

人参的地上部分随年龄的增长而有所变化。栽培人参的 1 年生植株三小叶，平均高度 7.2 厘米；2 年生植株绝大部分生五小叶，俗称"巴掌"，平均高度 9.6 厘米；3 年生植株多数为二个复叶，俗称"二批叶"，平均高度 32.3 厘米；4 年生植株多数为三个复叶，俗称"三批叶"，平均高度为 46.7 厘米；5 年生植株以四批叶为多，也有部分五批叶，平均高度 52.9 厘米；6 年生植株仍为四批叶或少部分为五批叶或六批叶，平均高度 57.1 厘米。这种变化过程，往往随着生长条件的好坏，提前或者推后，因而从 2 年生植株开始，其发育阶段常互相交叉。野生人参由于生长林下，自然环境条件比人工栽培差。因此，每个阶段至少 1 年，多需数年，例如能开花的成年植株，地上只有三批叶，实际已经生长 10 年以上。

【田间管理】

春季：4 月下旬，1 年生小苗盖一层帘和薄膜。

夏季：6 月下旬，在其上再盖一层稀帘或压一层蒿草使棚下透光度仍处在高温时光饱和点的光强，其透光度在 40% 左右；7 月下旬，在其上再压花，使棚下透光度控制在 20%。

秋季：8 月中旬，去掉第二层帘或去掉压花；9 月初，撤去第一层帘。只留薄膜。目前多数地区采用塑料上面抹黄泥的办法，既经济、又方便。使用遮阳网在人参生产中也较普遍。

【采收、加工及贮藏】

根据总产量和质量，在 9 月上旬和中旬采收最佳。拆除参棚，刨开畦帮，从畦头开始深刨起净，防止伤根断须。抖去泥土，运至加工厂。要边收获边加工，防止鲜参积压、跑浆，影响加工质量。

采收后除去表面泥土，山参、普通生晒参和保鲜参的加工要选参、刷洗，活性参需要冷冻干燥，红参系列需要加热。然后采用传统工艺与现代先进技术相结合加工，包括具有独特品质的人参根、茎、叶、花、果实及加工品。

工艺流程：

（1）山参　山参→刷洗→干燥→包装。

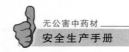
（2）红参　鲜园参→选参→刷洗→蒸制→干燥→分级分等→包装。

（3）模压红参　选参→配支→软化→压制→干燥→包装。

（4）红参片　红参→软化→切片→干燥→包装。

（5）生晒参　生晒参→软化→切片→干燥→包装。

（6）白参　鲜园参→刷洗→刮去表皮→干燥→分级分等→包装。

（7）大力参　鲜园参→刷洗→下须→水烫→干燥→分级分等→包装。

（8）大力参片　大力参→软化→切片→干燥→分级分等→包装。

（9）活性参　鲜园参→刷洗→排针→冷冻干燥→分级分等→包装。

（10）鲜人参　鲜园参→刷洗→保鲜处理→分级分等→包装。

（11）人参粉　原料参→干燥→粉碎→包装。

（12）人参茎叶　鲜人参茎叶→扎把→干燥→包装。

（13）人参花　鲜人参花→干燥→包装。

（14）人参果　人参果实→脱粒→除去种子→保鲜处理→包装。

【商品规格】

普通红参的规格要求：

20 普通红参：每 500 克含 20 支以内。单支重超过 25 克。

32 普通红参：每 500 克含 32 支以内。单支重超过 15 克。

48 普通红参：每 500 克含 48 支以内。单支重均匀。

64 普通红参：每 500 克含 64 支以内。单支重均匀。

80 普通红参：每 500 克含 80 支以内。单支重均匀。

小货普通红参：每 500 克含 80 支以上。单支重均匀。

13. 西洋参

五加科人参属多年生草本。别名花旗参、美国人参、洋参、广东人参等。以根入药。性凉，味甘微苦。具有滋补强壮、益气养血、生津益智作用。主要治疗咳嗽肺痨、阴虚气热、口渴少津、疲劳心痛等症,对于治疗神经衰弱和植物神经紊乱等也有显著疗效。喜凉爽湿润的气候,年均温 10℃左右,年降雨量 1 000 毫米。适于在土质疏松、肥沃、pH 5.5～6.5 的土壤中生长。在中国东北、华北、西北地区可以种植;在南方低纬度地区,应种植在海拔 1 000 米左右的山地林间。原产于北美洲,1975 年后,中国从美国引种成功,北京怀柔区建立了西洋参大面积种植基地。花期 7 月。果期 9 月。

【栽培技术】

(1) 基地选择　可选荫蔽度为 70%～80%,清除灌木后的硬木阔叶林下栽参。要求土壤 pH 5.5～6.5,腐殖质含量高,排水透水性好的沙质土壤。农田前作物宜选禾本科及豆科作物,不宜在种过烟草、茄子、番茄、棉花等的土壤上栽培。参地选好,休闲一年,翻晒 8～10 次,筛除石块、砖头等杂物,1 年后按每平方米 3～5 千克施入腐熟的厩肥或堆肥,加过磷酸钙 2 千克,并拌 50% 多菌灵 10 克,翻耕 30～40 厘米,以使土壤风化和消毒。然后整平土地耙细,做成宽 1.4～1.5 米、高 25～30 厘米的高畦,作业道宽 50 厘米,畦面呈龟背形。中午的强烈阳光会灼伤植物。应搭棚遮光,参棚遮光度为 20%～25%。

(2) 种植方法　用种子繁殖。在 7～8 月种子成熟果实变红时,采下果实,放入筛中搓去果肉,用水漂洗干净,并同时洗去坏瘪种子。西洋参种子具有休眠性,采下后完成种胚发育(形态后熟)并消除其抑制物质(生理后熟)才能萌发。

春季土壤解冻以后进行春播,或于土壤冻结前进行秋播。分机播或手工播种。手工一般采用穴压板播种。穴压板长同畦宽,宽 10 厘米,厚 3 厘米,中间间隔 5 厘米钻孔,钉一排长 2.5 厘米的竹钉,播时在畦面上压孔,每穴放 1～2 粒处理后的种子,播后稍加镇压。每公顷播种量 105～135 千克,再覆盖 1.5 厘米厚的过筛腐殖质。畦面盖 6～8 厘米厚的新鲜麦秸或稻草。从采种到出苗约需 20～22 个月。

播种后 1 年或 2 年移栽。春季移栽在土壤解冻芽苞萌动前,秋

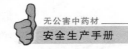

栽在植株枯黄后。但以春栽为好。随起随栽。选健壮的参苗，按大、中、小分别移栽。栽种前用50％多菌灵500倍液或40％代森锌500倍液浸泡50分钟，或喷根，稍凉即可按照20厘米×10厘米栽植。方法有平栽、斜栽和立栽。立栽可使生产的根爪状根多，根形好，利于高价出售。立栽时，将根顺直，不弯曲，使根与地面保持60°夹角。芽苞朝上，覆土厚3～4厘米，栽面畦面要平。畦面覆盖10厘米厚的树叶或麦秸，以利防寒保湿。

【生长发育】

种子繁殖。在7～8月果实变红种子成熟时，采下果实，放入筛中挫去果肉，用水漂洗干净，并同时洗去坏瘪种子。1年生苗只有3片小叶，2年生苗有1～2个复叶，第三年有3～4个复叶，第五年只增株高不增叶片。

【田间管理】

搭棚遮阴：在参床中间栽2米左右高的立柱。棚架上用树枝、高粱秆、竹竿或者芦苇、草帘等遮阴，一般编成双透帘，保持透光度25％左右。一般夏季和1～2年生苗透光度小，春季和3～4年生苗透光度要大。

松土除草：每年松土3～4次。第一次在芽苞未萌发前进行；第二次和第三次分别在5月和7月，第四次于封冻前进行。

追肥：在夏季生长旺季，在上午10时前或下午4时后，可施0.5％磷酸二氢钾液于花期进行叶面喷施，半月1次，有显著增产效果。每年秋季回苗后和春季解冻后可在株间开浅沟，重施冬肥。施腐熟的厩肥或堆肥，按2千克/米^2，复合肥0.05千克/米^2，骨粉0.5千克/米^2，混匀撒入沟内，然后施细土盖肥。

【病虫害防治】

立枯病和猝倒病：主要危害1～2年生幼苗，发生在畦面干、湿交界处。防治方法：用50％多菌灵500倍液浇灌，浇深3厘米，及时清除病株叶并集中烧毁。

黑斑病：全生育期危害各年生植株，叶片上发生半圆形或不规则的轮状枯死斑，潮湿时呈油浸状。可用70％代森锰锌500倍液

或 1.5％多抗霉素 150 倍液进行叶背和叶面喷雾，每 7～10 天
1 次。

根腐病：第三年夏季发生。受害根部呈褐色腐烂。防治方法：
①及时除去病株，用石灰水处理病穴；②用 50％多菌灵和 70％甲
基托布津，定期喷雾茎基保护，在病中心浇灌。

锈腐病：一般从第三年开始发生。根部呈现铁锈状病斑，重病
时根腐烂进而导致地上部枯死。防治方法参照根腐病。

地下害虫：常见有金针虫、地老虎和蝼蛄等。主要危害种子和
幼苗。防治方法：①结合整地翻晒时捕杀；②用 98％晶体敌百虫
1 000 倍液浇灌杀灭。

【采收、加工及贮藏】

在 6～10 月地上部分枯萎，生长 4 年后收获。采收时，切勿伤
根断须，也不宜在日光下长时间暴晒，并做到边起、边选边加工。
用人工或洗参机冲洗干净，以后逐步增加，但不宜超过 33℃，1 月
左右即可烘干。

【商品规格】

本品呈纺锤状，圆柱形或圆锥形，长 3～12 厘米，直径0.8～2
厘米。表面浅黄褐色或黄白色，可见横环纹及线状皮孔，并有细密
浅皱纹及须根痕。主根中下部有一至数条侧根，多已折断。有的上
端有根茎（芦头），环节明显，茎痕（芦碗）圆形具不定根或已折
断。体重，质坚实，不易折断。断面平坦，浅黄白色，略显粉色，
皮部可见黄棕色点状树脂道，形成层环纹棕黄色，木部略呈放射状
纹理。气微而特异，味微苦、甘。

14. 当归

伞形科当归属多年生草本。别名秦归、云归、西当归、岷当归
等。尤以甘肃岷县当归品质最佳。根入药。甘、辛，温。归肝、
心、脾经。补血活血，调经止痛，润肠通便。用于血虚萎黄，眩晕
心悸，月经不调，经闭痛经，虚寒腹痛，肠燥便秘，风湿痹痛，跌
打损伤，痈疽疮疡。生于高寒多雨山区。主产甘肃、云南、四川。
多栽培。花果期 7～9 月。

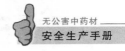

【栽培技术】

（1）基地选择　当归喜高寒凉爽气候，引种时海拔低易造成抽薹。幼苗期喜阴，2 年后能耐强光。当归怕重茬，种过当归地需间隔 2～3 年。前茬不能选马铃薯、豆科类作物，否则生虫。

（2）种植方法

种子繁殖：用种 120～150 千克/公顷。选阴凉湿润的阴山，疏松肥沃黑土生荒地育苗。烧荒、翻土、整平、做畦宽 100 厘米的高畦，趁土湿 6 月播种（甘肃），撒播，覆土 4 厘米厚，上盖禾本科草 3 厘米厚，1 个月后，精心将盖草挑松。8 月初阴天揭盖草，10 月上旬挖栽子，除叶，0.05～0.2 千克扎一把，晾干，10 月中下旬选冷冻处用干湿适宜的黄土一层，栽子一层，周围用 30 厘米厚黄土围起。

移栽：前茬作物选小麦、油菜、麻为宜。每公顷施农家肥 37 500～225 000 千克。翻地 3 次。第一次前茬收后，翻 25～30 厘米深，第二次 10 月份，第三次移栽前，施上肥深耕 30 厘米。整平栽苗，4 月初苗未出来前，随耕随耙，行株距 20～30 厘米，挖 15 厘米穴，栽子放平，2～3 株，中间放小株，旁边放大株，覆土 3 厘米厚，整平。苗高 6 厘米、15 厘米、20 厘米时，除 3 次草。

【生长发育】

种子在 10～25℃范围内发芽良好，10～15 天出苗。当归具有早期抽薹现象，生产上应注意克服，一般育苗移栽，第三年即可采挖。

【田间管理】

苗期管理：播后必须保持土壤湿润，以利种子萌发。40 天左右挑松盖草。苗高约 3 厘米时，松土 1 次，即时拔除杂草，伏天过后，选阴天将盖草全部揭去。苗期注意防旱排涝。

起苗贮苗：寒露至霜降气温下降至 5℃左右苗叶开始枯萎时，将苗子挖起，稍带些土扎成小把，晾去水分进行窖藏或堆藏，苗龄过大不宜堆藏，堆藏时注意头朝外、根朝里摆放。

补苗间苗：正常情况下，移栽后 20 天左右苗出齐后，进行间苗补苗，宜在阴雨天用带土的小苗补栽。栽后约 3 月定苗，拔除病苗、弱苗，每穴保留 1 株。

中耕除草：5 月中旬，进行第一次除草，宜浅锄，土不埋苗。6 月中旬，第二次锄草，可深锄，以促进根系发育。

拔薹：移栽后，当年开花结果的植株叫早期抽薹，根部不可药用，宜全部拔除。

追肥：当归为喜肥植物，6 月下旬叶盛期和 8 月上旬根增长期，应追施磷、钾和铵态氮肥。

【病虫害防治】

根腐病：用波尔多液浸泡苗，土壤消毒杀虫，育苗地多烧熏土。

褐斑病：注意田间卫生，及时摘掉病叶，中、后期用波尔多液 7 天喷 1 次。或喷代森锌液 2~3 次。

虫害主要为金针成虫和小地老虎为害。要铲除田内外青草，堆成小堆，7~10 天换鲜草，用毒饵诱杀。

【采收、加工及贮藏】

当归移栽后，于当年霜降前 15 天割去地上部分，在阳光下暴晒加快成熟。采挖时力求根系完整无缺，抖净泥土，挑出病根，刮去残茎，置通风处，待水分蒸发，根条柔软后，按规格大小，扎成小把，堆放竹筐内，用湿草作燃料生烟烘熏，忌用明火，2~10 天后，待表皮呈金黄色时，停火，待其自干。当归加工时不可太阳晒干或阴干。

育苗移栽的当归，在秋末收获时，选择土壤肥沃、植株生长良好、无病虫害、较为背阴的地段作为留种田，不起挖，待第二年发出新叶后，拔除杂草，苗高 15 厘米左右时，进行根部追肥，待秋季当归花轴下垂、种子表皮粉红时，分批采收扎成小把，悬挂于室内通风干燥无烟处，经充分干燥后脱粒贮存备用。

【商品规格】

国家医药管理局、中华人民共和国卫生部制订的药材商品规格标准，当归分为全归、归头两种规格，9 个等级。

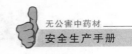
全归一等：干货。上部主根圆柱形，下部有多条支根，根梢不细于0.2厘米。表面棕黄色或黄褐色。断面黄白色或淡黄色，具油性。气芳香，味甘微苦。每千克40支以内。无抽薹根、杂质、虫蛀、霉变。

全归二等：干货。上部主根圆柱形，下部有多条支根，根梢不细于0.2厘米。表面棕黄色或黄褐色。断面黄白色或淡黄色，具油性。气芳香，味甘微苦。每千克70支以内。无抽薹根、杂质、虫蛀、霉变。

全归三等：干货。上部主根圆柱形，下部有多条支根，根梢不细于0.2厘米。表面棕黄色或黄褐色。断面黄白色或淡黄色，具油性。气芳香，味甘微苦。每千克110支以内。无抽薹根、杂质、虫蛀、霉变。

全归四等：干货。上部主根圆柱形，下部有多条支根，根梢不细于0.2厘米。表面棕黄色或黄褐色。断面黄白色或淡黄色，具油性。气芳香，味甘微苦。每千克110支以外。无抽薹根、杂质、虫蛀、霉变。

全归五等（常行归）：干货。凡不符合以上分等的小货。全归占30％，褪渣占70％，具油性。无抽薹根、杂质、虫蛀、霉变。

归头一等：干货。纯主根，呈长圆形或拳状，表面棕黄色或黄褐色。断面黄白色或淡黄色，具油性。气芳香，味甘微苦。每千克40支以内。无油性、枯干、杂质、虫蛀、霉变。

归头二等：干货。纯主根，呈长圆形或拳状，表面棕黄色或黄褐色。断面黄白色或淡黄色，具油性。气芳香，味甘微苦。每千克80支以内。无油性、枯干、杂质、虫蛀、霉变。

归头三等：干货。纯主根，呈长圆形或拳状，表面棕黄色或黄褐色。断面黄白色或淡黄色，具油性。气芳香，味甘微苦。每千克120支以内。无油性、枯干、杂质、虫蛀、霉变。

归头四等：干货。纯主根，呈长圆形或拳状，表面棕黄色或黄褐色。断面黄白色或淡黄色，具油性。气芳香，味甘微苦。每千克160支以内。无油性、枯干、杂质、虫蛀、霉变。

15. 白芷

伞形科当归属多年生草本。以根入药。分兴安白芷（祈白芷），库而白芷（川白芷）及杭白芷（香白芷）。有祛病除湿、排脓生肌、活血止痛等功能。主治风寒感冒、头痛、鼻炎、牙痛、赤白带下、痛疖肿毒等症，亦可作香料。白芷适应性很强，耐寒、喜温和湿润气候，中国各地均有栽培，喜向阳、光照充足的环境。白芷是根深喜肥植物，种植在土层深厚、疏松肥沃、湿润而又排水良好的沙质壤土地，在黏土、土壤过沙、浅薄中种植则主根小而分权多，亦不宜在盐碱地栽培，不宜重茬。白芷抽薹后，根部变空心腐烂，不能作药用。花期 7～9 月。果期 9～10 月。

【栽培技术】

（1）基地选择　白芷对前作选择不甚严格，一般棉花地、玉米地均可栽培。以耕作层深，土质疏松肥沃，排水良好的温暖向阳、比较湿润的夹沙土为宜。一般产区均在平原地带为好。

（2）种植方法　用种子繁殖。应选用当年所收的种子，隔年陈种，发芽率不高，甚至不发芽，不可采用。而利用侧茎上所结的种子播种，发芽率 70%～80%，在温度 13～20℃和足够的湿度下，播种后 10～15 天出苗。

白芷播种期分春秋两季。春播在清明前后，但产量低，质量差，一般都不采用。秋播不能过早过迟，应在 8 月上旬至 9 月初播种。

【生长发育】

秋季播种、出苗，第二年植株地上部叶片和根部快速生长，第三年抽薹、开花和成熟，完成生育周期。

【田间管理】

浇水：雨水充足的地方可不用浇水，但在干旱、半干旱地区，播前必须深水，翻地保墒，播后遇干旱、久旱必须浇水。墒情不好也要浇水，约浇水 4 次即可发芽，以后经常保持土壤湿润，以利幼苗生长。小雪前应浇饱水，防止白芷在冬天干死。第二年春天浇水在清明前后，不能过早，地温低，水寒苗不长。以后每隔 10 天浇一

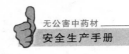
次水，到了夏天应每隔 5 天浇一次，特别是芒种到谷雨前，水少主根不能下伸，则须根多影响产量。在伏天更应保持水分充足，不能使苗因缺水而短垂；否则主根木质化降低品质。

间苗：早春幼苗返青后，苗高 5 厘米左右开始间苗。第一次间苗，每隔 5 厘米左右留一株；第二次间苗，每隔 10 厘米左右留一株。

定苗：苗高 15 厘米左右时定苗，每隔 12～15 厘米留一株。除去小苗、弱苗和旺苗。春播白芷的间苗、定苗也照此方法进行。

中耕除草：每次间苗时，均应中耕除草，第一次待苗高 3 厘米时用手拔草；在土壤板结时，可浅松土 3 厘米左右，不能过深，否则主根不向下伸，权根多，影响质量。第二次待苗高 6～10 厘米时除草稍深一些。第三次在定苗时，松土除草要彻底除尽杂草，以后植株长大封垄，不能再行中耕除草。

追肥：白芷追肥在当年宜少而淡，以免植株徒长，提前抽空开花。播种第二年植株封垄前追肥 1～2 次，结合间苗和中耕时进行，每公顷追施饼肥 2 250～3 000 千克，亦可用化肥和人畜粪尿代替，开浅沟施下。雨季后根外喷施磷肥，也有显著效果。

拔除抽薹苗：播后第二年 5 月若有植株抽薹开花，应及时拔除。

【病虫害防治】

斑枯病：又叫白斑病，病原是真菌中一种半知菌。主要危害叶部。病斑多角形，初期暗绿色，以后灰白色，上生黑色小点，即原菌的分生孢子器，严重时叶片枯死。要在无病植株上留种，并选择远离发病的白芷地块种植。白芷收获后，特别要将残留的根挖掘干净，集中处理，减少越冬菌源，同时清除病残组织，集中烧毁。

虫害主要有黄凤蝶、蚜虫、红蜘蛛等。可人工捕杀。结合药物防治。

【采收、加工及贮藏】

春播白芷当年即可采收，9 月中下旬采。秋播白芷第二年 8 月下旬叶片呈现枯萎状态时采收。当叶片枯黄时开始收获，选晴天，将白芷望叶割去，作为堆肥，然后用齿耙依次将根挖起，抖去泥土，运至晒场，进行加工。摘去侧根，另行干燥，并将主根上残留叶柄剪去；晒1～2天，再将主根依大、中、小三等级分别暴晒，以便管理。在晒时切忌雨淋，晚上要收回晾干，在晴天运出再晒，否则易烂或黑心。通常用烘炕进行熏硫，熏后抓紧晒干。

因白芷富含淀粉，应储存于阴凉干燥处，温度不超过30℃，相对湿度40%～60%，商品安全水分含量8%～10%。储藏期间应定期检查，发现虫蛀、霉变可用微火烘烤，并筛除虫尸碎屑，放凉后密封保藏，或用塑料膜封垛，充氮除氧养护。

【商品规格】

一等：干货，呈圆锥形，白芷根表皮呈淡棕色或黄棕色。断面白色或灰白色，粉性，有香气，味辛微苦。每千克36支以内，无空心、黑心、芦头、油条、杂质、虫蛀、霉变。

二等：每千克60支以内，余同一等。

三等：每千克60支以上。顶端直径不得小于0.7厘米，间有白芷尾、异状油条、黑心，但总数不得超过20%。

16. 柴胡

伞形科柴胡属多年生草本。别名竹叶柴胡、北柴胡等。根入药。具有和解表里、疏肝、升阳的功能。主治感冒发热、头痛目眩、疟疾、脱肛、月经不调、子宫下垂等症。柴胡适应性较强，喜稍冷凉而湿润的气候，耐寒性强，耐旱，忌高温和涝洼积水。以排水良好、肥沃的壤土、沙质壤土或腐殖质土为佳。产于东北、华北及河南、陕西、甘肃等地。花期8～9月。果期9～10月。

【栽培技术】

（1）基地选择　选择排灌方便、土质疏松肥沃的沙质壤土或腐殖质土。深翻，清除石块、草根，每667米^{2}施750千克腐熟厩肥作基肥，耙平起畦，畦宽1.2～1.5米。

（2）种植方法

直播：春播、秋播均可。春播于4月上旬至5月上旬进行，秋播于冬季冻结前进行。按行距23～27厘米开深1～1.5厘米的浅

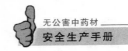
沟，将种子与火灰拌匀，均匀撒入沟内，覆土约1厘米，稍镇压后浇水。播后注意保持土壤湿润，以利出苗。

育苗移栽：3月上旬至4月下旬，按行距10厘米开小浅沟条播或撒播，细土覆盖，稍镇压后用喷壶洒水。可于畦面上加盖塑料薄膜或草帘，利于保湿保水，加速种子发芽。苗高6厘米时即可挖取带土秧苗定植到大田中，行距以23～27厘米、株距6～8厘米为宜。

【生长发育】

北京地区的柴胡生长年限为2年，即从第一年春天或夏天播种，至第二年秋季收获。4月底至5月上旬出苗，苗期5月上旬至7月中旬。拔节期为7月中旬至8月中旬。花蕾期为8月中旬至11月中旬，休眠期从11月中下旬开始。

【田间管理】

中耕除草：幼苗生长缓慢，要少水勤浇，经常松土除草。直播的在苗高10厘米时按株距6～8厘米间苗。

追肥：7～8月间生长较快，对水肥需要量增多。可结合中耕除草施较浓的人畜粪水或每667米²追施过磷酸钙12.5千克，硫酸铵7.5千克。追肥后适当增加浇水次数。

【病虫害防治】

锈病：危害茎叶。注意清园，处理病残株。发病初期用25%粉锈宁1 000倍液喷雾防治。

根腐病：高温多雨季节，排水不良处易发生。防治方法上忌连作，最好与禾本科作物轮作，注意开沟排水。

黄凤蝶：幼虫为害叶片和花蕾，吃成缺刻或仅剩花梗。可采取人工捕杀，或用90%敌百虫800倍液，每隔5～7天喷1次，连续2～3次。

【采收、加工及贮藏】

柴胡以根入药，播种后生长两年收获。于秋季植株开始枯萎时或春季新梢未出时采挖。剪除残茎，抖净泥土晒干即可。

储藏仓库必须干燥、通风、避光，注意防虫、防潮。

【商品规格】

北柴胡统货：呈圆锥形，上粗下细，顺直或弯曲，多分枝。头部膨大，呈疙瘩状。表面灰褐色或土棕色，有纵皱纹，质硬而韧，断面黄白色。显纤维性。微有香气，味微苦辛。

出口商品按大、中、小分等出售。一般认为商品以北柴胡为优。以条粗坚实、气味浓者为佳。国家药典规定，总灰分不得过8.0%，醇浸出物不得少于11.0%。

17. 独活

伞形科当归属多年生宿根草本植物。根入药。味辛，苦，微温。归肾、膀胱经，具祛风除湿、通痹止痛的功效，临床上多用于风寒湿痹、腰膝疼痛、少阴伏风头痛等症。原植物重齿毛当归主要分布于湖北、四川、陕西，贵州亦有分布。生长于海拔1 400～2 600米的高寒山区的山谷、山坡、草丛、灌木丛中或溪沟边。其他省区有栽培。花期7～9月。果期9～10月。

【栽培技术】

（1）基地选择　独活适宜冷凉、湿润的环境。耐寒、喜阴、喜肥、怕涝。以土层深厚、肥沃、富含腐殖质的沙质壤土为宜。土壤酸碱度以微酸性或中性为好。忌连作。

（2）种植方法　主要以有性繁殖为主，一般分为两季播种，一种是随采随播，以秋季为宜；一种是翌年春季，以春播为主。春播后约30天出苗，秋播于翌年春季出苗。秋播育苗可覆盖农用薄膜以帮助越冬。

选择2年生以上，无病虫害侵染的健康母本植株为留种株。在种子由绿色变成褐色时采收，忌采收枯黄过熟的种子，采收时间为每年的9～10月。春播在3月中旬或4月上旬，秋播在10月下旬至11月下旬。方法为选择颗粒饱满、大小均匀的种子，在已整好的畦面上，按行距30厘米开浅沟条播，沟深3厘米，播种方式以穴播为主，覆土15厘米厚，每667米^{2}用种量为5千克。

【生长发育】

独活整个生长周期为3年，第1～2年为营养生长期，一般只

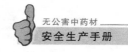
生长根、叶，茎短缩并为叶鞘包被，有少数抽薹开花。第三年为生殖生长期，一般直播到第三年的 5～6 月间，茎节开始伸长，抽出地上茎，形成生殖器官，并开花结籽，完成整个生长过程。

【田间管理】

独活苗移栽后，需在 2 周内进行查苗补苗以确保种植密度。当植株高 20 厘米时进行第一次中耕除草，松土宜浅，切勿伤根；当植株高 35 厘米时进行第二次中耕除草，松土稍深；当植株高 50～80 厘米时进行第三次中耕除草，并同时提畦、培土、壅根。

除留种苗外，一旦发现提早抽薹开花的独活苗，要及时剪去薹心。种苗移栽后要及时灌水湿润畦土以确保成活率。施肥要以农家肥料、有机肥为主，尽量少施或不施化肥，以保持或增加土壤肥力及土壤中微生物的活性。

【病虫害防治】

病害主要为独活斑枯病。病菌原菌以分生孢子器在病株残体上越冬，翌年条件适宜时，分生孢子借气流传播引起侵染，每年 6 月上旬开始发病。初期在叶面上产生绿褐色斑点，后逐渐发展成多角形，边缘呈现褐色，中央灰白色。

首先要做到有效清除病残组织，以减少越冬菌源。在秋季独活收获期，采用重剪病枝或采收后清除地上部分的方法。应适当降低种植密度，做到植株间能通风透光，降低病害发展的速度。也可通过施肥过程中增施磷、钾肥来提高植株的抗病能力。

虫害偶见，危害不大。

【采收、加工及贮藏】

春初苗刚发芽或秋末茎叶枯萎时采挖，除去残茎、须根及泥土，烤至半干，堆放 2～3 天，发软后，再烤干。

按品种等级分置于阴凉库中分垛堆放，仓库地面要铺设木条或格板，药材于架上分垛置放。垛与垛之间距离不少于 50 厘米。不得与有毒有害物品及串味药品混合储存。储藏期间要定期检查，注意防止霉变、虫蛀、腐烂、泛油等现象发生。

【商品规格】

独活商品规格分为三等，优质的独活药材商品其水分不得过11.0%，总灰分不得过8.0%，醚浸出物不得少于4.0%，蛇床子素不得少于0.30%。

一等品：主根粗壮，肉质且多独根，外皮灰褐色，粉质足，每千克不多于10支，断面油润、密布黄色油点，香气浓郁。

二等品：主根粗壮，少有分枝，外皮灰褐色，粉质足，每千克不多于15支，断面较油润，分布有黄色油点，气味较浓。

三等品：根多有分枝，外皮灰褐色或棕褐色，粉质较足，每千克不多于20支，断面散有少许黄色油点，香气一般。

18. 川芎

伞形科藁本属多年生草本植物。栽种历史上千年。根入药。性味辛、温。归肝、胆、心包经，有活血行气、祛风止痛、开郁燥湿等功效。中医药理论认为川芎"辛香走窜而行气，活血祛瘀以止血，上行头目而祛风，下入血海以调经。并外彻皮毛，旁通四肢，为血中之气药"。故常用于内服，主治头痛眩晕、风湿痹痛、胸肋刺痛、跌打肿痛、闭经痛经、月经不调、寒痹痉挛、痈疽疮疡以及产后淤阻腹痛等病症。目前川芎主要产于四川都江堰市、彭州市、崇州市，新都、温江等县。川芎喜温和的气候，要求阳光充足，雨量充沛。适宜在比较湿润的环境中生长。但幼苗期怕烈日、高温。川芎生长在土壤耕层深厚、土质疏松肥沃、排水良好、腐殖质含量丰富、中性或微酸性的沙质土壤。花期7～8月。果期9月。

【栽培技术】

（1）基地选择　选高燥向阳、阳坡或半阳坡的荒地或水地均可。适宜在土质肥沃、排水良好的沙壤上种植。前茬以玉米（陕西和玉米间种）、马铃薯为好。如选用新荒地，应清除地面杂草、树根，集中烧毁，作肥料，提高地温。进行深耕20厘米，耙平做畦。排水好的土壤，做畦宽250～300厘米高畦；排水差的土壤，做畦宽120厘米的高畦。

（2）种植方法　于8月5～25日（立秋至处暑间）播种，一般

131

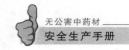

栽种规格以 25 厘米×30 厘米和 25 厘米×30 厘米为宜。试验证明，根据不同要求，20 厘米×20 厘米产小个川芎；30 厘米×35 厘米可产大个川芎，但产量稍低。

川芎播种多数采用直播，也有采用育苗移栽的，两种方法产量无明显差异。

【生长发育】

川芎生长期 270～280 天。以"褥冬药"为界（1 月上旬中耕除草时，去处植株地上部分称为"褥冬药"），将生长期分为前期和后期。

生长前期：8 月下旬种植，条件适宜，3 天开始生根，出苗。9 月下旬新根茎形成，原栽苓种基本烂掉，地上部分开始缓慢生长。新叶发出后，生长日趋迅速，10 月下旬，地上部分生长旺盛，形成叶簇，并抽出少数地上茎，此时根茎发育较慢。随着地上部分生长逐渐转缓，地下部分生长开始加快，12 月上旬根茎逐渐开始膨大。入冬，地上部分趋于衰老，根茎的生长速度也随之减缓。至 1 月上中旬，叶片萎黄，进入休眠（俗称"倒苗"）。

生长后期：褥冬药时多数叶片仍呈绿色，生长并未完全停止，扯去地上部分后，新叶随即萌发，过 1 周后陆续出土返青。褥冬药后 1 个月，生长缓慢。2 月中旬普遍抽出地上茎，随着气温升高，地上部分生长加速。整个后期地上部干物质一直增加，4 月下旬至 5 月上旬积累最快，接近收获才转缓。栽培川芎很少开花结实，偶见 1～2 株开花者，所见果实不能成熟。

【田间管理】

种后土干及时浇水，出苗前保持土壤湿润，4 月下旬中耕除草。每公顷追肥草木灰 2 250～3 000 千克，腐熟饼肥 750～1 500 千克。5 月下旬至 6 月中旬第二次除草，7 月份第三次除草。如果作种苗用的川芎，第二、三次除草结合基部堆土，利于茎节膨大长成种苗。川芎开花时摘花，生长过于旺盛的川芎，从基部割掉部分茎秆，每丛留 5～6 根，以利通风透光，集中养分，保证川芎正常生长。秋天栽种，随挖随栽。在早稻田茬，做 160 厘米宽的畦，沟宽 30 厘米,深 7～8 厘米,8 月中旬,天晴栽种,用两叉的铁耙划行距 25～30 厘米、沟深 5 厘米,栽 8 个苓子,株距 20 厘米,行间两头各栽 2 个苓子封口,每隔 6～10 行在行间多栽一行密苓子 10～20 个,封口苓和密苓子为补苗和山区栽种苗用,苓子平放或立放,用农家肥覆土,上面盖草。南方往往在畦沟内种小麦、蚕豆类,北方在畦埂种玉米。

冬季管理:川芎枯萎后割去地上茎,除草松土,上面盖一层薄薄的土,保护其越冬。翌年春返青后,3 月初施稀薄人畜粪一次。

【病虫害防治】

黑土蚕:咬食川芎幼苗,使之生长不好。栽种前用敌百虫 0.5 千克加水 25 千克略浸苓子。如果发生虫害,可针对性地使用药剂浇灌根部。

白粉病:是由子囊菌引起的病害。夏秋季发生,叶片如覆白粉,界限不明显,后期呈黑色小点,严重时叶变枯黄。防治方法:主要是收获后清园,消灭病原体。初期喷洒 50% 托布津800～1 000 倍液或 0.3 波美度石硫合剂,7～10 天喷 1 次,连续 2～3 天。

川芎茎节蛾:又叫臭般虫,初期幼虫为害茎顶部,以后虫从茎顶端钻入茎内逐节为害,直至全株枯死。初期用 50% 马拉硫磷与40% 乐果乳油等量混合 800 倍液喷洒。

【采收、加工及贮藏】

由于地区不同采收季节各有所异。四川栽后第二年 5 月下旬至6 月上旬采收。北京栽后第二年 8 月上旬采收。云南第二年 10～11月间地上部枯萎后采挖。选择晴天,除去落叶、须根、泥土。按大小分开,用慢火烤干或晒干,干后放在竹篓内摇撞,撞去外粗皮、须根、泥土即可。一般 1.25 千克鲜川芎得 0.5 千克干货。

加工方法有先去皮后潦煮和先潦煮后去皮两种,多采用前者,损失少,质量好。先用小刀、竹片或玻璃片将根皮刮掉,并分为大、中、小三级,放清水中洗净,再将各级分次倒在开水中潦煮 1～1.5 分钟,当颜色略发黄亮,根中心微呈黄白色时,立即捞出,在冷水中漂一下,使其冷却,防止过熟腐烂。或将根弯成圆圈以不

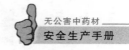
断者为适合。如时间不够，不能褶成圆圈。潦煮后稍晾干，用硫黄熏一夜，然后摊在晒席上或用小绳、蒧条穿头悬挂在太阳下晒干，或搭架晾晒。如遇阴雨天应立即炕干，否则变色发霉。川芎质量检查以个大均匀、质坚、香气浓、油性大、无过桥秆、无虫蛀、无杂质为合格，用竹箩包装，内衬草席，置于干燥处保存，每年上半年用硫黄熏，防虫蛀。

【商品规格】

川芎：一等：干货。呈绳结状，质结实，表面黄褐色。断面灰白色或黄白色，有特异香气，味苦辛、麻舌。每千克 44 个以内，单个重量不低于 20 克。无山川芎、空心、焦枯、杂质、虫蛀、霉变。二等：每千克 70 个以内，其余同一等。三等：每千克 70 个以外，个大空心的属此等，其余同一等。

山川芎：统货干货呈绳结状。体枯瘦欠坚实。表面褐色。断面灰白色。有特异香气，味苦辛、麻舌，大小不分，无苓珠、苓盘、焦枯、杂质、虫蛀、霉变。

19. 防风

伞形科防风属多年生草本。别名关防风、东防风、山芹菜等。根入药。具有解表、祛风除湿功能。主治外感风寒、头痛、目眩。野生于丘陵地带山坡草丛中和田边、路旁。喜阳光充足、凉爽的气候，耐寒，耐干旱，夏季持续高温，容易引起枯黄，太潮湿的地方生长不良。一般土壤均能种植。主产于黑龙江、河北、山东。花期 8~9 月。果期 9~10 月。

【栽培技术】

（1）基地选择　防风为深根系植物。选排水良好、疏松、干燥的沙质壤土为好。每 667 米^2 施堆肥 3 000 千克，深耕 20~30 厘米，整细整平，做宽 1.2 米的畦。

（2）种植方法

种子采收：防风播种后当年不开花结实。秋季选无病害、粗壮的根作种秧栽种。翌年 8~9 月，注意采收成熟的种子，否则发芽率很低或不发芽。种子采收后放于阴凉处，后熟 5~7 天，然后脱粒，晾干，贮藏备用。新鲜种子发芽率 50%～75%；存放 2 年的种子，发芽率低，甚至不能作种。

播种方法：春播、秋播均可。播前将种子用温水浸泡 1 天，捞出后保持一定湿度，待种子开始萌动时播种。开沟条播。秋播 9～10 月份，按行距 30 厘米，顺畦开 1～1.5 厘米的浅沟，将种子均匀撒入沟内，覆土，稍加镇压，浇水。温度在 25～28℃时，保持土壤湿润，20 天左右即可出苗。春播 3 月下旬至 4 月中旬，方法同上。秋播比春播好，秋播产的防风粗壮、粉性大、不抽沟。每 667 米² 用种量 2 千克。

【生长发育】

播种后种子发芽较慢，且不齐，大约 1 个月才能出苗。第一年地上部分只长基生叶，生长缓慢；第二年基生叶长大，个别植株抽薹开花结果；第三年全部抽薹开花结果。返青期 5 月上旬，茎叶生长期 5 月至 6 月中旬，结果期 7 月中旬至 8 月下旬，果熟期 8 月上旬至 9 月下旬，枯萎期 9 月下旬至 10 月上旬。

【田间管理】

间苗：苗高 6 厘米时，按株距 5 厘米间苗，待苗高 10 厘米时，按株距 15 厘米定苗。

中耕除草：出苗后松土除草不宜太深，随着幼苗长高，中耕可加深。8 月以后根部生长以增粗为主，此时植株已封行，应停止中耕除草。

追肥：5 月中旬追施 1 次清淡人畜粪水。8 月初每 667 米² 施稍浓人畜粪水 2 000 千克，或堆肥与过磷酸钙混合堆沤后施用。

【病虫害防治】

白粉病：叶两面生白色粉状斑，逐渐长出小黑点，用 0.2～0.3 波美度石硫合剂或 70% 甲基托布津可湿性粉剂 1 000 倍液防治。

根腐病：在高温多湿季节发生，根际腐烂，叶片萎蔫，变黄枯死。拔除病株；用 70% 五氯硝基苯粉剂拌草木灰（1∶10）施于根周围并覆土。主要虫害有黄凤蝶，幼虫咬食叶片。用 80% 敌百虫

1 000倍液喷杀。

【采收、加工及贮藏】

防风以根入药。秋播的第二年10月上旬，春播的于基叶枯萎后采挖。将根挖出后，去掉茎叶，抖掉泥土，晒干入药。防风根深且脆，易折断，先从畦的一端开深沟，再顺次挖掘。每667米² 产干货300千克左右。

防风为压缩打包件，每件50千克；麻袋包装，每件30千克左右。贮于阴凉干燥处，温度30℃以下，相对湿度70％～75％。商品安全水分11％～14％。本品易虫蛀，吸潮后生霉、泛油。受潮品返软，有的可见霉斑或油样物溢出。危害的仓虫有药材甲、赤拟谷盗、粉斑螟、印度谷螟、七谷盗等；常蛀噬根条裂隙、残茎处，表面可见多数蛀孔及碎屑、虫尸。储藏期间，定期检查；高温高湿季节前，可密封抽氧充二氧化碳养护；虫情严重时，施用磷化铝熏蒸3～4天杀除。初霉品可进行摊晾或翻垛通风，待干燥后重新包装保藏。

【商品规格】

防风分两个等级：

一等干货：根呈圆柱形。表面有皱纹，顶端带有毛须。外皮黄褐色或灰黄色，质松较柔软。断面棕黄色，中间淡黄色。味微甘。根长15厘米以上，芦下直径有0.6厘米以上。无杂质、虫蛀、霉变。

二等干货：根呈圆柱形，偶有分支。表面有皱纹，顶端带有毛须。外皮褐色或灰黄色，质松较柔软。断面棕黄色或黄白色，中间淡黄色。味微甘。芦下直径有0.4厘米以上。无杂质、虫蛀、霉变。

20. 龙胆

龙胆科龙胆属多年生草本。别名胆草、苦胆草、龙胆草等。根部入药。苦、寒。归肝、胆、膀胱经。具有清热燥湿、泻肝胆火、除下焦湿热及健胃等功能。主治高血压，耳鸣，目赤肿痛，胸肋痛，胆囊炎，湿热黄胆，急性传染性肝炎，膀胱炎，阴道湿痒，疮疠痈肿等症。生于灌木丛中、林间空地或草甸子中。主产浙江、江苏、黑龙江、吉林、辽宁等地。花期8~9月。果期9~10月。

【栽培技术】

（1）基地选择　龙胆虽然对土壤要求不严格，但以土层深厚、土壤疏松肥沃、含腐殖质多的壤土或沙壤土为好，平地、坡地及撂荒地均可栽培，黏土地、低洼易涝地不宜栽培。育苗地应选土质肥沃疏松、排灌方便的壤土，一般选平地或东、西向的缓坡地。移栽地应选阳光充足、排水良好的沙壤土或壤土，也可以利用阔叶林的采伐地或旧人参地栽植，前茬以豆科或禾本科植物为好。选地后于晚秋或早春将土地深翻 30~40 厘米，打碎土块，清除杂物，施充分腐熟的农家肥每 667 米² 2 000~3 000 千克，尽量不施用化肥及人粪尿。育苗地多做成平畦或高畦，畦面宽 1~1.2 米，高 10~15 厘米。移栽地畦面宽 1~1.2 米，高 20~25 厘米，作业道宽 30~40 厘米。

（2）种植方法　主要用种子繁殖，育苗移栽。也可以用分根繁殖和扦插繁殖。

育苗：育苗的播种期为 4 月上中旬。播种前先将种子作催芽处理，方法是在播种前 5~10 天，将种子用 0.1 毫升/升的赤霉素浸泡 24 小时，捞出后用清水冲洗几次，用种子量 3~5 倍细沙混拌均匀，装入小木箱内，放在室内向阳处，上面用湿纱布盖好进行催芽，温度稳定在 22~25℃，并保证细沙有一定温度。5~7 天种子表面刚露出白色小芽时即可播种。播种前先用木板将畦面土刮平、拍实，再用细孔喷壶浇透水，待水渗下后，将处理好的种子再拌入 10~20 倍的过筛细沙，拌匀后放入细筛中，轻轻敲筛，使种子均匀散落在畦面上，每平方米播种量 1.5~2.0 克，播完之后上部用细筛将细的锯末盖 1~2 毫米，上部盖一层油松叶保湿，最后再少量浇 1 次水。有的地区将处理好的种子播种时不拌细沙，直接拌入过筛的细锯末，1.5 克种子拌 250 克锯末，拌匀后直接用细筛播种，其他方法同上。因锯末保温保湿作用好，出苗率较高。

移栽：春秋季均可移栽。当年生苗秋栽较好，时间在 9 月下旬

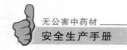

至 10 月上旬，春季移栽时间 4 月上中旬。在芽尚未萌动之前进行。移栽时选健壮、无病、无伤的植株，按种栽大小分类，分别栽植。行距 20 厘米，株距 10 厘米，横畦无沟，沟深依种栽长短而定，每穴栽苗 1～2 株，盖土厚度以盖过芽苞 3～4 厘米为宜，土壤过于干旱时栽后应适当浇水。

分根和扦插繁殖：龙胆生长 3 年后根茎生长旺盛，可以结合采收同时进行分根繁殖。方法是将生长健壮植株根据长势情况将其剪成几个根茎段，再按移栽项进行分栽。2～3 年生龙胆于 6 月中下旬至 7 月初生长旺季，将地上茎剪下，每 3～4 节为一个插条，除去下部叶片，用 ABT 生根粉处理后扦插于插床内，深度 3～4 厘米，插床基质一般是用 1/2 壤土加 1/2 量过筛细沙，扦插后每天用细喷壶浇水 2～3 次，保持床土湿润。插床上部应搭棚遮阴，20 天左右生根，待根系全部形成之后再移栽到田间。由于龙胆在栽培中结种子量很多，繁殖系数大，在生产中分根和扦插繁殖很少应用，因此不作重点介绍。

【生长发育】

野生龙胆常生于山坡草地、荒地、林缘及灌丛间，喜阳光充足、温暖湿润气候，耐寒冷，喜光照，忌夏季的高温多雨，对土壤要求不严格，适宜生长温度 20～25℃。1 年生幼苗多为根生叶，很少长出地上茎，2 年生苗株高 10～20 厘米，多数开花，但结实数量较少，栽培 4 年的植株平均单株鲜根重可达 30 克以上，龙胆苦苷的含量高于野生品。龙胆种子细小，千粒重仅约 0.028 克，发芽适温为 18～23℃，先高温后低温发芽率高，光对种子发芽有促进作用。种子寿命约 1 年。

【田间管理】

育苗管理：播种后要经常检查畦面湿度，种子萌发至第一对真叶长出之前，土壤湿度应控制在 70％以上，1 对真叶至 2 对真叶期间，土壤湿度控制在 60％左右。因此，育苗床应经常用喷壶浇水。苗出全之后，逐次清除杂草，6～7 月生长旺季根据生长情况适当追肥。8 月上旬以后逐次除去畦面上的覆盖物，增加光照促进生长。

移栽田管理：全部生长期内应随时松土除草，保证幼苗正常生长。龙胆喜阴怕强光，可在作业道边适当种植少量玉米，以遮强光。7 月中旬在行间开沟追施尿素，每 667 米²25 千克左右。开花期喷 1 次赤霉素，增加结实率。促进种子成熟，籽粒饱满。花蕾形成之后，除留种植株外及时将花蕾摘去，以利根部更好生长。越冬前清除畦面上残留的茎叶，并在畦面上覆盖 2 厘米厚腐熟的圈粪，防冻保墒。

【病虫害防治】

猝倒病：主要发生在 1 年生幼苗期，为鞭毛菌亚门真菌引起的病害。罹病植株在地面处的茎上出现褐色水渍状小点，继而病部扩大，植株成片倒伏于地面，5～8 天后死亡。主要发生在 5 月下旬至 6 月上旬，湿度大、播种密度大时发病严重。防治方法要调节床土水分，发现病害后停止浇水，用 65％的代森锌 500 倍液浇灌病区，也可用 800 倍液百菌清叶片喷雾。

斑枯病：是当前龙胆发病较多、危害较重的常见病害。该病多发生在 2 年生以上植株，以叶片发病最为严重。田间发病高峰期为 7 月至 8 月中旬，气温 25～28℃，降雨多，空气湿度大时易发生。应以预防为主，防治结合，采取农业手段和药剂防治结合。

褐斑病：6 月初开始发病，7～8 月最重。发病初期叶片出现圆形或近圆形褐色病斑，中央颜色稍浅，随病情发展，病斑相融合，叶片枯死，高温高湿条件下本病极易发生。防治方法同斑枯病。

龙胆生育期发生虫害比较少，只要在整地时施用毒土，生育期基本不会发生虫害。

【采收、加工及贮藏】

龙胆生长 3～4 年后（移栽 2～3 年后）即可采收入药，以 4 年生于 10 月中下旬采收龙胆苦苷含量及折干率最高。采收时先除去地上植株，将根挖出，去掉泥土，在自然条件下阴干，温度 18～25℃较好。有条件时在 25℃环境下烘干，苦苷含量及折干率高，不适宜在 65℃以上条件下烘干。每 667 米² 产量 200～300 千克。

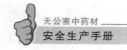
不论阴干或烘干，待根部干至七成时，将根条整理顺直，数个根条合在一起捆成小把，再晾至全干。

一般选 3 年生以上的健壮植株采种，2 年生龙胆虽多数能开花结实，但量少质次，多不采收留种。9 月下旬至 10 月中旬种子不断成熟，当果皮由绿变黄、果瓣顶部即将开裂时（种子已由绿色变成黄褐色）将地上部割下，捆成小把，晾晒 7～8 天，用木棒敲打果实，种子落下后除去茎叶，再晒 5～6 天，种子放在阴凉通风处贮存。

【商品规格】

国家医药管理局、中华人民共和国卫生部制定的药材商品规格标准，龙胆商品分山龙胆、坚龙胆两种。

龙胆商品规格标准：

山龙胆：统货，干货。呈不规则块状，顶端有突起的茎基，下端着生多数细长根。表面淡黄色或黄棕色，上部有细横纹。质脆易折断。断面淡黄色，显筋脉花点，味极苦。长短大小不分。无茎叶、杂质、霉变。

坚龙胆：统货，干货。呈不规则结节状，顶端有木质的茎杆，下端着生若干条根。粗细不一。表面棕红色，多纵皱纹。质坚脆，角质样。折断面中央有黄色木心。味极苦。无茎叶、杂质、霉变。

21. 丹参

唇形科鼠尾草属多年生草本。又名血参、赤参、紫丹参、红根等。根入药。味苦，性微寒。入心、肝经。有活血祛淤、凉血止痛、养血安神的功效。用于心绞痛、月经不调、痛经、闭经、带血崩下、淤血腹痛、骨节疼痛、惊悸不眠、恶疮肿毒等。生于山坡草地、林下、溪旁。主产四川、山西、河北、江苏、安徽。花期 4～6 月。果期 7～8 月。

【栽培技术】

（1）基地选择　应选择地势向阳的斜坡地，在土壤深厚疏松、土质肥沃、排水良好的中等地块栽种。前茬豆科植物、过肥沃地块不宜种，最适宜果园空间栽植，否则病虫害多或枝叶疯长，影响根茎产量。

（2）种植方法

种子繁殖：3月份播种，采取条播或穴播，行距30～45厘米，株距25～30厘米挖穴，穴内播种量5～10粒，覆土2～3厘米。条播沟深3～4厘米，覆土2～3厘米。如果遇干旱，播前浇透水再播种，半月即出苗，苗2厘米高间苗。

分根繁殖：栽种时间一般在当年2～3月份，也可在前年11月上旬立冬前栽种，冬栽比春栽产量高，随栽随挖。要选1年生的健壮无病虫的鲜根作种，侧根为好，根粗1.5厘米，老根、细根不能作种。栽细者省种，但产量低。粗的产量高。栽种时5厘米长节，每节有2个芽，正立形栽，防止倒栽，影响出苗。壮实鲜红枝条边挂边分根，在准备好的栽植地上按行距30～40厘米，株距25～30厘米开穴，深3～5厘米，穴内施肥，将选好的根条切成5～6厘米长的根段，迫切边栽，大头朝上，直立穴内，不可倒栽，每穴栽1～2段，盖上2厘米压实。栽后60天出苗。为使丹参提前出苗，并且增加丹参生长期可用根段催芽法，12月初挖深27厘米的沟槽，把剪好根铺入槽中，约6厘米厚，盖土6厘米，再放6厘米厚的根段，上盖12厘米厚的土，略高出地面，免去积水，天旱时浇水。第二年3～4月刚出根段上部都长出了白色的芽，栽植大田。该法栽植出苗快而齐，不抽薹，不开花，叶片肥大，根部充分生长，产量高。3月整地做畦，畦宽150～200厘米，长短根据苗而定，然后将根段按株行距3厘米×7厘米把种根密植，盖塑料棚，发芽移植。

扦插繁殖：春栽1～4月，秋栽7～11月，在整好的畦内浇水灌透，将健壮茎枝剪成17～20厘米的插穗，按行距20厘米，株距10厘米，斜插入土2/3，成苗率90%以上。

芦头繁殖：3月份选无病虫害的健壮植株，剪去地上部的茎叶，留长2～2.5厘米的芦头作种栽，按行株距30厘米×3厘米，挖3厘米深的穴，每穴栽1～2株，芦头向上，覆土以盖住芦头为度，浇水，4月中下旬苗出齐。

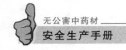
【生长发育】

多年生宿根草本，12 月份地上部分开始枯萎。实生苗或留地的老苗于翌年 2 月下旬至 3 月开始返青。2 月初根或芦头繁殖的，4 月上旬开始萌发出土，少数到 6 月初出土。育苗移栽第一个快速增长时期出现在返青后 30～70 天。从返青到现蕾开花约需 60 天，这时种子开始形成。种子成熟后，植株生长从生殖生长再次向营养生长过渡，叶片或茎秆中的营养物质向根系转移，因此出现第一个生长高峰。7～10 月是根部增长的最快时期。

【田间管理】

中耕除草：检查分根繁殖法因盖土太厚未出苗的，刨开穴土，以利出苗。5、6、8 月份除草 3 次，育苗地拔草。

施肥：第一次在丹参返青后，每公顷施尿素 75 千克。第二次在剪过花序后，施三元素专用肥 750 千克/公顷；第三次在 8～9 月，叶面喷施锰、硼、锌、铁等微肥 0.65 千克。

排灌水：天旱时要及时浇水，雨季注意排水。

摘花：除了留做种用外，其余花蕾全部打掉，否则影响根的产量和质量。

【病虫害防治】

根腐病：多发生在高温多雨季节，根部发黑腐烂，地上部枯萎。要选地势高燥，无积水的地块轮作。发病初期用 50％多菌灵 1 000 倍液浇灌。

叶斑病：主要危害叶部。可用 1：1：150 倍波尔多液喷雾叶面，7 天 1 次，连喷 2～3 次。

蚜虫：危害叶子及幼芽。用 50％杀螟松 1 000～2 000 倍液或 40％乐果 1 500～2 000 倍液喷雾，7 天 1 次，连打多次。

根结线虫病：在根上形成很多瘤，造成根部畸形。防治上宜和禾本科轮作，播种前半个月进行土壤消毒。

银纹夜蛾：夏秋季咬食叶片成缺刻。幼龄期喷 80％敌百虫 500～800 倍液，7 天喷 1 次。

棉铃虫：幼虫危害蕾、花、果。现蕾期喷 25％杀虫水剂 500

倍液。

蛴螬、地老虎：4～5月份发生，撒毒饵诱杀，在上午10时人工捕捉。或用90％敌百虫1 000～1 500倍液，浇灌根部。

【采收、加工及贮藏】

丹参栽种后，在大田生长1年或1年以上，根部化学成分达到质量标准时，于10月底至11月初，丹参地上部分开始枯萎，土壤干湿度合适，选晴天采挖。将挖出的丹参置原地晒至根上泥土稍干燥，剪去茎秆、芦头等地上部分，除去沙土（忌用水洗），装筐，避免清理后的药材与地面和土壤再次接触。

干燥好的丹参药材应暂时储存在通风干燥处，储藏温度不超过30℃，相对湿度以70％～75％为宜。商品安全水分为11％～14％。

【商品规格】

丹参商品分为两个规格：

丹参：野生，统货，干货。呈圆柱形，条短粗，有分支，多扭曲，表面红棕色或深浅不一的红黄色，皮粗糙，多鳞片状，易剥落，轻而脆。断面红黄色或棕色，疏松有裂隙，显筋脉白点。气微，味甘，微苦。无芦头、毛须、杂质、霉变。

川丹参：家种。一等：干货。呈圆柱形或长条形，偶有分支。表面紫红色或黄红色，有纵皱纹。质坚实，皮细而肥壮。断面灰白色或黄棕色。无纤维。气弱，味甜，微苦。主根上中部直径在1厘米以上。无芦茎，碎节，须根，杂质，虫蛀，霉变。二等：中部直径1厘米以下，但不低于0.4厘米，头尾不齐全，有单枝及撞断节碎，其余同一等。

22. 黄芩

唇形科黄芩属多年生草本。别名黄金条根、山茶根、黄芩茶等。根入药。具有清热燥湿、解毒、止血功能。主治肺热咳嗽、目赤肿痛、吐血衄血、肝炎。野生于山地阳坡、草坡、林缘、路边等处。喜温暖气候，耐寒，地下根可忍受－30℃低温，耐旱。对土壤要求不严，一般土壤可种植，排水不良的土地不宜种植。怕涝，忌连作。主产于中国西北、东北各地。花期7～8月。果期8～9月。

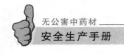

【栽培技术】

（1）基地选择　选择阳光充足，排水良好，土层深厚、肥沃的沙质土壤为宜。每667米^{2}施基肥2 500千克加过磷酸钙20千克，耕深25～30厘米，耙细整平，做宽1.2米的畦，长短不限。

（2）种植方法

种子繁殖：花期长，种子成熟期不一致，又易脱落，故熟后即采，晒干打下种子，去净杂质备用。播种前将种子用温水浸泡5～6小时，捞出稍晾即可播种。分春播和秋播。可以直播和育苗，直播的根条长，杈根少，产量较高。小面积种植，也可育苗移栽。春播于3月下旬至4月中旬，按行距30～40厘米开沟，沟深0.5～1厘米，将种子均匀播入沟内，覆细土，稍镇压后浇水，保持土壤湿润，在15～18℃的温度下，播后15天左右出苗。黄芩种子发芽率60％。播种量为每667米^{2}0.5～1千克。

分根繁殖：春季黄芩未萌发新芽之前，将根挖出，切下主根供药用，然后根据根茎块的大小，将母株根茎分切成若干块，每块有2～3个芽，按行株距30厘米×15厘米挖穴栽种，覆土压实，浇水，10天左右可长出幼苗。此法可缩短生长周期，但比直播的根杈多。

【生长发育】

1年生黄芩一般于出苗后2个月开始现蕾；2年生及其以后的黄芩多于4月中旬前后返青出苗，出苗后70～80天开始现蕾，现蕾后10天左右开花，40天左右果实开始成熟。前3年地上生长正常，第四年以后，生长速度减慢。

【田间管理】

间苗：幼苗出齐后，分2次间掉过密和瘦弱的小苗，按株距12～15厘米定苗。

中耕除草：幼苗出土后，及时松土除草，结合松土向幼苗四周适当培土，1年进行2～3次，没有杂草，有利植株正常生长。

追肥：苗高10～15厘米时，追施1次清淡人畜粪水，助苗生长。6月底7月初，每667米^{2}追施过磷酸钙20千克加尿素5千克。在行间开沟施下，覆土后浇一遍水。

摘除花蕾：如不收种子则剪去花枝，减少养分的消耗，促使根部生长，提高产量。

【病虫害防治】

主要病害有叶枯病，危害叶片，从叶尖或叶缘向内延伸，呈不规则黑褐色病斑，迅速蔓延，致叶片枯死。高温多雨季节发病重。用50％多菌灵1 000倍液喷雾防治，每隔7～10天喷药1次，连续喷2～3次。

【采收、加工及贮藏】

种植2～3年后收获，至秋后茎叶枯黄时将根刨出，去掉茎叶，抖净泥土，晒至半干时撞去外皮，然后晒干或烘干。每667米^{2}产干货150～200千克。

储藏于清洁、阴凉、干燥、通风、无异味的仓库中，夏季高温季节注意防潮变色和防虫蛀。保持环境整洁。发现受潮或轻度霉变，及时翻垛、通风或晾晒。

【商品规格】

国家规定中只规定了野生黄芩的商品规格，家种黄芩与野生的有一定差别，仅作参考。

条芩一级：圆锥形，上部较粗糙，有明显的网纹及扭曲的纵皱。下部皮细有顺纹或皱纹，表面黄色或黄棕色。质坚、脆，断面深黄色，上部中央间有黄沙色或棕褐色的枯心。气微，味苦。条长10厘米以上，中部直径1厘米以上，去净粗皮，无杂质、虫蛀和霉变，干燥。

条芩二级：条长4厘米以上，中部直径1厘米以下，但不小于0.4厘米。其他性状与条芩一级同。

枯碎芩：统货，即老根多中空的枯芩和块片碎芩及破碎尾芩，表面黄色或浅黄色。质坚、脆，断面黄色。气微，味苦。无粗皮、茎芦、碎渣、杂质、虫蛀和霉变，干燥。

23. 地黄

玄参科地黄属多年生草本植物。别名酒壶花、怀庆地黄、生

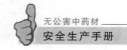
地、熟地。块根入药。具有滋阴、养血、润燥功能。主产于河南。野生于山坡、路旁和田边等处。喜温和气候，需要充足阳光。全国各地亦有栽培。花期4~6月。果期7~8月。

【栽培技术】

（1）基地选择　块根在气温25~28℃时增长迅速。对土壤要求不严。肥沃的黏土也可栽种。耐寒，喜干燥，怕积水，忌连作。

以排水良好、中性或微碱性疏松肥沃的沙质壤土为好。每667米^{2}施厩肥5 000千克，豆饼100千克，过磷酸钙15千克。耕深25~30厘米耙细整平，做宽1.2~1.5米的畦。

（2）种植方法　主要用块根繁殖，种子繁殖多用于育种。

选种：作为繁殖用的块根称"种栽"。选新鲜无病、粗0.8~1.2厘米的块根，截成5~6厘米的小段，每段留有3个以上的芽眼。

栽种时期：地黄多春栽，北方于4月上中旬，晚地黄（麦茬地黄）5月下旬至6月上旬。南方1年可种两季，第一季于3月上旬，第二季于7月上中旬。

适当密植：开沟栽种，沟距30厘米，块根距15~20厘米，覆土3~4厘米，浇水。依土壤肥沃或瘠薄，每667米^{2}栽7 000~10 000株，适当密植能增产。每667米^{2}用种栽40千克左右。

种子繁殖：于3月下旬至4月上旬，播种前于畦内灌透水，待水渗后将种子均匀撒在畦面上，随后撒一薄层细土，盖严种子。为保持畦面湿润，盖上塑料薄膜或草帘，在温度22~30℃时，播种后3~5天出苗。幼苗长到5~6片真叶时，移栽到大田。667米^{2}用种量约1千克。

留种方法：种栽来源有3种方法：①倒栽：在7月中旬，选好的品种和健壮植株挖起，将块根截成5厘米小段，按行株距25厘米×10厘米，重新栽到另一块肥沃的田里，每667米^{2}约栽种栽20 000个。翌年春挖出分栽，其出苗整齐，产量好。②窖藏：秋收地黄时，挑选无病、中等大小的块根贮藏于窖内。③原地留种：生长差的地黄，块根小，秋天不刨，留在原地越冬，第二年春天，种地黄前刨出来，挑选块形好的作种栽。

【生长发育】

块根萌发前的最适温度为 18～21℃，若播种后温度适宜，10天即可出苗。日平均温度在 20℃ 以上时发芽快，出苗齐；日平均气温在 11～13℃，出苗需 30～45 天；日平均温度在 8℃ 以下，块根不能发芽，且容易造成腐烂。

【田间管理】

中耕除草：出苗后及时松土除草。宜浅锄，若切断根茎，影响根长粗，易形成"串皮根"。当植株封行后，最好拔草，以利于地上和地下块根的生长发育。

追肥：地黄喜肥，肥足块根长得好，产量高。齐苗后到封行前追肥 1～2 次，每次每 667 米² 追入畜粪水 1 000 千克或硫酸铵 10千克，于行间开沟施下，施后浇水 1 次。

摘蕾：花茎应及时摘除，以免消耗养分。对沿地表生长的"串皮根"也要去掉，以集中养分，供给块根生长。

【病虫害防治】

斑枯病：危害叶部。叶面病斑初为黄绿色，扩大呈黄褐色，严重时病斑汇合。叶折卷干枯。发病初期喷 65% 代森锌 500 倍液，7天 1 次，连续 2～3 次。

轮纹病：危害叶部。有明显的同心轮纹，后期破裂穿孔。防治方法同斑枯病。

主要害虫有地黄蛱蝶，咬食叶片。幼龄期可喷 90% 敌百虫 800倍液杀灭。

【采收、加工及贮藏】

地黄以块根入药。10 月采挖块根，洗净泥土，除去须根，即为鲜地黄。将鲜地黄焙床或日晒，需经常翻动，至内部逐渐干燥、颜色变黑，柔软，外皮变硬时，即为生地黄。将生地黄浸入盛黄酒的容器内，放入水锅内碗至酒被地黄吸收，然后取出将地黄晒干，即为熟地黄。一般 667 米² 产鲜地黄 1 500 千克。

鲜地黄埋于沙土中防冻；生地黄置于通风干燥处，防霉、

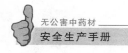

防蛀。

【商品规格】

以无芦头、块大、体重、断面乌黑者为优质品。根据国家医药管理局、卫生部制定的药材商品规格质量标准，地黄商品上分为五个等级：

一等：干货。呈纺锤形或条状圆形，体重、质柔润，表面灰白或灰褐色，断面灰褐色或黄褐色。具油性。味微甜，每千克 16 支以内。无芦头、老母、生心、焦枯、杂质、虫蛀、霉变。

二等：每千克 32 支以内，其余同一等。

三等：每千克 60 支以内，其余同一等。

四等：每千克 100 支以内，其余同一等。

五等：油性少，支根瘦小，每千克 100 支以上，最小货直径 1 厘米以上，其余同一等。

24. 党参

桔梗科党参属多年生草本。干燥根入药。性平，味甘。归脾、肺经。有补中益气，生津养血，扶正祛邪的功能。党参的抗寒性、抗旱性、适生性都很强，全国各地都已引种栽培。喜温和凉爽的气候。苗期喜潮湿、阴凉，干旱会死苗。育苗时要和高秆作物间套种。大苗喜光，高温高湿易烂根。主要分布于华北、东北、西北部分地区，全国多数地区引种。商品称"潞党"。东北产的称"东党"，山西五台山野生的称"台党"。花期 8～9 月。果期 9～10 月。

【栽培技术】

（1）基地选择 栽培要求土层深厚、土质疏松、肥沃、富含腐殖质壤土或沙壤土。地势低洼，土质黏重以及盐碱土均不宜栽培。

（2）种植方法 党参育苗播种春、夏、秋三季均可。一般 4 月中旬到 5 月上旬播种为好。

播种：撒播时每 667 米² 用种子 1.5～2 千克，用细沙混匀，均匀撒于地表，用扫帚在地表来回扫 2～3 次，然后轻轻镇压，使种子和土壤完全接触；条播时在整好的畦面上按行距 18～20 厘米横向开浅沟，沟深 3 厘米，播幅宽 10 厘米，将种子均匀撒入沟内，覆盖细土厚 0.5～1 厘米。无论是撒播还是条播，播后地表应覆麦草或麦衣遮阴，以后要及时浇水，保持地面湿润。

栽植：选择生长健壮、均匀、头梢尾完整、条长无分杈、头部留有 1～2 个芽眼的参苗，于秋季 10 月上旬或春季 3 月下旬至 4 月上旬栽植。按行距 20 厘米、横向挖沟深 15～18 厘米，按株距 4～5 厘米斜放于整好的坡度小于 15°的沟坡上，尾部不要弯曲，使根系自然舒展，然后覆土超过根头约 5 厘米，压实后浇透定根水。

【生长发育】

春秋播种的党参，一般 3 月底至 4 月初出苗，然后进入缓慢的苗期生长，至 6 月中旬，苗一般可长 10～15 厘米高。从 6 月中旬至 10 月中旬，进入营养生长的快速期，一般 1 年生党参地上部分可长到 60～100 厘米，低海拔或平原地区种植的党参，8～10 月部分植株可开花结籽，但秕籽率较高；在海拔较高的山区，1 年生参苗一般不能开花。10 月下旬植株地上部分枯萎进入休眠期。

【田间管理】

中耕除草：清除杂草是保证党参产量主要因素之一，因此应勤除杂草，特别是早春和苗期更要注意除草。一般除草常与松土结合进行。

追肥：生长初期（5 月下旬）追施人粪尿每公顷 15 000～22 500 千克，以后因藤叶蔓生就不便进行施肥了。

排灌：定植后要灌水，成活后可以不灌或少灌。雨季注意排水。需水情况视参苗生长情况而定。苗高 5 厘米以上时应控制水分，以免徒长。

搭架：当苗高 30 厘米时设立支架，以使茎蔓顺架生长，否则通风采光不良易染病害，并影响参根和种子产量，搭架方法可就地取材，因地而异。

【病虫害防治】

根腐病：防治方法可培育和选用无病健壮参秧，如果用作种秧栽植，一定要通过栽前精选，淘汰带病参秧。雨季随时清沟排水，降低田间湿度。田间搭架，避免藤蔓密铺地面，有利于地面通风

149

透光。

锈病：要及时拔除并烧毁病株，病穴用石灰水消毒。收获后清园，消灭越冬病源。发病初期喷敌锈钠。

蚜虫和蛴螬：是常见虫害。应消灭越冬虫源，清除附近杂草，进行彻底清园。施用腐熟的有机肥，以防止招引成虫来产卵。在田间出现蛴螬为害时，可挖出被害植株根际附近的幼虫，人工捕杀。用辛硫磷溶液浇植株根部，也有较好的防治效果。

【采收、加工及贮藏】

一般在定植后当年秋季采挖，也可第二年秋季采挖。秋季地上茎叶黄枯后，选晴天小心深挖，刨出全根，要避免伤根使浆汁流出，形成黑疤症，降低质量。

将挖出的参根洗净按粗细分级，晾晒干。

储藏时要放在凉爽、干燥通风处，勿受潮湿，并防止虫蛀变质。储藏期间要注意防鼠害，且隔一段时间要检查。贮藏期间如果商品潮湿，可在3～4月间用"横竖压尾通风法"晾晒，以防止商品头尾干湿不匀和参身过湿染菌或参尾过干脆碎。高温、高温季节，可在60℃左右下烘烤，并放凉后密封保藏；或使用吸湿机去湿。有条件的地方可密封抽氧充氮养护。

【商品规格】

潞党为山西产地及各地引种者。其原植物为党参，商品分为三等：

一等：干货，呈圆锥形，芦头较小。表面黄褐色或灰黄色。体结实而柔。断面棕黄或白色。糖质多，味甜。芦下直径1厘米以上。无油条、杂质、虫蛀、霉变。

二等：芦下直径0.8厘米以上，其余同一等。

三等：芦下直径0.4厘米以上，油条不超过10%，其余同一等。

25. 桔梗

桔梗科桔梗属多年生草本。别名苦桔梗、灯笼棵、铃铛花等。根入药。具有开宣肺气、祛痰止咳功能。主治外感咳嗽、咳痰不爽。野生于山坡草丛中。喜温暖湿润的环境，气温 20℃时最适其生长，但也能耐－21℃的低温。对土壤要求不严，一般土壤均能种植。忌积水，植株易倒伏。中国南北各省均有栽培。花期 7～9 月。果期 8～10 月。

【栽培技术】

（1）基地选择 桔梗为深根系植物，选向阳、排水良好、土层深厚、富含腐殖质的沙质壤土为好。施基肥后深耕 20～30 厘米，耙细整平，做宽 1.2 米的畦，两旁开排水沟。

（2）种植方法

种子处理：1 年生苗结的种子，发芽率低，不宜作种。第二年结的种子，成熟饱满，留作种用。播种前用温水浸种 24 小时，或用 0.3%～0.5% 的高锰酸钾液浸种 12 小时，可提高发芽率。

播种方法：春播、秋播均可。分直播和育苗两种方法。直播以秋播最好，当年出苗，生长期长，也健壮。春播不迟于 4 月中旬。直播主根直、粗壮、分枝少。在畦面开深约 1 厘米的浅沟，沟心距 15 厘米，将种子均匀撒入沟内，覆盖薄薄一层细土，稍加镇压、浇水，保持土壤湿润，在气温 20～25℃时 20 天左右出苗。播种量为每 667 米² 350～500 克。

育苗移栽：在畦面用四齿轻划浅沟，将种子均匀撒入畦内，然后覆盖一层浅火土灰，将种子盖严。苗高 5 厘米左右时，按行株距 15 厘米×5 厘米进行移栽，每 667 米² 约 5 万株苗比较适宜。播种量为每 667 米² 500～750 克。

【生长发育】

桔梗为深根性植物，根粗随年龄而增大，当年主根长可达 15 厘米以上；第二年的 7～9 月为根的旺盛生长期。采挖时，根长可达 50 厘米，幼苗出土至抽茎 6 厘米以前，茎的生长缓慢，茎高 6 厘米至开花前（4～5 月）生长加快，开花后减慢。至秋冬气温 10℃以下时倒苗，根在地下越冬，1 年生苗可在－17℃的低温下安全越冬。种子在 10℃以上时开始发芽，发芽最适温度在 20～25℃，1 年生种子发芽率为 50%～60%，2 年生种子发芽率可达 85%左

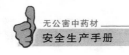

右。且出芽快而齐。种子寿命为1年。

【田间管理】

间苗：苗高2～3厘米时，间去弱苗和过密苗；高5厘米左右时，按株距5～7厘米定苗。

追肥：定苗后追施1次清淡人畜粪水，促使茎叶生长。7月初施磷、钾肥为主，促根生长。秋后浇1次冻水，盖一层牲畜粪或圈肥。翌年春季浇水，孕蕾期多施一些磷、钾肥，促进茎秆粗壮，减轻倒伏。

疏花：是桔梗增产的一项有效措施。桔梗花多，花期长，消耗大量营养物质，在生产中为了增产，常采用人工摘蕾或疏花，减少养分消耗，但是往往很快又生成新的花蕾，效果不显著。在盛花期喷1 000毫克/升乙烯利1次，能基本上达到疏花目的，抑制生殖生长，使根部贮藏更多的营养物质，较不喷药者显著增产。

【病虫害防治】

病害有炭疽病，主要危害茎秆基部，轮纹病、斑枯病为害叶片。发病初期喷1∶1∶100波尔多液或50%的甲基托布津800倍液。

【采收、加工及贮藏】

桔梗以根入药。一般在播种后2年收获，如肥水充足，管理好，可在当年的秋末或翌年春初刨收。根刨出后，去净茎叶，洗净泥土，趁鲜刮去外皮，晒干入药。一般每667米^{2}产干品150～200千克。白花桔梗，是桔梗的变种。其茎直立性强，产量高。两种桔梗的皂苷的药理性质完全相同，可与正种一并入药。

应储藏在仓库干燥通风处，适宜温度30℃以下，相对湿度70%～75%。商品安全水分含量11%～13%。储藏期间应定期检查，发现初霉、虫蛀要及时晾晒。

【商品规格】

以身干、根粗长，无茎苗、须根，去净栓皮者为优质品。据国家医药管理局、卫生部制定的药材商品规格标准，桔梗分为三等：

一等：干货。呈顺直长条形，去净栓皮或细须，表面白色，体结实。断面皮层白色，中间淡黄色，味甘、苦、辛。上部直径 1.4 厘米，长 14 厘米以上，无杂质、虫蛀、霉变。

二等：上部直径 1 厘米以上，长 12 厘米以上，其余同一等。

三等：上部直径 0.5 厘米以上，长不小于 7 厘米，其余同一等。

26. 紫菀

菊科紫菀属多年生宿根草本。八大祁药之一，别名小辫儿、夹板菜、驴耳朵菜、软紫菀、青菀、紫倩、返魂草根、夜牵牛、紫菀茸等。根或根状茎入药。性温，味苦、辛。具润肺下气、镇咳祛痰之功效，主治气逆咳嗽、痰吐不利、肺虚久咳、痰中带血等症。紫菀耐寒，喜夏季凉爽的环境和湿润、深厚、肥沃的土壤，尤以松软肥沃的沙质土壤生长为佳。分布于黑龙江、吉林、辽宁、江苏、山东、河北、山西、广东、贵州、四川、安徽、陕西、甘肃、内蒙古、青海等省、自治区。河北省安国市及安徽省亳州、涡阳地区均有大量栽培。花期 7～9 月。果期 9～10 月。

【栽培技术】

(1) 基地选择　紫菀喜肥，故宜选疏松肥沃的壤土或沙质壤土种植为佳，排水不良的洼地和黏重土壤不宜栽培。每 1 000 米^2 施农家肥 6 000 千克，深翻耙平，做成 1.3 米宽的平畦。

(2) 种植方法　用根状茎繁殖。于冬季 12 月至第二年 1 月栽种。栽前，选用粗壮、紫红色、节间短，具芽的根状茎作种栽，并截成 4～6 厘米的小段，每段应有 2～3 个芽，按行距 25～30 厘米开 6～8 厘米深的沟，按株距 15～20 厘米，放入根状茎段 1～2 段，覆土稍加镇压，浇水。每 1 000 米^2 用根状茎 20～25 千克。

【生长发育】

喜温暖气候，较耐寒。冬季栽下根状茎（生产上称种栽），先发芽，后生根。第二年惊蛰萌芽，长 0.5～2.5 厘米，白色，但未生根。春分开始出苗，随着气温回升，生长加快，谷雨后迅速发棵，至 5 月底，叶片已经长达 20～30 厘米，以后继续增大。霜降后紫菀叶完全枯萎。

【田间管理】

苗出齐后，应及时中耕除草，初期宜浅锄，夏季封行后，只宜用手拔草。

苗期需适量水，6月后需要大量浇水，雨季注意排除积水。

一般要进行2次追肥，第一次在6月间，第二次在7月上中旬，每次每1 000米^{2}沟施人畜粪水3 000～4 000千克，并配施25～30千克过磷酸钙。

此外，6～7月开花前应将花薹打掉，以促进地下部生长。

【病虫害防治】

主要病害有立枯病、斑枯病、白粉病、黑斑病等。

应采取农艺防治结合化学防治的综合措施。

主要虫害有蛴螬。以幼虫危害最严重。幼虫以咬食根、地下茎为主，其次为地上部分。成虫称金龟子，主要危害地上部分。金龟子喜光，天黑时可以在药园内安置黑光灯进行诱杀，也可用敌百虫、乐果喷洒。

小地老虎对紫菀的危害也很大。要清除紫菀地周围的杂草和枯枝落叶，消灭越冬幼虫和蛹；清晨紫菀地发现被害苗有小孔，立即挖土捕杀；用糖醋液、杨树捆把进行诱杀成虫。

【采收、加工及贮藏】

秋季当地上叶全部枯萎后，即可采挖，或于第二年春季，发芽前采挖；挖出后，除去茎叶及泥土，晾1～2天后，将根编成辫状，晾干或晒干。

紫菀易吸潮生霉，泛油，较少虫蛀。储藏于阴凉干燥处，安全相对湿度70％～75％，适宜温度30℃以下。商品安全水分含量9％～14％。霉变多发生在根茎及根须尾部，泛油品表面不明显，但断面有油样物和霉腐气味。为害的害虫主要有锯谷盗、米扁虫、地中海粉螟等。贮藏期间应定期检查，保持环境干燥，及时清除商品中碎屑、沙土，保持清洁。发现吸潮变软，要及时晾晒，或将商品密封后抽氧充氮养护。仓虫危害严重时可用溴甲烷熏杀。

【商品规格】

紫菀商品以根头大，须根粗长，色紫红，无杂质为佳。据国家医药管理局、卫生部制定的药材商品规格，紫菀为统货，不分等级。要求干货无苗芦、杂质、虫蛀、霉变。

27. 苍术

菊科苍术属多年生草本。别名南苍术、京苍术、茅山苍术等。根茎入药。具有健脾燥湿、祛风辟秽功能。主治湿盛困脾、脘痞腹胀、食欲不振。喜温凉气候。野生于山坡灌木丛、草丛及林边、路旁等处。最适生长温度为 15～22℃，耐寒，适应性强。对土壤要求不严格，荒山、坡地、瘦土均能生长。主产于河南、江苏、湖北。花期 8～10 月。果期 9～10 月。

【栽培技术】

（1）基地选择　选择排水良好、疏松、富含腐殖质的沙质壤土为宜。每 667 米² 施堆肥或圈肥 2 500 千克，翻耕 25～30 厘米，耙细整平，做宽 1.2～1.5 米的畦。

（2）种植方法

种子繁殖：采摘 3 年生植株成熟花苞，晒干后打出种子，簸净后贮藏备用。3 月中旬至 4 月上旬播种，按行距15～20 厘米开沟，深 1～1.5 厘米，将种子均匀撒入沟内，覆土后稍镇压，浇水。温度在 20～25℃时 10 天左右出苗。苗高 3 厘米左右时，按株距 3～5 厘米间苗。苗高 10 厘米时，按行株距30 厘米×15 厘米移栽，选阴天或下午移栽容易成活，栽后覆土压紧，浇水。每 667 米² 播种量 5～6 千克。

根茎繁殖：于 9～10 月或 3～4 月结合收获，挖取根茎，抖去泥土，将根茎切成小块，每小块有 2～3 个芽，栽到做好的畦内，行距 27～30 厘米，株距 15 厘米，覆土后浇水。每 667 米² 用根茎 80 千克左右。

【生长发育】

1 年生苗生长缓慢，一般不抽茎，仅有基生叶。个别抽薹者，茎高 10～20 厘米，不能形成种子。2 年生苍术地上部分多为一个

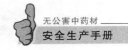
直立茎，分支 3～5 个。地下根茎呈偏椭圆形，其上可形成 1～9 个芽，须根多而粗。3 年生苍术在 3 月下旬至 4 月上旬即可见越冬芽露出地面，初为紫色，此时日平均温度高于 10℃。随着气温和地温的逐渐升高，开始展叶和变绿，返青 15 天。4 月中旬至 6 月中旬抽茎。7 月上旬现蕾。7 月中旬至 9 月上旬为开花期，8 月中旬为盛花期。花开后 4～5 天进入果期，9 月中旬开始成熟，果期一直延续到地上部分枯萎为止。10 月下旬，随着气温下降，地上部分开始枯萎，为果实成熟采收期，地下部分进入休眠期。

【田间管理】

中耕除草：不论育苗移栽或分根茎繁殖，出苗后均应及时松土除草，一旦草盖住苗，既费工又影响幼苗生长。1 年进行 3～4 次中耕除草。

追肥：幼苗期每 667 米^2 施清淡人畜粪水 2 000 千克。6～7 月份每 667 米^2 施人粪尿 2 500～3 000 千克，过磷酸钙 15 千克；10～11 月份沿行开沟，施堆肥或厩肥，施后浇水。

【病虫害防治】

病害有根腐病，多雨季节易积水处发生严重，受害根呈黑色湿腐。发病初期可用 50％甲基托布津 800 倍液浇灌。

【采收、加工及贮藏】

用种子育苗的 3 年收获根茎，根茎繁殖的 2 年收获。秋后至春季苗末出土前采挖。把根茎挖出，抖净泥土，捡去残茎，除去须根，晒干入药。

应贮藏于阴凉干燥处，温度在 30℃以下（4～10℃可安全过夏），相对湿度 71％～75％。商品安全水分在 13％以内。仓库应有防潮设备。

【商品规格】

以个大、表面灰黄色、断面黄白色、有云头、质坚实、无空心者为佳。国家药材商品规格标准，把苍术按每千克个数 40、100、200、200 外分为四等。

28. 半夏

天南星科半夏属多年生草本植物。别名三叶半夏、三步跳、地巴豆等。块茎入药。具有燥湿化痰、降逆止呕、消痞散结功能。主治痰多咳喘、胸脘胀满、头晕不眠。野生于田边、沟旁、灌木丛和山坡林下等处。喜温暖、湿润和荫蔽的环境，最适生长温度为20～25℃，能耐寒。在壤土、黏壤、沙壤土或山坡地均可种植，黏重土不宜栽培，忌高温、干旱及强光照射。主产于南方各省，东北、华北也有栽培。花期5～7月。果期8～9月。

【栽培技术】

（1）基地选择　半夏根浅，一般在20厘米左右，喜肥。选土质深厚，肥沃疏松的沙质壤土为佳。最好在封冻前冬耕15～20厘米，使土壤风化疏松。第二年开春，每667米^{2}施猪圈肥3 000千克，过磷酸钙15千克作基肥，耕耙整地，做畦栽种。

（2）种植方法　用块茎及珠芽繁殖，也可用种子繁殖。

块茎繁殖：9月下旬采挖半夏时，选直径1.5厘米左右的块茎作种，用潮湿沙土混拌，存放在阴凉处贮藏。栽种时期，春秋两季均可。南方温暖地区在采收时，可随挖随栽。北方4月初栽种，栽种前将块茎按大小分级，分别栽种。顺畦按行距20厘米，开4～5厘米深的沟，按株距5厘米，将块茎顺沟栽植，覆土后浇水。种后20天左右出苗。每667米^{2}用块茎100千克。

珠芽繁殖：5～6月间，老叶将枯萎时，叶柄下珠芽已成熟，即可采下栽种。按行株距15厘米×5厘米，每穴种珠芽2～3个，覆土后浇水。

种子繁殖：2年生以上的半夏，当佛焰苞萎黄倒下时即可采收，可随收随种，也可将种子在潮湿沙中贮藏，于翌年4月上旬按行距15厘米开深1厘米的浅沟，将种子均匀撒入沟内，然后覆土浇水。出苗前保持土壤湿润。每667米^{2}播种量1.5千克。为防止烈日照射，春季在畦埂间作一些高秆作物如玉米等以庇荫。

【生长发育】

半夏一般于8～10℃萌动生长，13℃开始出苗，随着温度升高

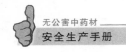

出苗加快，并出现珠芽，15～26℃最适宜半夏生长，30℃以上生长缓慢，超过 35℃而又缺水时开始出现倒苗，秋后低于 13℃以下出现枯叶。

冬播或早春种植的块茎，当 1～5 厘米的表土地温达 10～13℃时，叶柄发出。此时如遇地表气温持续数天低于 2℃以下，叶柄即在土中开始横生，横生一段并可长出一代珠芽。地气温度差持续时间越长，叶柄在土中横生越长，地下珠芽长得越大。当气温升至 10～13℃时，叶柄直立长出土外。

【田间管理】

中耕除草：幼苗出土后及时松土除草，5 月下旬以后，植株生长旺盛，结合松土除草进行培土。

施肥：半夏喜肥，4 月底 5 月初幼苗期，追施 1 次清淡人畜粪水。6 月上旬叶柄下部长出珠芽时，每 667 米^{2}用尿素 10 千克与堆肥或圈肥 1 500 千克拌匀，开沟施入，结合培土，然后浇水。

摘花：如不留种，则及时把花序摘去，以提高产量。

【病虫害防治】

病毒病：病株叶卷缩成花叶，植株矮小，畸形。发现病株及时拔除烧毁，深埋。

主要虫害有红天蛾，夏季发生，以幼虫为害叶片，咬成缺刻或把叶食光。幼龄期喷 90%敌百虫 800 倍液杀灭。

【采收、加工及贮藏】

半夏以块茎入药。种子播种需 3～4 年采收，块茎和珠芽繁殖在当年或第二年采收。9 月下旬，叶片发黄时采挖，块茎用水洗净泥土，及时除去外皮，晒干或烘干。

贮干燥容器内，密闭、避光、防潮。生半夏防蛀。备注环境温度高时，注意防腐。

【商品规格】

半夏一般分为三等：

一等品：干货。呈圆球形、半圆球形或偏斜不等，去净外皮。表面白色或浅黄白色，上端圆平，中心凹陷（茎痕），周围有棕色点状根痕，下面钝圆，较平滑。质坚实。断面洁白或白色，粉质细腻。气微，味辛，麻舌而刺喉。每千克 800 粒以内。无包壳、杂质、虫蛀、霉变。

二等品：干货。呈圆球形、半圆球形或偏斜不等，去净外皮。表面白色或浅黄白色，上端圆平，中心凹陷（茎痕），周围有棕色点状根痕，下面钝圆，较平滑。质坚实。断面洁白或白色，粉质细腻。气微，味辛，麻舌而刺喉。每千克 1 200 粒以内。无包壳、杂质、虫蛀、霉变。

三等品：干货。呈圆球形、半圆球形或偏斜不等，去净外皮。表面白色或浅黄白色，上端圆平，中心凹陷（茎痕），周围有棕色点状根痕，下面钝圆，较平滑。质坚实。断面洁白或白色，粉质细腻。气微，味辛，麻舌而刺喉。每千克 3 000 粒以内。无包壳、杂质、虫蛀、霉变。

29. 知母

百合科知母属多年生草本。别名蒜瓣子草、羊胡子草、毛知母等。根茎入药。具有滋阴降火、润燥滑肠功能。主治烦热消渴、肺热咳嗽、大便燥结、小便不利。喜温暖湿润气候，耐寒冷，喜阳光。主产于山西、河北、内蒙古。花期 5～8 月。果期 8～9 月。

【栽培技术】

（1）基地选择　对土壤要求不严，以土质疏松、肥沃、排水良好的腐殖质土壤或沙质壤土栽培为宜。

（2）种植方法

种子繁殖：在清明前后，大田施肥整地，直播每 667 米^2 用种 2.5 千克。如育苗移栽，栽畦宽 1.5 米，播种深度 1.7 厘米，踏实后浇水，保持温湿适宜，20 天左右出苗，1 年后移栽大田。

分根繁殖：春秋皆可，选好种根后，切 3.3～6.6 厘米小段，用草木灰搅拌，使伤口愈合，然后移栽大田，每穴放一段带芽小节，覆土浇水，加强管理。

【生长发育】

春季 3 月下旬至 4 月上旬开始发芽，7～8 月生长旺盛，9 月中

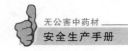

旬以后地上部分生长停止，11月上中旬茎叶全部枯萎进入休眠。一般5～6月开花，2年生植株只抽1支。

【田间管理】

间苗：当幼苗高2～3厘米时间去弱苗和密苗，苗高6厘米左右时按株距10厘米左右定苗。

中耕除草：幼苗生长很慢，3厘米左右时及时拔除杂草、松土，生长期保持地内土壤疏松无杂草，以利幼苗生长。

追肥：苗期以追氮肥为主，每667米² 追施人畜粪水1 500千克，或尿素6千克，施后浇一遍水。后期追肥以氮、钾肥为好，每667米² 施尿素10千克，氯化钾7千克，或施复合肥20千克。

打薹：知母抽薹开花后，消耗很多养分，影响地下茎的生长。因此，除留种地之外，及时剪去花薹，促进地下茎增粗生长，是知母增产的重要措施之一。

【病虫害防治】

虫害有蛴螬，以幼虫为害，咬断知母苗或咬食根茎，造成断苗或根茎部空洞。可浇施50％马拉松乳剂800～1 000倍液防治。

【采收、加工及贮藏】

种子繁殖需四年方可收药，分根繁殖3年即可，秋后春初来挖，刨出后去净泥土，搓净须根，生晒者为毛知母，刮去外皮晒干者为知母肉。一般每667米² 产350千克左右。

应置于干燥的地方储藏，经常检查，以防吸潮发霉，同时还要注意防止鼠害。不应与其他有毒、有害、易串味物质混装。

【商品规格】

质坚硬，易折断。断面黄白色，颗粒状。气微，味微甜略苦，嚼之带黏性。以条粗质硬断面色黄白者为佳。

30. 天冬

百合科天门冬属多年生草本。别名天门冬、明天冬、小叶青等。以块根入药。味甘苦，性寒。有养阴清热、润肺生津作用。主治热病口渴、劳虚气喘咳血、便秘等症。喜温暖湿润环境。忌高温，不耐旱，喜荫蔽忌强光直射。在冬暖夏凉、年均温18～20℃、年降水 1 000 毫米，透光度 40%～50% 的环境下生长较好。宜种于疏松肥沃的沙质壤土，不宜在黏土贫瘠干燥土地上种植。华南、华中、西南以及河南、山东等地均有栽培。花期 5～6 月。果期 6～8 月。

【栽培技术】

（1）基地选择　在海拔 1 000 米以下的地方，选择稀疏的混交林或阔叶林下种植。也可在农田与玉米、蚕豆等作物间作以及两山间光照时间不长的地方种植。按生长习性选择土壤，深翻 30 厘米，去除杂草树枝等，施腐熟厩肥 37 500～52 500 千克/公顷，饼肥 1 500 千克/公顷，过磷酸钙 750 千克/公顷，整平耙细后，做成宽 150 厘米、高 20 厘米的高畦。

（2）种植方法　在 8～9 月秋播。也可春播。秋播出芽率高，种苗生长健壮；春播管理费时少。春播的种子应拌以 2～3 倍湿沙贮藏在室内外阴凉处过冬。种子寿命约 1 年。在整好的畦面上，按 20 厘米行距开 4～5 厘米深的横沟，播幅约 10 厘米，将种子均匀撒在沟内，种子距离约 3 厘米，用种量约 165 千克/公顷。播后盖细土或混有草木灰的土草肥平畦面，并在畦面上盖湿草保湿。若不是林下或间作育苗，应在育苗地搭盖遮阳棚。苗高 3～4 厘米后注意浅松土、浅除草。夏季与秋季应追施氮肥，每次施用 15 000 千克/公顷左右。培育 1 年后，幼苗有块根 2～3 个，过少的可在苗圃内再培育 1 年。秋播的在第二年秋末或第二年早春，春播的于当年秋末、或第二年早春萌芽前移栽。苗按大小分级，分别种植，在整好的畦面上按照株行距 66 厘米×66 厘米挖 6～10 厘米的深穴，每穴施放厩肥、草木灰等肥料 2 千克与穴内土拌匀，每穴内栽植 1 株苗、每育 1 米^2 的苗可移栽9～10 米^2 的面积。

【田间管理】

天门冬为喜湿植物，天气干旱要及时浇水。雨季注意排水。每年松土除草 4～5 次，松土要浅，以免伤根。

当茎蔓长到 45 厘米左右时，要在田间用竹竿或木棍设立支架，让植株攀援生长，以利茎叶生长、间作和管理。

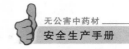
　　每年要追肥 3～4 次，第一次追肥在苗期 4 月下旬，目的是促进萌芽出苗。折合施人粪尿 22 500 千克/公顷和 112.5 千克/公顷尿素。第二次在 6 月上旬施，以促成新块根形成。第三次在 8 月下旬，以促进块根膨大增多。后两次，施厩肥 15 000 千克/公顷，复合肥（N：P：K＝27：29：10）112.5 千克/公顷和磷酸二氢钾 15 千克/公顷。在基肥不足的情况下，还可在冬季施第四次肥，应以有机肥为主。施肥时应在不接触根部的行间开沟施入，覆土浇水。

【病虫害防治】

　　主要是红蜘蛛，5～6 月为害叶部。可通过清除病株病叶或在发生期用 20％双甲醚油 1 000 倍液喷杀防治。

【采收、加工及贮藏】

　　于 11 月至翌年 2 月，将茎蔓在离地面 7 厘米左右处切断，挖出全株，将直径 3 厘米以上的粗块根作药，留母根及小块根作种用，产区一般移栽 2～3 年收获。年数越低，产量也低。据实验，栽 4 年比栽 3 年的根产量增加一倍以上，因而以栽 4 年为宜。将块根洗去泥沙，放在沸水锅中煮 12 分钟，将内外两层皮一次性剥落。用清水洗去外层胶质，烘干至八成干时，再用硫黄熏 10 小时，再烘干或晒至全干。为防变色，晒时应用白纸盖上。栽 3 年产干货 6 750～7 500 千克/公顷。

【商品规格】

　　干燥的块根呈长圆纺锤形，中部肥满，两端渐细而钝，长6～20 厘米，中部直径 0.5～2 厘米。表面黄白色或浅黄棕色，呈油润半透明状，有时有细纵纹或纵沟，偶有未除净的黄棕色外皮。干透者质坚硬而脆，未干透者质柔软，有黏性，断面蜡质样，黄白色，半透明，中间有不透明白心。微臭，味甘微苦。以肥满、致密、黄白色、半透明者为佳。条瘦长、色黄褐、不明亮者质次。

31. 浙贝母

　　百合科贝母属植物多年生草本。别名浙贝、大贝、象贝、元宝贝、珠贝等。鳞茎入药。有止咳化痰、清热散结之作用。主治上呼吸道感染、咽喉肿痛、支气管炎、肺热咳嗽、痰多、胃及十二指肠溃疡、乳腺炎、甲状腺肿大、痛疖肿毒。野生于林下或山坡草丛中。分布于浙江、江苏、湖南等省。在浙江宁波地区有大量栽培。其他地区也有示范栽培。花期 3～4 月，果期 4～5 月。

【栽培技术】

（1）基地选择　浙贝母对土壤要求较严，宜选排水良好、富含腐殖质、疏松肥沃的沙壤土种植，土壤 pH5～7 较为适宜。忌连作。前茬以玉米、大豆作物为好。播种前，深翻细耕，每 667 米^2 施入农家肥 2 000 千克作基肥，再配施 100 千克饼肥和 30 千克磷肥，耙匀，做成 1.2～1.5 米的高畦，畦沟宽 25～30 厘米、沟深 20～25 厘米，并做到四周排水沟畅通。

（2）种植方法　主要用鳞茎繁殖。也可用种子繁殖，但因生长年限长，结实率低，生产上较少采用。

鳞茎繁殖：于 9 月中旬至 10 月上旬，挖出自然越夏的种茎，选鳞片抱合紧密、芽头饱满、无病虫害者，按大小分级分别栽种，种植密度和深度视种茎大小而定，一般株距 15～20 厘米、行距 20 厘米。开浅沟条播，沟深 6～8 厘米，沟底要平，覆土 5～6 厘米。用种量因种茎大小而异，一般为每 667 米^2 用种茎 300～400 千克。

种子繁殖：种子繁殖可提高繁殖系数，但从种子育苗到形成商品需 5～6 年时间。用当年采收的种子于 9 月中旬至 10 月中旬播种，如近期播种则将大大降低出苗率。条播，行距 6 厘米左右，然后将种子均匀撒在灰土上，薄覆细土，畦面用秸秆覆盖，保持土壤湿润。每 667 米^2 用种子 6～10 千克。

【生长发育】

浙贝母喜温和湿润、阳光充足的环境。根的生长要求气温在 7～25℃，25℃ 以上根生长受抑制。平均地温达 6～7℃ 时出苗，地上部生长发育温度范围为 4～30℃，在此范围内，生长速度随温度升高，生长加快。开花适温为 22℃ 左右。−3℃ 时植株受冻，30℃ 以上植株顶部出现枯黄。鳞茎在地温 10～25℃ 时能正常膨大，−6℃ 时将受冻，25℃ 以上时出现休眠。

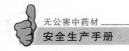

浙贝母鳞茎和种子均有休眠作用。鳞茎经从地上部枯萎开始进入休眠，经自然越夏到9月即可解除休眠。种子则经2个月左右5～10℃或经自然越冬也可解除休眠。因此生产上多采用秋播。种子发芽率一般在70%～80%。

【田间管理】

中耕除草：出苗前要及时除草。出苗后结合施肥进行中耕除草，保持土壤疏松。植株封行后，可用手拔草。

追肥：一般为3次，12月下旬施腊肥，每667米^{2}沟施浓人畜粪肥2 500千克，施后覆土。到春齐苗时施苗肥，每667米^{2}泼浇人畜粪2 000千克或尿素15千克。3月下旬打花后追施花肥，肥种和施肥量与苗肥相似。

排灌：生长中后期需水量较大，如遇干旱应适时浇水。采用泡灌，当土壤湿润后立即排除。雨季积水应及时排除。

摘花打顶：3月下旬，当花茎下端有2～3朵花初开时，选晴天将花和花蕾连同顶梢一齐摘除，打顶长度一般8～10厘米。

【病虫害防治】

灰霉病：一般4月上旬发生，为害地上部。发病前用波尔多液喷雾预防，清除残体，防止积水降低田间湿度；发病时用50%多菌灵800倍液喷施。

黑斑病：4月上旬始发，尤以雨水多时严重，为害叶部。防治方法同灰霉病。

干腐病：在鳞茎越夏保种期间，土壤干旱时发病严重。主要为害鳞茎基部。要选用健壮无病的鳞茎种子；越夏保种期间合理套作，以创造阴凉通风环境；发病种茎在下种前用20%三氯杀螨砜1 000～1 500倍液浸种10～15分钟，或50%托布津300～500倍液浸种10～20分钟。

角豆芫菁：成虫咬食叶片。可人工捕杀，也可药物防治。

还有蛴螬、金针虫、螨等为害。沟金针虫的防治要改变地下害虫的生活条件，将害虫翻出土面，使受天敌和自然环境的影响而死亡。在金针虫化蛹时，将蛹室破坏，可使其大量死亡。

【采收、加工及贮藏】

5月中旬，待植株于上部茎叶枯萎后选晴天采挖，并按鳞茎大小分档，大者除去心芽，习称"大贝"、"元宝贝"，小者不去心芽，习称"珠贝"。将鳞茎洗净，将直径3厘米以上的大鳞茎鳞片分开，挖出心芽，然后将分好的鲜鳞茎于脱皮机中脱去表皮，使浆液渗出，加入4％的贝壳粉，使贝母表面涂满贝壳粉，倒入篓内过夜，促使贝母干燥，再于第二天取出晒3～4天，待回潮2～3天后晒至全干。回潮后也可置烘灶内，用70℃以下的温度烘干。

浙贝母种子田，一般采用原地越夏保种法。枯黄前，在植株间套作浅根性作物，起到遮阳降温和提高土地复种指数的作用。套作作物主要有玉米、大豆及瓜类等。越夏期间，特别是多雨季节，要随时排除田间积水。此外禁止人畜在畦面上踩踏，以免积水烂种。浙贝母种茎在越夏保种田中，需经3～4个月的时间，一般损耗率为10％左右。

【商品规格】

统货：干货，为完整的鳞茎，呈扁圆形，表面白色或黄白色。质坚实，断面粉白色。味甘微苦，大小不分，间有松块、僵个、次贝。无杂质、虫蛀、霉变。

32. 平贝母

百合科贝母属多年生草本。又名平贝。以鳞茎入药。有清热润肺、止咳化痰等功效。平贝母是中国东北地区的一种名贵药用植物。由于分布范围较狭窄，生长地区的林木不断受到砍伐，自然植被遭受破坏，林地环境恶化，加之不断采挖，因而野生植株逐渐减少。花期5～6月。果期6月。

【栽培技术】

（1）基地选择　选肥沃疏松的黑土或细沙土地，秋翻或冬翻深度17厘米以上。同时施基肥，将粪肥与畦土混匀，打碎土块，清除杂物，然后耙平做畦备用。平贝母分布于温带针阔叶混交林区，多生于红松针阔叶混交林下。是早春植物，鳞茎小，须根少，吸肥

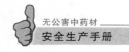
力较差，而地上部分生长期仅55～60天，故适宜生于水肥充足而富有腐殖质的土地上。喜清凉、湿润的气候。

（2）种植方法　用鳞茎和种子繁殖，但以鳞茎繁殖为主，种子繁殖年限长，一般不采用。

鳞茎繁殖方法：在6～7月份收获鳞茎时，按大、中、小分等，大的挑出加工作药用，中小个的作为种栽。秋后种植时中号种栽（每667米² 栽种量250～300千克）按行株距1.5厘米×1.5厘米在已整好的畦上摆好；小号种栽（每667米² 栽种量150～200千克）均匀撒入畦内即可。栽好后，将翻到畦沟上的土覆盖到种子上，中号种栽覆土6厘米，小号种栽覆土4.5厘米，然后耙匀，使畦中部略高些以利排水。最后在畦面上撒一层粪，即药农所称的"盖头粪"。

【生长发育】

3月下旬至4月上旬即顶冻出苗，5月开花。地温在2～4℃时即开始抽茎，气温13～16℃时已生长旺盛。但不耐高温，如气温超过28～30℃，土温20℃以上时，生长即受到抑制，故在5月下旬至6月地上部分即枯萎，地下鳞茎进入休眠状态，休眠至8月中下旬又开始萌动，在鳞片上开始生长子贝。9月上中旬子贝渐多，直至结冰，又进入休眠。待翌春又返青出苗。

【田间管理】

人工栽植平贝应在8月中下旬，鳞茎重新开始萌发前为好，这样翌年早春化冻后幼苗可随即出土。当气温增高到15℃左右时，地上部生长迅速，此时水肥应跟上。到5月底气温超过20℃时，地上部停止生长，并逐渐枯萎。当苗子枯萎，地下鳞茎进入休眠期，此时田间需种些遮阴作物，以便鳞茎安全过夏。8月中下旬气温下降，贝母鳞茎的越冬茎和根系又重新开始生长发育，为第二年出苗做准备。因此，应在重新开始萌发前栽植，若将鳞茎挖出保存到秋天才栽植，会严重影响产量。

早春平贝未出苗前（3月中旬左右）要清理田园，出苗后要及时除草松土，做到畦内无草。夏季休眠期要避免杂草丛生与平贝争水争肥。

每年冬季开始，要在畦面上盖厚约 3 厘米的厩肥，起到施肥和保温防寒的双重作用，可促进提早出苗。冬肥多用猪圈粪、骡马粪和绿肥。牛粪易生虫、肥效差，一般不用。草木灰、炕洞土等碱性肥料易引起贝母腐烂，严禁施用。

春季干旱要及时浇水，以免影响出苗，出苗后看天气情况浇水。浇水后土壤容易板结，应及时松土；雨季到来时要挖通水沟，排除积水，以免贝母腐烂。

早春风沙较大的地区，平贝小苗容易遭受风沙危害，在风向的一面用高粱、玉米秆等架设风障，可保护贝苗不受风沙损害，同时也能提高地温，提早出苗。

5～6 月份，平贝地上部分枯萎，鳞茎进入休眠期在地里过夏，此时宜种植遮阴作物，防止地温升高和杂草丛生，提高田间复种指数。选择间套作物的要求是：遮阴作用强，根系小，既对平贝生长发育无太大影响，又能增加土壤肥力的作物（如豆科作物）；种植作物时不宜太密，以免吸肥过多，影响来年贝母的生长。

不收种子的平贝，应及时摘除花蕾，减少养分消耗，有利于地下鳞茎的生长。

【病虫害防治】

锈病：又名"黄疸"，4 月中下旬发生。叶背和叶基有锈黄色夏孢子堆，破裂后有黄色粉末随风飞扬，被害部造成穿孔，基叶枯黄，后期茎叶布满黑色冬孢子堆。防治上可清园，消灭田间杂草和病残体；开花前喷敌锈钠 300 倍液，7 天 1 次。

菌核病：主要危害鳞茎。鳞片被害时产生黑斑，病斑下组织变灰，严重时整个鳞片变黑，皱缩干腐，鳞茎表皮下形成大量小米粒大小的黑色菌核；被害株地上部萎蔫枯黄。防治上可进行轮作；选排水良好的地高畦种植，加强田间管理；肥料要腐熟；及时拔出病株并撒石灰消毒病穴；发病严重地区用种子繁殖，防止种栽带菌。

危害平贝母的虫害有金针虫、蛴螬、蝼蛄等，鼠害有鼹鼠。必要时进行药物防治。

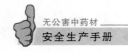

【采收、加工及贮藏】

用鳞茎繁殖法栽植平贝，一般2～3年即可采挖，采挖时间以6月中旬地上部全部枯萎后为宜。

挖掘时首先在畦床的一头扒开一部分土，露出平贝鳞茎，然后用平锹将平贝鳞茎层上面的土翻到畦沟上，以见到整个畦内的平贝鳞茎为度，然后挑出大的或较大的鳞茎，除净杂物和土，加工作药。对畦里余下的小鳞茎用手摊匀，再把畦沟上的土重新盖上即可。根据经验，以分级栽培，一次收净比较合适。

加工方法分炕干和晒干。炕干法是平贝产区常用方法，在密闭室内的土炕上，用筛子筛上一层柴草灰（亦有用熟石灰），然后把平贝母鳞茎按其大小分级铺好，再筛上一层柴草灰，然后加火增加温度，使炕上温度达40℃左右，经过一天一夜，即可全部干透。筛去柴草灰或熟石灰，重新炕干或日晒除去潮气即得干货。在干燥过程中，火力不宜过大，否则生物碱被破坏，容易降低质量；而温度太低，炕的时间过长，或翻动过多或温度忽冷忽热，又易造成"油粒"。晒干时选晴天将平贝母放在席子上，薄薄地铺上一层，经过日晒3～4天，即可晒干。然后装入麻袋保存，在夏季注意晾晒以免发霉生虫。

【商品规格】

平贝母商品不分等级，商品质量以外观性状来评价。近年来则多以平贝母的生物碱含量内在指标来评价，皂苷和腺苷等也有所涉及。

33. 百合

百合科百合属多年生草本。别名野百合、喇叭筒、山百合、药百合、家百合。鳞茎入药。味甘，性微寒。归肺、心经。具有养阴、润肺、止咳功效，用于肺阴虚的燥热咳嗽、痰中带血等症。还有清心安神功效，用于热病余热未清、虚烦惊悸、失眠多梦等。生于山坡杂草丛的向阳地。分布于西藏、云南等地。6月上旬现蕾，7月上旬始花，7月中旬盛花，7月下旬终花。果期7～10月。

【栽培技术】

（1）基地选择　应选择土壤肥沃、地势高爽、排水良好、土质疏松的沙壤土栽培，忌黏土。前茬以豆类、瓜类或蔬菜地为好，每667 米^2 施有机肥 3 000～4 000 千克作基肥（或复合肥 100 千克），再用 50～60 千克石灰（或 50% 地亚农 0.6 千克）进行土壤消毒。整地精细，做高畦，宽幅栽培，畦面中间略隆起利于雨后排水。江苏宜兴、湖南邵阳、甘肃的泾河沿岸及河南信阳，均采用高畦。畦面宽 3.5 米左右，沟宽 30～40 厘米，深 40～50 厘米，以利排水；在丘陵地、坡地、地下水位低且排水通畅的地方，可采用平畦。畦面宽 1～3.5 米，两畦间开宽 20～25 厘米、深 10～15 厘米的排水沟。且要做好肥料准备工作：每 667 米^2 备好腐熟栏肥 2 000～2 500 千克，钙镁磷肥 200 千克，土杂灰肥 1 500～2 000 千克，人粪尿 250 千克，后三种拌匀堆制发酵 30 天以上（这些肥料可作基肥也可作种肥）

（2）种植方法　无性繁殖和有性繁殖均可。

无性繁殖目前，生产上主要有鳞片繁殖、小鳞茎繁殖和珠芽繁殖 3 种。

鳞片繁殖：秋季，选健壮无病、肥大的鳞片在 1∶500 的苯菌灵或克菌丹水溶液中浸 30 分钟，取出后阴干，基部向下，将 1/3～2/3 鳞片插入有肥沃沙壤土的苗床中，密度 3～4 厘米×15 厘米，盖草遮阴保湿。约 20 天后，鳞片下端切口处便会形成 1～2 个小鳞茎。培育 2～3 年鳞茎可重达 50 克，每 667 米^2 约需种鳞片 100 千克，能种植大田 1 公顷左右。

小鳞茎繁殖：百合老鳞茎的茎轴上能长出多个新生的小鳞茎，收集无病植株上的小鳞茎，消毒后按行株距 25 厘米×6 厘米播种。经一年的培养，一部分可达种球标准（50 克），较小者，继续培养一年再作种用。

珠芽繁殖：珠芽于夏季成熟后采收，收后与湿润细沙混合，贮藏在阴凉通风处。当年 9～10 月，在苗床上按 12～15 厘米行距、深 3～4 厘米播珠芽，覆 3 厘米细土，盖草。

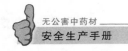

有性繁殖则秋季将成熟的种子采下。在苗床内播种，第二年秋季可产生小鳞茎。此法时间长，种性易变，生产上少用。

【生长发育】

百合生长适宜温度为 15～25℃，高于 28℃生长受阻。在年生长周期中，地温 10℃时顶芽开始生长，14℃时即可出土，鳞茎越冬在－10℃时，不致产生冻害。百合整个生长期土壤湿度不能过大，百合生长适宜的相对湿度是 80％～85％。土壤 pH 以 5.5～6.5 为宜。

百合种子有子叶出土和子叶留土两种类型，子叶出土的播种后 10～30 天子叶出土，如麝香百合、王百合、台湾百合等，而湖北百合需 30 天以上才能发芽。子叶出土类百合播种时间以春季为好，覆土厚度为 1～2 厘米，部分品种培养 6 个月后即可开花，王百合需 14 个月才能开花。子叶留土的种类在温暖地区以秋播为宜，种子在土中形成越冬小鳞茎，到第二年春天才由小鳞茎内长出第一片地上部的真叶，3～4 年后才能开花，如毛百合、青岛百合、东北百合、药百合等。如果幼苗移栽，应在子叶刚出土表至子叶伸直时进行。百合种子萌发的最适宜温度是 20℃恒温。20℃恒温时，野生细叶百合种子在避光下萌发率最大，为 90％左右。育苗时控制温度 18～20℃最为适宜。

【田间管理】

前期管理：冬季选晴天进行中耕，晒表土，保墒保温。春季出苗前松土锄草，提高地温，促苗早发；盖草保墒。消灭杂草和防大雨冲刷，并不让表土板结。夏季应防高温引起的腐烂；天凉又要保温，防霜冻，并施提苗肥，促进百合的生长。一般下种至出土，中耕 2～3 次。到生长中期再松土 2～3 次，以疏松土壤，清除杂草，并结合培土，防止鳞茎裸露。

中、后期管理：一是清沟排水。百合最怕水涝，应经常清沟排水，做到雨停土壤渍水干。二是适时打顶，春季百合发芽时应保留其一壮芽，其余除去，以免引起鳞茎分裂。在小满前后，当苗高长至 27～33 厘米时，及时摘顶，控制地上部分生长，以集中养分促进地下鳞茎生长。对有珠芽的品种，如不用珠芽繁殖，应于芒种前后及时摘除，结合夏季摘花，以减少鳞茎养分消耗。最适时机是当花蕾由直立转向低垂时，颜色由全青转为向阳面出现桃红色时。时间是 6 月份。三是打顶后控制施氮肥。以促进幼鳞茎迅速肥大。夏至前后应及时摘除珠芽、清理沟墒，以降低田间温、湿度。

追肥：第一次是稳施腊肥，1 月份，立春前，百合苗未出土时，结合中耕每 667 米^2 施人粪尿 1 000 千克左右，促发根壮根。第二次是重施壮苗肥，在 4 月上旬，当百合苗高 10~20 厘米时，每 667 米^2 施人畜粪水 500 千克，发酵腐熟饼肥 150~250 千克，复合肥 10~15 千克，促壮苗。第三次是适施壮片肥，小满后于 6 月上中旬，开花、打顶后每 667 米^2 施尿素 15 千克，钾肥 10 千克，促鳞片肥大。同时在叶面喷施 0.2% 的磷酸二氢钾。注意此次追肥要在采挖前 40~50 天完成。秋季套种的冬菜收获后，结合松土施一次粪肥；待春季出苗后，再看苗追施粪肥 1~2 次，促早发壮苗。

还要适时摘花打顶。

【病虫害防治】

常见病害有绵腐、立枯、病毒、叶枯、黑茎病。

百合疫病：是百合常见的病害之一，多雨年份发生重。防治方法可实行轮作；选择排水良好、土壤疏松的地块栽培，或采用高厢深沟或高垄栽培，畦面要平，以利水系排除。

病毒病：可导致植株枯萎死亡。应选育抗病品种或无病鳞茎繁殖，有条件的应设立无病留种地，发现病株及时清除；加强田间管理，适当增施磷肥、钾肥，使植株生长健壮，增强抗病能力。

常见虫害有蚜虫、金龟子幼虫、螨类等。蚜虫常群集在嫩叶花蕾上吸取汁液，使植株萎缩，生长不良，开花结实均受影响。防治上应清洁田园，铲除田间杂草，减少越冬虫口。

【采收、加工及贮藏】

定植后的第二年秋季，待地上部分完全枯萎，地下部分完全成熟后采收。龙芽百合一般在大暑节前后（7 月下旬）选晴天采挖。收后，切除地上部分、须根和种子根，放在通风处贮藏。每 667

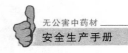

米^{2}产量750～1 500千克，折干率30%～35%。

加工可分如下几步：

剥片：即把鳞片分开，剥片时应把外鳞片、中鳞片和芯片分开，以免泡片时老嫩不一，难以掌握泡片时间，影响质量。

泡片：待水沸腾后，将鳞片放入锅内，及时翻动，5～10分钟，待鳞片边缘柔软、背部有微裂时迅速捞出，在清水中漂洗去黏液。每锅开水，一般可连续泡片2～3次。

晒片：将漂洗后的鳞片轻轻薄摊晒垫，使其分布均匀，待鳞片六成干时，再翻晒直至全干。以鳞片洁白完整，大而肥厚者为好。

【商品规格】

百合商品常分为四个等级：

一级：色泽鲜明，呈黄白象牙色，全干洁净，片大肉厚，无霉烂、虫伤、麻色及灰碎等。

二级：色泽鲜明，呈黄白象牙色，全干洁净，片较大、肉厚，无霉烂、虫伤、麻色及灰碎等。

三级：色泽鲜明，一般呈黄白色，斑点或黑边不超过10%，全干洁净，片大肉厚，无霉烂、虫伤、麻色及灰碎等。

四级：全干洁净，片小肉薄，无霉烂、虫伤、麻色及灰碎等。斑点或黑边不超过50%。

34. 麦冬

百合科沿阶草属多年生常绿草本植物。别名麦门冬、沿阶草等。块根入药，为常用中药。性微温，微苦，具有滋阴生津、润肺止咳等功能。主治热病伤津、心烦不安、肺热咳嗽等症。主要化学成分有多种甾体皂苷，以皂苷A的含量最高。此外，尚含有水溶性多糖、氨基酸及多种微量元素等。野生分布于中国亚热带地区，气候温暖、年降水量在800毫米以上的稀疏林下、林缘、草坡、地边，微酸至微碱性肥沃土壤中。花期5～8月。果期7～9月。

【栽培技术】

（1）基地选择　宜选疏松肥沃，湿润或稍潮湿，排水良好的沙壤土。各产区前茬作物有黄花苜蓿、紫云英、油菜、萝卜、小麦等，以黄花苜蓿、紫云英地为最好，可提早或按时收获，保证麦冬不误农时栽培，而且土壤比较肥沃。

麦冬整地在前茬收获后进行。翻地深度在20厘米以上，做到三犁三耙，使土壤疏松、细碎、平整，有利栽苗和新根的萌发，排灌后地内不积水。如田块面积过大，土面不易平整，可分筑小田埂，以便排灌，一般不做畦。

（2）种植方法　麦冬苗采用小丛分株繁殖方法，每一母株可分为2～4株种苗。4月上旬收获麦冬时选择叶色深绿，生长健壮，块根多而大、饱满、无病虫害的宽短叶麦冬作种苗。将选好的种苗从基部切下根茎，只留下长3～5毫米的茎基，以根茎断面出现白心、叶片不散开为度，俗称"菊花心"。切除根茎时，茎基不能保留过长或过短。过长，栽种后将会发生两重茎节，块根生长较少，影响单株产量；过短，叶片会脱落，栽种后不易成活。切去根茎后，用稻草或甘蔗叶捆成40～50厘米的小捆，以备栽种。其目的一是方便运输；二是种苗叶紧苗直，便于栽种，踩苗时也不会将叶片踩入土中，是保证种苗成活的关键措施。切苗后应及时栽种，成活早，成活率高。由于收获期与栽苗期接近，常因整地不及和劳力安排等矛盾，需将种苗暂时储存。贮放种苗，产区称为"养苗"，其做法是：将捆好的种苗茎基部分用清水浸泡2～3分钟，吸足水分，竖放在荫蔽处，四周覆土保护，视情况灌水，避免发热和干燥。养苗时间以7天为限，过长会影响发根。

【生长发育】

麦冬为多年生常绿草本植物，生长期长。麦冬地上部分为叶丛，清明节栽种后，由于根部被切除，新叶抽生相当缓慢。栽后约2个月才开始产生分蘖，生长叶丛。6月下旬至7月上旬是植株分蘖和叶丛生长最旺盛时期，发育良好的植株一株可产生4个以上分蘖。炎夏和寒冷季节，叶丛生长停滞。

麦冬一年生萌发新根两次，第一次是栽种后10～30天，其中第18～27天为出根盛期，从苗基部抽生细而长的新根，一般不会膨大形成块根，称为"营养根"。第二次是从7月份开始至9月份

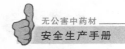

是发根盛期，主要从分蘖苗或老苗基部抽生白色针状不定根，为第二次发根。这些不定根中，有的根端伸长区部分皮层薄壁细胞膨大，细胞体积增大就形成块根，称为"结冬根"。春季栽种后，块根一般在9月开始形成，其膨大部分通常两端体积增幅小，中间部分皮层细胞体积明显增加，因而形成的块根呈纺锤形。块根形成时，根端仍继续生长。9月至11月下旬是块根膨大生长的旺期，这时地上部分的生长相对减慢，一般不再产生萌蘖。这个时期植株养分供应不足，就会影响块根皮层细胞的发育和块根的膨大。养分供应充足，少数块根前端的根区还会出现第二次膨大，形成同一根上相连的块根，产区农民俗称"双果"。入冬后气温逐渐下降，块根生长缓慢，翌年1～2月气温、地温最低时，光合效率降低，植株的生长趋于停滞，块根膨大也减慢。3～4月随气温的升高，光合效率提高，块根迅速膨大和物质积累充实。

【田间管理】

麦冬的田间管理工作主要有施肥、中耕除草和排灌水。麦冬一生中吸氮最多，钾次之，磷居第三，属喜钾作物。在年度间肥料数量的安排上，第一年用量要少于第二年。根据氮、钾肥易移动性、磷肥移动速度小、易被土壤所固定和一些地方土壤含氮量高等特点，2年生栽培麦冬施肥时必须注意有机肥料与化学肥料相结合，氮、磷、钾配合施用。掌握"头年轻，翌年重"和"种前施基肥，早施发根肥，重施春秋肥"的原则。基肥可结合翻耕，每公顷施有机肥22 500千克以上。整地后每公顷穴施过磷酸钙300千克。麦冬栽后当年的6月初为发根初期。此期可用少量化学氮肥或稀人粪尿，滴孔浇施，以促进麦冬早发根多发根。每年8月开始为第二次须根发生期，此期须根量大且又粗壮，10～11月和3月为二次块根形成膨大盛期。因此，春秋是麦冬需肥最多的关键时期，必须狠抓重施。春肥，可在栽种翌年2月下旬至3月初，每公顷用尿素75千克加过磷酸钙300千克加水30 000千克浇施，5月中下旬再施氯化钾202.5千克和尿素195千克加水22 500千克浇施。秋肥，一般分两次使用。第一次在栽植后的每年8月下旬，每公顷用尿素

75～105 千克加氯化钾 202.5 千克加水 22 500～30 000 千克浇施，第二次在栽植后的每年 9 月中旬前后，每公顷用尿素 150 千克，加氯化钾 270 千克和过磷酸钙 150 千克，再加水 30 000 千克浇施。

【病虫害防治】

主要有黑斑病和根结线虫病。前者常于 4 月中旬开始发生，6～7 月为盛期。发病初期叶面变黄，并逐渐向叶基部蔓延，产生青、白、黄等不同颜色的水浸状病斑。一般植株外围叶片易受害，被害叶片逐渐卷缩枯萎，影响生长。病原菌随病叶遗留在土壤中越冬，成为第二年的侵染菌源。一般在多雨季节易发病。土壤瘦瘠或施氮肥过多，植株抗病力减弱，则发病严重；后者为害植株根部形成大小不等的根结，呈念珠状，根结上又可长出不定毛根，这些毛根末端再次被线虫侵染，形成小的根结。块根上也生有根结，须根缩短，表皮粗糙、开裂，呈红褐色。切开根结，可见白色发亮的球状物，即为雌成虫。此外还有蝼蛄等。防治中可采取选用健壮种苗、加强田间管理、合理轮作等农艺措施与化学防治相结合的办法。

【采收、加工及贮藏】

浙麦冬的采挖以立夏至小满季节为宜，最迟不超过芒种。全株带根挖起，将带须块根剪出（苗可作种苗栽培），用清水洗至洁白干净，然后干燥。要注意剪取块根时必须带须根，因为须根能起到将块根水分排出的导管作用，如过早修净须根，不利于麦冬的水分排出，将使两端花黑或腐烂。

川麦冬于栽种后第二年清明至谷雨采挖，选晴天用锄或犁翻耕25～27 厘米深，使麦冬全株露出土面，抖去根部泥土，用刀切下块根和须根，放入箩筐内，在流水中淘洗，将泥沙洗净；晒干水气后，用双手揉搓，搓后再晒，晒后再搓，反复 4～5 次。然后用筛子除去须根和杂质即可。

将洗净的麦冬，摊放在晒场上暴晒，水气干后再用手轻揉搓，搓后再晒，反复多次，直至搓掉须根。再晒至全干，用筛子筛去杂质即可。若遇到阴雨天气，可用 40～50℃的文火烘 15～20 小时，

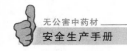
取出放几天，待内部水分向外渗，再烘至近干，筛去杂质，即成商品麦冬。一般每 667 米^2 产干麦冬 150 千克，高产的可达 250 千克。

麦冬多用木箱装，置于阴凉通风干燥处，量大时贮藏于冷库；炮制品贮于干燥容器中，防潮、防霉、防变色泛油。受潮后泛油变黑，发现受潮应及时翻晒。

【商品规格】

（1）浙麦冬　过去浙麦冬规格分有提清、正清、正面、苏清、拣面、正奎六个档次，新中国成立后改为一、二、三等。一等每 50 克 60 粒以内，二等 90～100 粒，三等 130 粒左右。《七十六种药材商品规格标准》把浙麦冬分为三个等级：

一等：呈纺锤形半透明体，表面黄白色，质柔韧。断面牙白色，有木质心，味微甜，嚼之有黏性。每 50 克 150 粒以内，无油粒、烂头、枯子。

二等：每 50 克 280 粒以内，其余同一等。

三等：每 50 克 280 粒以外，最小不细于麦粒大。油粒、烂头不超过 10%。

（2）川麦冬　过去，药材行业对川麦冬称为绵阳冬、瓜王冬。对各地所产或野生的称为土麦冬。瓜王冬最适宜加工"开冬"饮片。开冬片是广东及我国港澳地区习惯销售的一种麦冬规格，其加工方法是：将麦冬湿润一夜至透心，抽出麦冬木心，抽木心方法最快最好是用口咬出木心，再用刀将麦冬卷向剖开成片，晒干，即为开冬（麦冬）片，现今港澳地区仍习用此饮片规格。四川产的瓜王冬易于抽心，开片时爽刀，剖卷快利，故出口很受欢迎。

《七十六种药材商品规格标准》把川麦冬分为三个等级，其标准如下：

一等：呈纺锤形半透明体，表面淡白色，断面牙白色，木质心细软。味微甜，嚼之少黏性，每 50 克 190 粒以内。无乌花、油粒。

二等：每 50 克 300 粒以内，其余同一等。

三等：每 50 克 300 粒以外，最细不低于麦粒大，间有乌花、油粒，不超过 10%。

35. 玉竹

百合科黄精属多年生草本。玉竹又名萎蕤、尾参等。以根茎入药。性味甘、平，无毒。养阴，润燥，除烦，止渴。治热病阴伤，咳嗽烦渴，虚劳发热，消谷易饥，小便频数。临床上对风湿性心脏病，冠状动脉粥样硬化性心脏病，肺原性心脏病等引起的心力衰竭有抑制作用。还用玉竹与党参合用制成浸膏，适用于心绞痛患者，对阴虚干咳有一定疗效，也用于糖尿病。玉竹含生物碱、强心苷（为铃兰苷、铃兰苦苷等）、黏液质，经水解后产生果糖、葡萄糖及阿拉伯糖。此外还含有白屈菜酸、菠酸、维生素 A 类物质，并有显著的生物碱反应。玉竹中含的铃兰苷有强心作用，小剂量可使心搏增速和加强，大剂量则相反。玉竹煎剂对心脏和血管的作用，与文献报告中玉竹苷的作用相符合。生于山野林下或石隙间，喜阴湿处。分布于东北、华北、河南、陕西、甘肃、青海、山东、安徽、江苏、浙江、江西、台湾、湖南、湖北。花期 4～5 月。果期 8～9 月。

【栽培技术】

（1）基地选择　性喜阴湿、凉爽气候，适宜于在微酸性黄沙土壤中生长。以黄色、微酸性沙质壤土、土层深厚、肥沃疏松、排水良好、向阳坡地为宜。土质过黏，排水不良，湿度过大的地方不宜种植。

在前作物收获后，立即耕翻，深 30 厘米以上，耙碎土块，做畦。中国南方多采用高畦，一般畦宽 130～160 厘米，沟宽 33 厘米、深 17～20 厘米。北方多采用平畦或低畦。将畦造好后，每 667 米^2 用堆肥、土杂肥等约 2 500～3 000 千克撒于畦面，再翻入土中。

（2）种植方法

选种：玉竹通常用根状茎繁殖，繁殖速度很快。根状茎每年长一节，可用来判断生长年限。每个节可生长 2～3 个分枝，2 年可生长 6～9 个分枝。要选当年生、芽端整齐、略向内凹的粗壮分枝。瘦弱细小和芽端尖锐向外突出的分枝及老的分枝不能发芽，不宜留

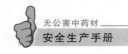
种，否则营养不足，生活力不强，影响后代，品质差，产量低。也不宜用主茎留种，因主茎又大又长，成本太高，同时去掉主茎就会严重影响产品质量，不易销售。

栽种：于秋季收获时，选好种，随挖，随选，随种。一般在10月上旬至下旬栽种，最迟不超过11月上旬，过迟会影响当年新生根的发育。栽种时，应选阴天或晴天栽种，于畦上开横沟，行距30厘米，沟深17～20厘米，种茎距离（株距）13～17厘米。种茎排放方法有双排并栽和单排密植。

双排并栽法：即将种茎在横沟内摆成"八"字形，其芽头，一行向右，另一行向左，放于沟中用土压实，并注意在畦两边的芽头，应向畦内为好，以免长出畦外。

单排密植法：即将种茎在横沟中顺排摆成单行，芽头一左一右，其优点是植株长出土面，易受阳光照射，促进光合作用，有利提高产量。依照上述方法栽完第一行后，随即盖上腐熟干肥，再盖一层细土与畦面齐平，然后照前法栽种第二行。

【生长发育】

玉竹对环境条件适应性较强，对土壤条件要求不严，但宜生长在湿润的地方。一般温度在9～13℃，根茎出苗，18～22℃时现蕾开花，19～25℃地下根茎增粗。种子上胚轴有休眠特性，低温能解除其休眠，胚后熟需25℃80天以上才能完成。故要使种子正常、快速发育，必须先将种子置25℃条件后熟80～100天，然后置0～5℃条件下1个月左右。再移至室温下，就可正常发芽。但生产上一般不用种子繁殖。种子寿命为2年。水分对玉竹生长较为重要，一般全月平均降水在150～200毫米时地下根茎发育最旺，降水在25～50毫米以下时，生长缓慢。

【田间管理】

中耕除草：玉竹栽后当年不出苗，第二年春季出苗后，及时除草，第一次可用手拔或浅锄，以免锄伤嫩芽，以后应保持土面无杂草。到第三年根茎已密布地表层，只宜用手拔除杂草。

追肥：玉竹栽后当年冬季，在行间开浅沟，每667米^{2}用人畜肥 800～1 200 千克施入，然后盖土过冬，于第二年苗高 7～10 厘米时，再施肥一次。至冬季倒苗后，在行间浅松表土，撒施腐熟干肥（牛粪、土杂堆肥）一层，每 667 米² 用量 4 000～5 000 千克，施后培土 7～10 厘米，此外，如加盖青草或枯枝落叶，可增加肥效，保持表土疏松湿润，促使新茎粗大肥厚色白。并能防止雨水冲刷及防止新根露出土面，到第三年春季出苗后，每 667 米² 施入人畜水肥 1 000～2 000 千克，然后培土上厢，到秋季即可收获。

间作玉竹一般生长 3～4 年，可在第一、二年内套种大豆、豌豆等作物。

【病虫害防治】

玉竹锈病：危害不重。春末夏初，病菌在低温或中等温度而湿度较高时主要危害叶片，叶面有圆形或不规则形褐黄色斑，直径 1～10 毫米，背面集生黄色杯状小颗粒（病菌锈孢子器）。可喷洒粉锈宁液防治，或发现病株进行清除（少量病株）。

灰斑病：罹病叶片斑圆形，边缘紫色，中央灰色，常受叶脉所限呈条斑，严重时叶片枯死。5～7 月发生用波尔多液喷治。

紫轮病：为真菌性病害，主要为害叶片。病斑生于叶两面，圆形至椭圆形，直径 2～5 毫米，初期红色，后中央呈灰色至灰褐色，上生黑色小点，为病原菌的分生孢子器。收获后要彻底清洁田园，及时摘除病叶集中深埋或烧掉。

虫害主要是蛴螬。在冬春季检查越冬场所，消灭成虫；利用成虫假死性进行人工捕杀；避免与马铃薯地邻作；或用敌百虫晶体防治。

【采收、加工及贮藏】

玉竹种植一年后即可收获，但产量低，大小还不到规格。2～3 年生的玉竹收获最好，产量高，质量好。4 年生的产量更高，但质量下降，纤维素增多，有效成分下降。一般于栽后 2～3 年，于 8 月中旬采挖。选雨后晴天、土壤稍干时，用刀齐地将茎叶割去，然后用齿耙顺行挖根，抖去泥沙，按大小分级，放在阳光下暴晒 3～

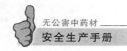
4 天，至外表变软、有黏液渗出时，置竹篓中轻轻撞击根毛和泥沙，继续晾晒至由白变黄时，用手搓擦或两脚反复踩揉，如此反复数次，至柔软光滑、无硬心、色黄白时，晒干即可。也可将鲜玉竹用蒸笼蒸透，随后边晒边揉，反复多次，直至软而透明时，再晒干。

玉竹片只能纵刨，不能横刨、斜刨。要刨得很薄，厚度要求0.1 厘米以下。刨出的玉竹片也要及时晒干，否则也很容易发霉变质或色泽不白。一般开刨的当天就可以晒干。如果天气不好就不要开刨。

【商品规格】

玉竹条：统装，有些分为两个等级，好的要求粗壮饱满无皱纹、色泽棕黄（或棕褐）、新鲜透亮、长度在 10 厘米、直径在 1 厘米以上，其余的为等外级。

玉竹片：晒干后进行选片，分级包装。现一般分两级：选片要求色泽白，无边皮，长度一般在 7 厘米以上；差的叫统片，是那些边皮和很短很窄的心皮。也有的分三级，再在选片中选出一些最好的，长 15 厘米、宽 10 厘米以上，叫摆片，在包装时要一片一片地摆放整齐。

36. 黄精

百合科黄精属多年生草本。干燥根茎入药。性平，味甘。具补脾润肺、益气养阴之功效。主产于河北、内蒙古、陕西等地。花期5～6 月。果期 7～9 月。

【栽培技术】

（1）基地选择　选择湿润和有充分荫蔽的地块，土壤以质地疏松、保水力好的壤土或沙壤土为宜。播种前先深翻一遍，结合整地每 667 米^2 施农家肥 2 000 千克，翻入土中作基肥，然后耙细整平，做畦，畦宽 1.2 米。黄精的适应性很强，能耐寒冬，喜阴湿，耐寒性强。在干燥地区生长不良，在湿润荫蔽的环境生长良好，生长环境选择性强，喜生于土壤肥沃、表层水分充足、上层透光性强的林缘、草丛或林下开阔地带，在黏重、土薄、干旱、积水、低洼、石子多的地方不宜种植。

（2）种植方法

根状茎繁殖：于晚秋或早春3月下旬前后选1~2年生健壮、无病虫害的植株根茎。选取先端幼嫩部分，截成数段，每段有3~4节，伤口稍加晾干，按行距22~24厘米，株距10~16厘米，深5厘米栽种，覆土后稍加镇压并浇水，以后每隔3~5天浇水1次，使土壤保持湿润。于秋末种植时，应在上冻后盖一些圈肥和草以保暖。

种子繁殖：8月种子成熟后选取成熟饱满的种子立即进行沙藏处理：种子1份，沙土3份混合均匀。存于背阴处30厘米深的坑内，保持湿润。待第二年3月下旬筛出种子，按行距12~15厘米均匀撒播到畦面的浅沟内，盖土约1.5厘米，稍压后浇水，并盖一层草保湿。出苗前去掉盖草，苗高6~9厘米时，过密处可适当间苗，1年后移栽。为满足黄精生长所需的荫蔽条件，可在畦埂上种植玉米。

【生长发育】

黄精种子呈圆珠形，种子坚硬，种脐明显，呈深褐色，千粒重33克左右。室温干燥贮藏的种子发芽率低，低温沙藏和冷冻沙藏的种子发芽率高，有利于种胚发育，打破种子休眠，缩短发芽时间，发芽整齐，种子适宜发芽温度25~27℃，在常温下干燥贮藏发芽率62%，拌湿沙在1~7℃下贮藏发芽率高达96%。所以黄精种子必须经过处理后，才能用于播种。种子发芽时间较长，发芽率60%以上，种子寿命为2年。

【田间管理】

生长前期要经常中耕除草，每年于4、6、9、11月各进行1次，宜浅锄并适当培土；后期拔草即可。若遇干旱或种在较向阳、干旱地方的需要及时浇水。每年结合中耕除草进行追肥，前3次中耕后每667米² 施用土杂肥1 500千克，过磷酸钙50千克，饼肥50千克，混合拌匀后于行间开沟施入，施后覆土盖肥。黄精忌水和喜荫蔽，应注意排水和间作玉米。

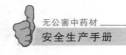
【病虫害防治】

黑斑病多于春夏秋发生，为害叶片。收获时要清园，消灭病残体；前期喷施波尔多液，每 7 天 1 次，连续 3 次。

蛴螬以幼虫为害，为害根部，咬断幼苗或嚼食苗根，造成断苗或根部空洞，危害严重。可用辛硫磷乳油按种子量 0.1% 拌种；或在田间发生期，用敌百虫液浇灌。

【采收、加工及贮藏】

一般春、秋两季采收，以秋季采收质量好。栽培 3～4 年秋季地上部枯萎后采收，挖取根茎，除去地上部分及须根，洗去泥土，置蒸笼内蒸至呈现油润时，取出晒干或烘干，或置水中煮沸后，捞出晒干或烘干。黄精可采用根茎及种子繁殖，但生产上以使用根茎繁殖为佳，于晚秋或早春 3 月下旬前后，选取健壮、无病的植株挖取地下根茎即可作为繁殖材料，直接种植。

【商品规格】

以味甜不苦，无白心，无须根，无霉变，无虫蛀，无农药和残留物超标为合格。均为统货。以块大，肥润色黄，断面半透明为佳品。

37. 山药

薯蓣科薯蓣属多年生缠绕草本。以块根入药。叶腋间气生块茎称零余子。味甘，性平。有健脾止泻、补肺益肾的功能。用于脾虚久泻、慢性肠炎、肺虚咳喘、慢性肾炎、糖尿病、遗精、白带等症。山药喜温暖、阳光充足、土壤深厚的环境条件。土壤过黏和排水不良则不利于生长。根茎在温度 13℃ 以上时发芽出苗。主产河南、山西、陕西等省；山东、河北、浙江、湖南、四川、云南、贵州、广西等地亦有栽培。花期 6～7 月。果期 7～9 月。

【栽培技术】

（1）基地选择　山药是深根植物，根茎生长需要较深厚的土层，故宜选择阳光充足、较肥沃的壤土。深耕后越冬，翌年春，种前每 667 米² 撒施厩肥 4 000～5 000 千克，耙平地面。南方雨水多，宜起高 25～30 厘米、宽 60～70 厘米的畦；北方雨水少，栽植时每栽 4～5 行起高 10～15 厘米的畦埂。

（2）种植方法　用根茎和块茎繁殖。

根茎繁殖：选粗壮、无病虫害的根茎头部（长 20～25 厘米，又称龙头）作种，在种植前把它切下，再切成 5～6 厘米的小段，切口蘸以石灰，晾干切口即可种植。

块茎繁殖：利用茎蔓上的珠芽（又称零余子）作种。块茎繁殖栽培后的根茎较小，产量低，此法多用于繁殖作种用的龙头。

3～4 月份气温回升后，整地栽培，根据畦面的宽窄按单行或双行开沟种植，沟深 6～10 厘米，种单行的株距约 12 厘米；种双行的行距 25～30 厘米，株距 20 厘米。把根茎或块茎平放在沟内，然后覆土平畦面。

【生长发育】

山药在地温达到 13℃以上时，才能发芽出苗。以龙头作种，栽后先生芽后生根；零余子栽种，先生根后生芽。7 月上旬至 8 月上旬，先后于叶腋间生有气生块茎。8 月中旬至 9 月下旬为地下茎迅速生长发育时期。霜降过后，茎叶枯萎，块根进入休眠期。

【田间管理】

中耕除草施肥：山药是喜肥作物，结合中耕除草，每年追肥 4～5 次，第一次在苗高 30 厘米左右时每 667 米² 施稀薄粪水 500 千克催苗；第二次在 6～7 月份，施水肥或尿素，促进枝叶繁茂；第四次于 8 月中旬，结合培土每 667 米² 施厩肥 1 000～2 000 千克，促进根茎生长。

设支柱、打顶：植株高 20 厘米时，及时用竹条或树枝插在株旁，让茎蔓缠绕。茎蔓长到支柱顶部时，将蔓顶摘去，促进较多的分枝。

灌溉排水：9～10 月是根茎生长最快的时期，如遇干旱应及时灌溉。雨季注意排水，预防烂根。

【病虫害防治】

炭疽病：危害茎叶，高温多湿时发生严重。发病时用 65% 代

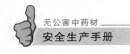
森锌 500 倍液或 50％甲基托布津 1 000～1 500 倍液喷洒。

褐斑病：危害叶片，呈褐色病斑，后期穿孔。防治同炭疽病。

蓼叶蜂：于 5～9 月份以黑色的幼虫密集叶背为害。幼龄期用 90％敌百虫 1 000 倍液喷杀。

【采收、加工及贮藏】

当年秋冬，地上部分枯萎即可挖取根茎加工。切取上端的龙头留作种用，其余水洗干净，刮净须根和外皮，用清水浸 24 小时，洗去黏胶质，晾干表面水分，放入熏柜（器）用硫黄熏至透心，取出晒干或烘干。

由于含有多量的黏液和淀粉，如果受潮则易变软发黏，2 周左右就会发霉，皮色变黄，并最易生虫，故在贮藏过程中应防止湿气的侵入。其具体方法是：宜用木箱包装，箱内用牛皮纸铺垫，箱角衬以刨花或木丝，然后将山药排列整齐装入，上面同样盖纸，钉箱密封，置于通风、凉爽、干燥处所；其贮藏处应稍垫高，离墙堆放，以利通风透气；梅雨季节之前，应开箱暴晒，并用硫黄预熏一次，在夏季中再熏一次，这样就可以安全度夏；春末至秋初，应每周检查一次，如发现轻微的霉点，可在阳光下摊晒，再用刷子、纱布或锉刀除去霉斑，然后以山药粉拌之，晒干（如太阳过烈，可在山药上面遮盖薄纸，以免晒裂发黄）；如发现虫蛀，最好用硫黄熏蒸，既可杀虫，又使山药洁白。

【商品规格】

按加工方法不同分为光山药、毛山药两个规格，各按个头长短粗细分为 4 个等级。其规格等级标准为：

（1）光山药

一等：呈圆柱形，条匀挺直，光滑圆润，两头平齐，内外均为白色。质坚实，粉性足。味淡。长 15 厘米以上，直径 2.3 厘米以上，无裂痕、空心。

二等：长 13 厘米以上，直径 1.7 厘米以上，其余同一等。

三等：长 10 厘米以上，直径 1 厘米以上，其余同一等。

四等：长短不分，间有碎块，直径 0.8 厘米以上，其余同一等。

（2）毛山药

一等：略弯曲稍扁，有顺纹或抽沟，去净外皮，内外均为白色或黄白色，粉性味淡，长 15 厘米以上，中部围粗 10 厘米以上。

二等：长 10 厘米以上，中部围粗 6 厘米以上，其余同一等。

三等：长 7 厘米以上，中部围粗 3 厘米以上，其余同一等。

出口山药按其粗细、长短、重量分等出售。

山药质量，以色白黄，无外皮、黑斑、虫蛀、霉变者为合格品；以条粗、质坚实、粉性足、色白者为佳。

38. 射干

鸢尾科射干属多年生草本。别名乌扇、扁竹、蝴蝶花等。根入药。具有清热解毒、祛痰利咽、活血消肿功能。主治咽喉肿痛、腮腺炎、咳嗽多痰。野生于山坡、草地、林缘、沟边或栽培。主产于湖北、河南、江苏、安徽，中国大部分地区有栽培。花期 7～8 月。果期 9 月。

【栽培技术】

（1）基地选择　喜温暖湿润气候。适应性强，对土壤要求不严，山坡荒地均能生长。耐干旱、耐寒，幼苗能忍受－20℃低温，忌积水。以地势高燥、排水良好、土层肥沃深厚的沙质土壤为宜。不宜栽培在低洼积水地区。

（2）种植方法

种子繁殖：射干种子在 8～14℃时开始发芽，温度高达 30℃时，其发芽率显著降低。出苗慢，不整齐，持续时间长达 40～50天，采种后用湿沙贮藏的种子发芽率高，晒干的种子发芽率低（仅达 45％～50％）而且慢，延续时间更长。育苗地施基肥后整平做畦，播种期适于春秋两季（其时温度适于出苗）。春季在 3 月下旬将种子撒于畦内，覆土 5 厘米，稍加镇压后浇水，约 2 周后出苗。播种量每 667 米² 育苗地 10 千克，可移栽 7 倍面积的大田。秋播在地冻前，播种方法同上，次春 4 月初出苗，苗床管理简单，浇水2～3 次、勤除草。在育苗当年 5～6 月、苗高 6 厘米左右时，定植到大田，行株距 45～60 厘米。而后灌水。成活率高达 95％。种子

繁殖系数较高，植株生长健壮。

根茎繁殖：射干有数十枚根茎，生活力强，故可用根茎繁殖。栽种时期一般在返青前进行，将苗刨出按自然生长形状劈开，每个根状茎需有 2 个芽。栽时芽朝上。如芽白色可埋入土中，如芽已成绿色可露出地面。行株距同上。开沟深 15 厘米。须根过长可剪留 5 厘米左右。将盖土压紧，然后浇水。

【生长发育】

射干适应性强，属低温萌发型。根据观察，11 月底至 12 月上旬播种，翌年 1 月下旬种子已萌发 50％以上，5～7 月气温25～30℃，光照时间长，雨量充足时生长旺盛，10 月开始抽薹孕蕾，开花结果。随着气温逐渐下降，雨水减少，植株叶片由尖端开始变黄，进入 11 月地上部分植株枯萎，越冬休眠。翌年春，随气温上升重新萌发。

【田间管理】

中耕培土：春季应勤除草和松土，6 月封垄后不再除草松土，在根际培土防止倒伏。

追肥：栽植第二年，于早春在行间开沟，每 667 米^2 施土杂肥 2 000 千克或人粪尿 700 千克，加过磷酸钙 15～20 千克作追肥。

浇水：射干虽喜干旱、耐严寒，但在出苗期和定苗期需浇水。保持田间湿润，幼苗高达 10 厘米时可不浇水。雨季应注意排水，防止田间积水而造成烂根。

摘花：种子繁殖的射干翌年开花结实。根状茎繁殖的当年开花结实。花期长，开花结果多。在不留种的地块抽薹时摘花 2～3 次，以利根茎生长。

【病虫害防治】

射干易生锈病，常于秋季危害，叶片出现褐色隆起的锈斑。成株发生早，幼苗发生较晚。在发病初期用 95％敌锈钠 400 倍液喷洒，每 7～10 天 1 次，连续喷洒 2～3 次。

虫害有蛴螬、蝼蛄等，可用毒饵诱杀。

【采收、加工及贮藏】

射干在生长 2 年后（种子繁殖需 2 年，根茎繁殖只需 1 年）的寒露时刨收。将刨出的根茎去掉茎秆和须根，洗净晒干即可出售。

药材包装后应存放在仓库货架上，仓库要通风、避光、干燥，并定期检查，防止虫蛀、霉变、腐烂、泛油等现象发生。

【商品规格】

以无细根、泥沙、杂质、霉变、虫蛀为合格。以粗壮、质坚、断面色黄者为佳。3～4 千克鲜根茎可加工成 1 千克干货。

39. 天麻

兰科天麻属多年生腐生草本，与蜜环菌共生。别名明天麻、赤箭。味甘，性微寒。具有祛风定惊、明肝熄风等功能。主治风湿腰腿痛、头痛眩晕、口眼歪斜、四肢痉挛、小儿惊厥、高血压等症。生于疏林下、林中空地、林缘、灌丛边缘，海拔 400～3 200 米处。通常生长在腐烂树附近。分布于吉林、辽宁、内蒙古、河北、山西、陕西、甘肃、江苏、安徽、浙江、江西、台湾、河南、湖北、湖南、四川、贵州、云南和西藏。花期 5～6 月。果期 6～7 月。

【栽培技术】

（1）基地选择　选择富含腐殖质的沙土或沙壤土。夏季温度过高的要有遮阴条件。

（2）种植方法

选地与选材：具备天麻生长所需的适温和适湿的任何地方，都可作为培养地。如南方的地道、防空洞、人防工程，东北的室内。选择适合蜜环菌腐生的木材，如栎、桦、台湾相思、蔷薇科植物等。将此类植物树干、枝砍下后，锯成长 0.5 米的段木，再劈成径粗约 10 厘米的木棒（称菌木）。菌木边砍 3 行鱼鳞口。

培育菌材：在选好的地上挖深为 0.5 米、宽 0.6 米左右、长为菌木长度 2 倍的坑。在山林寻找有蜜环菌的菌材或培育过天麻的旧菌材。把菌木并排放入坑底，第二层按此法铺入菌材，第三和第四层分别铺菌木和菌材，可放 5 层。凡菌木或菌材之间的空隙均用木屑、树叶或土填充压紧，然后盖土，使之高出地面 10 厘米，成龟

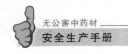
背形，以防积水。在适温、适湿下，约 50 天即可使菌木培育成为有旺盛蜜环菌的新菌材。

块茎繁殖：以培育菌材的方法挖坑（俗称窖），坑底铺树叶或松土，然后把新菌材和菌木各一条搭配成双，平放于树叶上，每双菌材和菌木之间的空隙约 10 厘米，在每条菌材边上放进作种用的天麻小球茎 5～6 粒，重约 50 克，然后用泥土或树叶、木屑填平至菌材高，依此法再下第二三层的菌材、菌木和天麻小球茎。顶层覆土成龟背形。

种子繁殖：首先于 3～4 月份培育菌床，方法同培育菌材相同，只是坑较浅，够放二层菌木、菌材即可。7 月份种子成熟后，挖开菌床表土，轻轻取出上层菌材，下层不动，然后铺一薄层树叶并轻压，接着均匀播下种子，再放回第一层的菌材，最后盖土成浅龟背形。

【生长发育】

将感染了紫萁小菇的菌叶，置培养皿中保湿在海绵上，在 25℃恒温下培养 40 天左右，在白色菌丝丛中分化菌蕾，2～3 天发育成菌蕾，3～6 天后菌盖平展，菌柄伸长，子实体发育成熟。

小菇属几种萌发菌的菌落，菌丝形态相似，菌落规则，菌丝白，气生菌丝发达，索状联合明显，菌丝生长旺盛，以石斛小菇生长最快。

【田间管理】

天麻田间管理中最主要的环节是温度与水分的调节控制。

温度的调节：关键是冬、夏季在坑上覆盖树叶、树枝等，以达到保温（冬）降温（夏）的目的。春、秋季要去掉杂草及覆盖物，以增加地温。

水分的控制：天麻在春、秋季需水不大，如遇雨水多，要及时排水，降低土壤湿度。夏季（6、7、8 月）天麻生长旺、需水大。如天气干旱，要及时浇水，也可在坑上盖草保湿。但也不能积水，尤其是平原栽麻和易积水的坑。

光照：天麻抽薹时，要有遮阴条件，以免阳光过强烧伤花薹。

【病虫害防治】

天麻产量影响较大的病害主要有两类：一类是由于受到有害微生物侵染而引起的病害称为病原性病害；另一类是生理性的块茎腐烂病。

（1）块茎软腐烂病

病状：发生软腐烂病的块茎，皮部萎黄、中心组织腐烂，掰开茎，内部变成异臭稀浆状，有的组织内部充满黄白色或棕红色的蜜环菌菌丝，严重时整窖腐烂。

发生原因：栽培场地选择不当，采用碱性土壤栽培导致失败。长期处于高温环境，种麻在贮运过程中受阳光直射，或在 27℃ 以上的环境下时间过长，或受浸泡等；栽培穴受 27℃ 以上高温或 70％ 以上高湿的影响。

防治方法：严格选择菌材和菌床，栽培场地要选择偏酸的沙质土地；严格挑选种麻，选择无病虫危害、健壮、没有受高温高湿危害的箭麻做种；严格田间管理，控制适宜的温度和湿度，避免穴内长期积水或干旱。

（2）杂菌　危害天麻及菌材最严重的是和蜜环菌同类的其他担子菌，菌丝及菌索类似蜜环菌，但菌索扁圆，没有发光特性，腐生于菌材上，与蜜环菌争夺营养，抑制蜜环菌的生长。防治方法：选择培养场地时，一定要选择环境中杂菌较少，不带菌或带菌少的生荒地；选择优良的蜜环菌菌种，加大菌种用量，造成蜜环菌的生长优势，以抑制杂菌的生长繁殖；培菌和栽培场地要挖好排水沟；及时灭菌。如在培养过程中发现有杂菌，要及时采取防治措施。

（3）虫害　天麻的虫害有蛴螬、跳虫、蝼蛄、介壳虫、白蚁等。

蛴螬和蝼蛄：100 米^2 内用 90％ 敌百虫或 50％ 的辛硫磷 0.15 千克加少量水稀释，拌细土 10～15 千克制成毒土撒施。

跳虫：跳虫体形小，色白，一般以较高的湿度为生存条件，20～25℃ 最活跃，一年可繁殖 6～7 代。主要咬食菌棒皮层内的菌膜，也吃食天麻块茎，使天麻块茎出现坏洞。在发生盛期可用

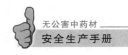

1：800～1 000 倍的敌敌畏或 0.1％鱼藤精喷施或浇灌，或用 4 片/米² 磷化铝熏杀。

白蚁：白蚁除危害菌材外，还蛀食天麻原球茎及块茎，在危害盛期可用灭蚁粉毒杀。

介壳虫：主要是粉蚧危害天麻块茎。一般由菌材、新材等树木带入窖内。危害后天麻长势减弱，品质降低。如发生危害，应将此穴天麻及时翻挖，全部加工成商品麻出售，严禁留种，并将此穴菌材焚烧，以防蔓延。

【采收、加工及贮藏】

天麻的采收时间一般在深秋或初冬（即 10～11 月），这时天麻已停止生长，采收既便于收获和加工，还有利于收获后及时栽培，同时，此期间采收的天麻不仅产量高，而且质量好。采收天麻时要认真细致，注意不要损伤麻体。首先应小心地将表土扒去，取出土上层菌材以及填充料，然后轻轻地将天麻取出，这样一层一层地收获。取出的天麻要进行分类，箭麻和大白麻需及时加工，小白麻和米麻做种用。做种用的要特别注意妥善保管，以免造成烂种，其具体保管方法是：先用手捏细土能成团，松手可散开为度的湿润细土撒在平地上，以 5～10 厘米厚为宜，然后将麻种单摆在上面，上面再撒 5 厘米厚的细润土，注意放种时要小心轻放。但是，这样保管也不能过长，否则会造成烂种，最好是采收和栽培同时进行，这就需要事先备好新菌材和木段。

用笼蒸法加工。先用大火将空蒸笼放在锅中加水蒸至上汽，即锅底水已沸腾，然后将天麻按大、中、小分别放进蒸笼里蒸煮。大天麻蒸 40～50 分钟、中等蒸半小时左右、小的蒸 10～20 分钟，以蒸透为宜，即对着光看不见黑心为准。蒸好后，取出放在事先备好的火烤架上进行烘烤，并用少量硫黄熏蒸 1 次，一般每 10 千克鲜天麻可放硫黄 3～5 克。烘烤时要经常翻动，开始火可旺点，当烘烤至麻体开始变软时，即转为文火烘烤，以避免麻体形成离层，出现空心，影响质量。一旦麻体出现生泡，要用竹针扎入麻体。当烘烤到 6～7 成干时，取出用木板压扁，压扁后再烘烤至全干即成商品天麻。这样加工的天麻色泽鲜艳，质量好，同时，也可放在阳光下暴晒，但所需时间长，不利提高质量。如果白天放在阳光下暴晒，晚上进行烘烤，可节省部分燃料。

【商品规格】

一等：块茎呈扁平状长椭圆形，表面黄白色，半透明，质坚硬，不易折断，断面较平，黄白色，味甘微辛。平均单体重38克，每千克26个以内。无空心、枯炕、虫蛀和霉变。

二等：块茎呈扁平长椭圆形，表面黄白色，半透明，质较硬，断面角质状、黄白色，味甘微辛。平均单体重22克，每千克46个以内。无空心、虫蛀和霉变。

三等：块茎呈长椭圆形，扁缩而弯曲，表面黄白色或褐色，半透明，质较硬，断面角质状、黄白色或淡棕色。平均单体重11克以上，每千克90个以内。无虫蛀和霉变。

40. 太子参

石竹科多年生宿根性草本植物。别名孩儿参、童参、四叶参、异叶假繁缕等。以块根入药。性平，味甘、微苦；归脾、肺经。具益气健脾、生津润肺的功效。主要用于脾虚体倦、食欲不振、病后虚弱、气阴不足、自汗口渴、肺燥干咳等症。太子参主要含甾醇类、皂苷类、环肽类、太子参多糖、挥发油、脂肪酸、氨基酸和微量元素等。现代药理研究表明，太子参具有增强免疫力、抗疲劳、抗应激作用，能明显延长果蝇寿命等。太子参生于山坡林下阴湿地或石缝中。野生太子参主要分布于江苏、安徽、浙江、河南、山东、湖北、湖南、四川、福建、陕西、河北、内蒙古、黑龙江、吉林、辽宁、西藏等地；国外朝鲜、日本等亦有分布。太子参商品的主要产地则有江苏、安徽、山东三省，栽培历史已过百年。目前太子参的栽培产区主要有：江苏省的南京、句容、溧阳、丹阳、赣榆；安徽省的巢湖、滁州、宣城等；山东省的临沂、临沭、莒南等；福建省的柘荣、福安、福鼎、霞浦；浙江省的长兴、泰顺等；江西省的九江；上海市的崇明等。花期4～5月，果期5～6月。

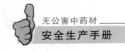
【栽培技术】

（1）基地选择　宜选排灌条件良好、土质疏松、肥沃的沙质壤土为好，不宜重茬，前茬作物以甘薯、叶菜类蔬菜、禾谷类作物等为好。也可在选择生产用地时，选择丘陵坡地与地势较高的平地，或新开垦过两年的"二道荒"种植太子参，以朝北、向东朝向最适宜。种植地先要精耕细作，深耕20～30厘米，施足底肥，应以厩肥等土杂肥为主。南方地区应当作瓦背形高畦高垄，有利排水。

（2）种植方法　太子参有种子繁殖和分根繁殖两种方法。由于种子繁殖生长发育进程慢，植株矮小，参根少，产量低，故生产上普遍采用分根繁殖。

分根繁殖：一般在留种地内边收获边选种，将芽头完整、参体肥壮、均匀整齐、无碰伤、无病虫危害的块根作种参用。有时尚需要将选好的种参存放在背阳或凉爽处，用湿沙和种参成排（层）堆放，细心管护。一般在10月上旬（寒露）至地面封冻之前栽种，栽种方法有平栽和竖栽两种。栽种深度对块根和发育影响较大，一般生产上种植深度控制在5～9厘米，每667米^{2}用重量在50千克左右。

种子繁殖：种子繁殖对降低太子参花叶病等意义重大，是目前太子参更新复壮的有效措施。太子参为瓣裂蒴果，成熟后自行破裂，散落种子难以采集，一般于5～6月种子成熟时将果实剪下，室内通风阴干，脱粒净选，混沙湿藏。秋播时，用清水洗净，稍晾，用赤霉素处理10分钟，再拌3份湿沙播种。也可春播。生产上又分为直播和育苗移栽。

【生长发育】

太子参种子发芽后长出幼苗，其根头（根颈）上芽基部与地下茎的茎节处产生不定根，其膨大形成小块根；胚根（种根）在生长发育过程中，前期起到吸收水分和养分的作用，自身稍有膨大，但后期退化，直至腐烂。由此可知，太子参块根是由无性系不定根发育长大形成。太子参具有"茎节生根"而膨大形成块根的特性。从子苗或种参长出的地下茎节上产生不定根形成子参；在子参根头的新芽基部又能长成孙参，相继延续长出多级新根。

栽培太子参主要用块根进行营养繁殖。全年生育期 4 个月左右，其周年生长发育过程大致可分为萌发生长阶段、旺盛生长阶段、块根膨大阶段、休眠阶段。

【田间管理】

（1）适时除草　幼苗出土时，生长相对缓慢，越冬杂草繁生，可用小锄浅锄一次，其余时间宜人工拔草。植株封行后，停止中耕，少量杂草，手工拔除；5 月上旬后，已封行封垄，除了拔除大草外，可停止除草，以免影响块根生长。

（2）适时培土　早春出苗后，整理畦沟，将畦边塌陷的土整到畦上，或用客土培土，使畦边整齐、畦面平整。培土高 1～2 厘米，有利于发根和根的生长。

（3）适时排灌　太子参喜湿怕涝。栽种后若土壤干旱，可向沟内缓慢放水，俗称"透水"。在干旱少雨季节，应注意灌溉，保持畦面湿润。块根膨大期要勤浇水，促进块根生长。另外，雨季应注意及时排水，以防积水造成烂根。

（4）追肥　一般在施足基肥的情况下，可以不再追肥。如土壤肥力较低、植株相对瘦弱，则应当在生长早期适当追肥，应以腐熟的有机肥为主，切忌追肥过量，以防植株地上部分徒长。

【病虫害防治】

叶斑病：一般在春夏多雨期间发生，叶面呈黄色斑点，严重时叶片枯萎，植株死亡。防治方法：在发病初期用 1∶1∶100 的波尔多液，每隔 10 天喷 1 次，或用 65％代森锌可湿性粉剂 500～600倍液喷雾防治。发病后用 75％百菌清可湿性粉剂 600 倍液，或用70％甲基托布津 1 000 倍液喷雾防治，每隔 7～10 天喷 1 次，连续3 次。

花叶病：受害植株叶片皱缩是当前太子参生产中最大的问题，花叶、植株萎缩，块根变小，参根严重退化，产量和品质严重下降。防治方法：①切断蚜虫传播花叶病毒途径，做到及时防治。②通过组织培养、快速繁殖等生物技术培育并提供无毒种苗和脱毒

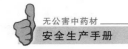
种苗。③选择无病株留种。④避免连作，前茬作物宜选抗花叶病毒的作物品种。⑤加强田间管理，促苗壮苗，抗高植株抗病毒能力。

根腐病：多发生在高温高湿的炎热夏季尤其是雨水过多的月份，低洼地更容易发生。主要危害根颈部和叶栖处，造成烂斑，最后变黑而腐烂。防治方法：①避免选择低洼地，雨后及时排水。②发病初期用50%多菌灵或50%甲基托布津可湿性粉剂1 000倍液浇灌病株，也可用65%代森锌可湿性粉剂600～800倍液喷雾或用1：1：100的波尔多液喷雾。③注意轮作，避免连作。

虫害：主要害虫有蛴螬、地老虎、蝼蛄、金针虫和蚜虫等。一般在块根膨大、地上部分即将枯萎时危害最烈。防治方法：发病初期用50%多菌灵100倍液或75%辛硫磷乳油700倍液浇灌，或用麦麸、豆饼等炒香，加敌百虫、加适量水制成毒饵诱杀。

【采收、加工及贮藏】

6月下旬（夏至）前后，植株地上部分开始枯萎，则应及时收获。宜选晴天，一般起收挖深10～12厘米，细心采挖，拣净块根。

太子参产地加工通常有烫制晒干、生品直接晒干两种方法。折干率约30%，加工宜选晴天进行，否则应尽快烘干。

太子参产品短期贮存需放在仓库通风干燥处，防止潮湿、霉变、虫蛀。

【商品规格】

本品以身干、无细根、大小均匀、色泽微黄者为佳。其中烫制参以面光色泽好，呈淡黄色，质地较柔软为佳；生晒制参以牙黄色，断面类白色，粗壮，无须根泥杂，大小均匀，有粉性为佳。

41. 白术

菊科多年生草本植物。别名于术、冬术和浙术。以地下根茎入药。味苦，甘，性温；归脾、胃经。具补中益气、健胃和脾、燥湿利水、安胎止汗之功效。主治脾胃气虚、食少胀满、呕吐泄泻、胎动不安、妊娠水肿等症。

主产于浙江、江苏、安徽、湖北、江西、福建等省，现全国各地均有栽培。花期7～9月，果期10～11月。

【栽培技术】

（1）基地选择　白术喜凉爽气候，耐寒，怕高温潮湿，怕干旱。对土壤要求不严，在疏松肥沃、排水良好的沙质壤土上生长良好。对茬口要求严，前作以禾本科植物或薯类为佳，前作不能为白菜、玄参、板蓝根、烟草、菊花、花生等。忌连作，轮作期至少 5 年。每 667 米² 施堆肥或圈肥 1 500 千克，翻耕 25～30 厘米，耙细整平，作成高 25～30 厘米、宽 120～150 厘米的苗床。种植地选地整地与育苗地相同。

（2）种植方法　白术采用种子繁殖。生产上多为育苗繁殖，也有直播栽培的。

育苗：白术的播种期，南方以 3 月下旬至 4 月上旬为宜，北方以 4 月中下旬为佳。播种主要采用条播，行距 15～20 厘米，播幅 7～10 厘米，沟深 3～5 厘米。将种子均匀撒入沟内，每 667 米² 施钙镁磷肥 40～50 千克，覆盖细土或焦泥灰，厚度约 3 厘米，最后覆盖一层草进行保湿。每 667 米² 播种量 5～6 千克。播种后 7～10 天出苗，苗高 7 厘米左右时按株距 3～5 厘米进行间苗，并结合中耕除草进行第一次追肥，每 667 米² 施人粪尿 1 000～2 000 千克，7 月中下旬进行第二次追肥，每 667 米² 施人粪尿 2 000～2 500 千克。及时进行灌溉排水和病虫害防治。如有植株抽薹，应及早将花序剪除。种栽于 10 月中下旬至 11 月上中旬收获。将种栽摊放于阴凉通风处 2～3 天，待水分合适时进行贮藏，贮藏期间每隔 15～30 天翻检 1 次，及时拣去发病种栽。

移栽：每年 12 月下旬至第二年 2 月下旬可移栽白术苗。在生长 1 年或贮藏的白术苗中选取顶端芽头饱满、表皮细嫩、颈项细长、尾部圆大、个重在 5 克以上的做种茎。栽种方法有穴栽和条栽，通常采用穴栽，按 25～27 厘米行距，20～25 厘米株距挖穴，穴深 7 厘米。栽时芽头向上，栽后覆少许土，压实，覆土厚度以盖过顶芽 4 厘米为宜。

直播栽培：为缩短白术的生产周期，将白术种子直接点播或条播。直播后加强管理，使生长 1 年的白术达到商品标准，每 667

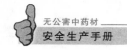
米² 播种量应控制在 2～3 千克，行株距为 20 厘米×15 厘米。

【生长发育】

白术需栽培 2 年才能收获药材商品。第一年，3、4 月份播种，白术种子在 15℃左右萌发出苗，4～5 月幼苗植株生长较快，6～7 月生长较慢，8～9 月生长加快，11 月以后进入休眠期。翌年春季种栽再次萌发，4 月以后生长加快，6～7 月分枝增多，8 月现蕾，9 月盛花期，10～11 结果期。11 月，随着气温下降，地上部分开始枯萎，地下部分进入休眠期，即可收获。其根茎生长发育可分为三个阶段：5～8 月为根茎增长初始期，8～10 月为根茎生长盛期，10～11 月为根茎生长末期。

白术在 15℃开始萌芽，发芽适宜温度为 25～30℃，气温超过 35℃时发芽缓慢甚至霉烂，40℃以上时种子全部失去生命力且霉烂。在气温 18～20℃且水分充足的条件下，播种 10～15 天开始出苗。平均气温在 24～29℃时，植株生长速度随着温度的升高而加快，8 月中旬至 9 月下旬是根茎膨大最快的时期。

【田间管理】

（1）间苗　播种后 10 天左右发芽，幼苗出土生长，应及时进行间苗，以利于壮苗和幼苗生长。

（2）中耕除草　白术齐苗后，进行中耕除草，以保证白术苗正常生长。封行后不应中耕而应用手拔除。若规模种植，应于出苗前采用合适的除草剂进行杂草防除。

（3）肥水管理　在白术出齐苗后结合中耕除草、5 月下旬根茎开始发育膨大的初期、摘蕾后的 1 周内、9 月下旬进行追肥，做到"施足基肥，早施苗肥，重施摘蕾肥"，从而获得高产优质。白术怕涝、忌积水，生长前期要节制用水，雨后及时疏沟排水。天气干旱时间长，要适当浇水，尤其是白术根茎膨大期更应该浇水防旱，保持土壤湿润，以利于植株生长发育。

（4）摘蕾　白术的花蕾较多，摘除花蕾可以减少养分消耗，集中养分于地下根茎。摘蕾应该在早晨露水干后进行，以防病菌感染。

【病虫害防治】

白术病虫害较多，常见的有立枯病、铁叶病、白绢病、根腐病、锈病、蚜虫、小地老虎、金龟子等。因此，对白术病虫害防治的好坏关系到白术高产栽培的成败。对白术病虫害的防治可采取农业防治、生物防治、物理防治等综合防治措施。在做好综合防治的同时，立枯病可用杀毒矾、恶霉灵、腐霉利、甲基托布津等防治；铁叶病可用百菌清、三唑酮、代森锰锌等防治；白绢病可用甲基立枯磷、福美双、腐霉利、异菌脲等防治；根腐病可用爱苗、甲基托布津、恶霉灵、多菌灵等防治；锈病用蓝鑫、粉锈宁等防治。蚜虫可用绝杀、吡虫啉等防治；小地老虎可用溴氰菊酯等防治；金龟子可用乐斯本、辛硫磷等防治。

【采收、加工及贮藏】

白术于 10 月下旬至 11 月中下旬采收。当白术茎变成黄褐色、叶片枯黄时采收。采收时选择晴天，小心拔起全根，抖去泥土，剪去茎叶，将须根运回加工。根不宜堆放和暴晒，以免发热萌发和出油，影响质量。

为了使采收的白术符合规格，保证质量，必须对其进行加工。白术加工有烘干和晒干两种方法，以烘干为主。晒干是将白术鲜品去净泥沙，除掉术秆，晒至足燥为止。在翻动中逐步搓擦去须根，遇雨天要薄薄地堆在通风处，切勿堆得过高或被雨淋。由于白术多产在山区，又是冬天，这时阳光不足，温度也不高，白术不易晒干，要很长时间才能达到干燥要求，并且时间一长，药材易变质，而且加工出的生晒术颜色不好，味不香（挥发油含量低），所以此法一般在产地使用较少。烘干则是将处理后的鲜术放在烘灶的竹帘上，厚约 1 厘米，80℃烘 1 小时，当蒸气上升白术表皮发热，再用小火力温度约 2 小时，将白术上下翻动 1 次，使白术须根全部脱落（细须根用东西装好）继续烘 5～6 小时后将白术全部倒出，至细根须全部脱落，修除术秆，此时叫退毛术。再将白术下炕放置 3 天，使之发汗，再上炕烘烤，并覆盖麻袋，开始火力稍大些，待白术表面稍热些，火力再逐渐下降，温度保持 50℃左右，每 3～4 小时翻动 1 次，持续烘烤 1 天，这时白术已七八成干。也可以在退毛术发汗前，直接上炕再接着烘烤，不过需将大小分开，大的放在底下，小的放在上面，再烘 8～12 小时，温度保持 60～70℃。每 6 小时翻动 1 次，达七八成干出烘，七八成干的称"二复子"。再将"二复子"堆放在室内干燥处 10 天左右，不宜堆高，待回潮（使内心分向外溢出，又吸收空气中表皮转软）后将之按等级分档重放在炕上覆盖麻袋，微火烘烤，此时叫"烘燥术"。用文火 60℃ 左右烘烤，每 6 小时翻动 1 次，视白术大小分别烘 24～36 小时，至翻动时发出咚声时，证明已干透心。在此烘烤阶段，在烘火里加入白术脱落的须使之烘出来的白术色好（黄棕色）、气味芳香。烘白术的关键是根据干湿度，灵活掌握火候，勤翻动，使受热均匀，既要防止高温急干造成烧焦、烘泡（空心），也不能低温火烘变成油闷霉枯。同时，烘灶设备与鲜术必须相适应，如鲜术过多就须分多个烘灶烘，以免堆放时间长，不能及时烘干而严重影响质量。

【商品规格】

一等：干货。呈不规格团块状，体形完整。表面灰棕色或黄褐色。断面黄白色或灰白色。味甘、微辛苦。每千克 40 只以内（最小个体不低于 25 克）。无焦枯、无油点、无杂质、无虫蛀、无霉变。

二等：干货。呈不规格团块状，体形完整。表面灰棕色或黄褐色。断面黄白色或灰白色。味甘、微辛苦。每千克 100 只以内（最小个体不低于 10 克）。无焦枯、无油点、无杂质、无虫蛀、无霉变。

三等：干货。呈不规格的块状，体形完整。表面灰棕色或黄褐色。断面黄白色或灰白色。味甘、微辛苦。每千克 200 只以内（最小个体不低于 5 克）。无焦枯、无油点、无杂质、无虫蛀、无霉变。

四等：干货。体形不计，但需全体是肉（包括武子、花子）。每千克 200 只以外（最小个体不低于 2 克）。间有程度不严重的碎块、油点、焦枯、坑泡。无杂质、无霉变，无虫蛀。

42. 三七

五加科多年生宿根性草本植物。别名田七、滇七、旱三七、人生三七、参三七、山漆、金不换等。以干燥根茎入药。性温，味甘、微苦；归肝、胃经。具散瘀止血、清肿定痛等功效。临床上主治咳血、咯血、便血、崩漏、外伤出血、胸腹刺痛、跌扑肿痛等症。三七生于海拔 1200～1800 米的地带，产于云南东南部和广西西南部，云南文山为主要产区，广东、福建、贵州、江西、湖南、四川、湖北、浙江等省也有引种栽培。花期 6～8 月。果期 8～10 月。

【栽培技术】

（1）基地选择　选团粒结构良好的红壤或棕红壤的缓坡地，坡向以朝东南坡为佳，坡度一般在 5°～15°，土壤 pH 5.5～7.0。三七园应选择排灌方便的地块。种植地块应三犁三耙，并经阳光充分暴晒，必要时刻采用石灰等对土壤消毒。选用生荒地种植三七，在 3～4 月间，把荒地深翻 30 厘米；选用熟地种植时，前茬作物应选豆科、禾本科的作物，不宜选茄科作物如烟草、土豆、辣椒等。最后一次犁耙后，把地整平后作畦。目前，生产上常用单畦和双畦两种，一般畦宽 80～120 厘米，畦高 15～25 厘米，畦长视地形等而定，通常 10～20 米。畦面作成龟面形，压实。播种前或种植前，每 667 米^2 施混合肥 2 000～3 000 千克。

（2）种植方法　主要以种子繁殖为主。选用无病虫害、抗逆性强、生长旺盛、长势健壮的 3～4 年生植株所结成熟种子，在 11～12 月果实由青绿色变成鲜红色时，分批采收，选第一批和第二批种子，选择果大、饱满、无病虫害的红籽作种。

和人参、西洋参不同的是，三七需随采随播，或者去除果皮并用湿沙层进行保存。播种前通常采用药剂或瑞毒霉锰锌、代森锌等进行消毒。

直播一般选 11 月中下旬至 12 月上旬，分为点播或撒播，通常采用点播。点播时，按株行距 10 厘米×10 厘米用播种板在畦面上压穴，再播种，覆土厚度 1.5 厘米，加盖稻草等保湿保温，约经

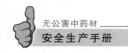

2 个月种子发芽出苗。每 667 米^2 需种子 6 万～8 万粒（8～9 千克）。

育苗移栽是主产区传统种植方法，育苗地播种，按株行距 5 厘米×5 厘米或 6 厘米×6 厘米，其他均与直播相通。育苗 1 年后移栽幼苗（俗称字条），11 月下旬到翌年 2 月休眠芽未萌动前进行。移栽前需要对子条进行消毒，方法与种子消毒相同。将子条按大小分级，按株行距 10～15 厘米×10～15 厘米栽植为宜，开沟 3～5 厘米深，人工排苗，休眠芽向下放置，覆土 3 厘米左右，浇透水，覆稻草保湿。

【生长发育】

三七的个体发育包括种苗生长期和大田生长期两个主要时期。种苗生长期是从播种至苗移栽所经历的时期，大田生长期是从三七种苗移栽至三七采收所经历的时期。三七通常经过 1 年的种苗生长期和 2 年的大田生长期，分别成为 1 年生三七（一年七）、2 年生三七（二年七）、3 年生三七（三年七）。一年七，仅长出 1 个掌状复叶，通常由 3～5 小叶组成，12 月形成具休眠芽的肉质根，俗称"子条"，供繁殖用；二年七通常具 2～3 枚掌状复叶，每个复叶具 5～7 小叶，三七从 2 年生植株开始便能开花、结实，每一年都经历营养生长和生殖生长两个高峰期；3 年生通常具 4～5 枚掌状复叶，复叶的小叶片多数为 7，少数为 5，并大量开花、结实。三七的一生大致可分为出苗期、展叶期、抽薹期、开花期、结果期（绿果期）、果实成熟期（红果期）、衰老期等 7 个时期。

【田间管理】

（1）搭棚遮阴 三七生长怕强烈阳光，需要在作畦前搭好荫棚，荫棚材料因地制宜，立柱既可以为木材，也可以为水泥柱等，一般棚型依地形情况而定，多为平顶式，高 1.5～2 米，透光度按三七不同生长时期对光的需求而进行调整，一般透光度为 15%～30% 为宜，林下栽培一般不需搭荫棚，常做围篱。

（2）抗旱防涝 三七在生长过程中，既不能受旱，又不能受涝。旱季应经常喷灌或淋水，保持畦面土壤湿润；雨季应保持排水通畅，谨防淹水烂根。

（3）除草培土　三七是一种浅根性作物，根部多分布在表土层15厘米处，不宜中耕，以免伤及根部。杂草应及时剔除，必要时要为三七根部培土。

（4）追肥　三七种植后追肥应提倡"少量多次"。追肥应以有机肥为主，在施用前拌磷肥泥沤充分腐熟。一般应保证4～6月追肥1次，8～10月追肥第二次，视生长情况酌情增施草木灰。也可叶面施肥。三七的整个施肥过程禁止使用硝态氮肥。

（5）调节光照　三七为阴生植物。荫棚透光度大小与三七生长发育关系密切，应根据不同季节来决定。

（6）摘蕾　除留种田外，其他大面积种植的三七均需于6月上中旬花蕾刚抽出2～3厘米时摘除花蕾，2年生、3年生三七应全部摘蕾，这样可使产量大幅提高，同时增强植物抗病力。

【病虫害防治】

三七病害种类约有20多种，其中以根腐病、黑斑病、疫病、圆斑病、灰霉病、立枯病等发生最为普遍而严重；白粉病、炭疽病、锈病、猝倒病、病毒病等，也有不同程度的发生。防治方法：①选用无病植株上的红籽和无病子条作种；每年进行彻底清园，消灭越冬病原；清除病株和杂草，降低植株间的空气湿度；实行种子、土壤消毒；加强田间管理，及时浇灌、排水，增施有机肥，保苗促苗并健苗壮苗；培育抗病优良品种。②药剂多选用波尔多液、多菌灵、代森锌、敌克松、菌核净、甲霜灵、腐霉剂、瑞毒霉锰锌等。

主要虫害有小地老虎、介壳虫、短须螨、蚜虫等；此外，根结线虫也时有危害。防治措施多采用化学药剂毒杀，如短须螨则需杀螨剂，蚜虫等采用杀虫剂等。此外，也常采用人工捕杀。

【采收、加工及贮藏】

三七种植3年以上即可收获，8～10月采收的块状根养分丰富，主根折干率高，加工品表皮光滑，内部组织菊花心明显，称春七；12月至翌年1月收获的称冬七，质量较差，产量也低。三七采挖宜选择晴天进行，将整株挖起，勿伤其根。

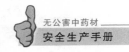

采挖回来的三七根部主要包括主根（头子）、根茎（剪口）、支根（筋条）、须根等。采收后的三七，除去茎秆，洗净泥土，摘除须根，把摘下须根的三七放在太阳下晒2～3天，开始发软时剪下支根和根茎，剪去支根及根茎的三七称头子或头数三七，商品三七尚需晒揉和抛光，干燥后进行分级包装。其加工工艺如下：

三七根部→分选→清选→修剪→干燥→分级→包装→商品三七。

三七成品一般应在阴凉干燥处贮藏，选择密闭性较好的房屋作为仓库，并用木箱、纸箱或麻袋包装，离地存放，贮藏期应注意防潮、防霉、防虫蛀、防鼠害。

【商品规格】

春七，个头饱满，体质重，表面平滑，无拉槽，断面有菊花纹，内外层间无间隙；冬七，个头不饱满，表面拉槽，体质轻，断面菊花纹不明显，内外层有裂隙。三七（春七和冬七）根据头数大小，分为以下规格：

20头三七：20个三七重≤500克。

40头三七：40个三七重≤500克。

60头三七：60个三七重≤500克。

80头三七：80个三七重≤500克。

120头三七：120个三七重≤500克。

200头三七：200个三七重≤500克。

无数头三七：300个三七重≤500克。

第二节　全草类

1. 麻黄

麻黄科麻黄属多年生植物，草本状小灌木。干燥草质茎入药。为常用中药材之一，在中国应用有4 000多年的历史。麻黄是医治风寒感冒、全身疼痛、咳嗽和气喘等疾病的良药，也是提取麻黄素的唯一原料。麻黄中所含麻黄碱、挥发油、黄酮类和鞣质及麻黄多糖等化学成分，在药理上具有平喘、升压、收缩血管、利尿、降压和降温等作用。麻黄多生长沙丘、沙地、黄土丘陵水土流失区及石质山坡，是沙地生态系统的重要组成部分，对于固定沙地、防止水土流失、保护草场、改善沙地生态环境等方面都发挥着巨大作用，具有较高的生态价值。秋季采割绿色的草质茎，晒干。性温，味辛、微苦。主入肺经，作用重在开宣肺气，以外散风寒，内平喘咳，下通水道，且宣散之力颇强。故只适于风寒表实症及肺气壅遏的实喘。生于河床、河滩、干草原、固定沙丘。草麻黄主产于河北、山西、内蒙古、新疆；中麻黄主产于甘肃、青海、内蒙古、新疆；木贼麻黄主产于河北、山西、甘肃、陕西、内蒙古、宁夏、新疆。草麻黄产量大，中麻黄次之，商品上两种常混用；木贼麻黄产量小，多自产自销。花期5～6月。种子成熟期7～8月。

【栽培技术】

（1）基地选择　麻黄是一种抵御恶劣自然条件极强的植物，具有耐旱、耐高温、耐寒、耐贫瘠、抗风沙等特点。麻黄种植以沙壤土为宜，pH 为 7.5～8.0，土壤含盐量小于 0.1%，土壤有机质含量要求在 1.0～6.0 毫克/千克，水解氮含量大于 7.0 毫克/千克，速效磷含量大于 2.0 毫克/千克，速效钾达到 45.0 毫克/千克，土壤中锌、铁、铜、锰、钼、硼微量元素及其含量对麻黄影响的排列顺序为铁＞锰＞硼＞锌＞铜＞钼，如土壤养分含量低于此水平及微量元素排列顺序不同时，应进行土壤培肥和使用微肥进行调整。具灌溉排水条件，地下水埋深大于 1.5 米，田间杂草较少，无多年生杂草。对新垦荒地，首先规划、平整、修排水渠道等，整地时应放入一定的有机肥或化肥，提高土壤肥力。

（2）种植方法

整地：新开垦的生荒地，首先对土地进行规划平整，这样种植麻黄后再不需要中耕等，可以长期种植下去。降水量在 50 毫米以下或有灌溉条件的地区，可修建灌溉渠道，以利于补水。对于熟地或弃耕地，种植麻黄时，只要土地平整，肥力不差就可种植。

播种：麻黄种子较小，长椭圆形，长 0.5～0.7 厘米，宽

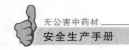
0.14～0.27 厘米，深褐色或栗色。外果皮较硬，播前种子轻度打磨处理出苗更佳，种子生活力与发芽力很强，无休眠期。麻黄种植可采取两种播种方式。

大田直播：该方法适宜在大面积土地上使用。把平整好的土地，直接用播种机进行播种，播量每 667 米^2 2 千克，播深 2～4 厘米，行距一般可控制在 30 厘米，株距尽可能地缩小。

点播：在小面积上，种子不多的情况下，可采用该方式，穴距 20～30 厘米，每坑播种 2～3 粒，覆土 2～4 厘米。

播种期：麻黄一般在气温 15℃，地温 10℃ 以上时，7 天即可出苗，全苗期 15～20 天，种子出苗不齐是麻黄为适应恶劣气候、土壤条件，而形成的自然生物学特征，出苗不齐是正常的。在北疆播种期以 4 月中旬以后为宜，南疆可以从 2 月底到 4 月初。

【生长发育】

麻黄具有返青早、枯黄晚、保持绿色期长等特点。3 月中旬至 4 月上旬返青，11 月中下旬枯黄。麻黄返青期地温为 1～7℃，枯黄期平均气温 -8～-10℃。麻黄返青后在 4 月中旬至 5 月中旬生长迅速，这时平均气温 10～15℃，麻黄在 5 月中旬开花，开花期 10～15 天。花期 5～6 月。种子成熟期 7～8 月。麻黄全年有两次生长期，春季 4～5 月和秋季 9～10 月。

麻黄的花属于风媒花。结果有明显的大小年现象。无性繁殖属于出芽生殖类型。麻黄根、花、果和种子均不含麻黄生物碱。1 年生麻黄枝条含碱量 0.12%～0.13%，2 年生枝条含碱量约 0.36%，3 年生枝条含碱量约 0.42%，4 年生枝条含碱量约 0.82%。草麻黄生物碱总含量 1.315%。麻黄碱占 80%～85%。

【田间管理】

对水的要求：麻黄是一种耐旱植物，在幼苗时期除注意保墒外，第二年就不需要太多的水分。若是水分过多更易促使根系腐烂。在生长期中，有条件的地区一年可灌溉 1～3 次，以增加麻黄的产量。

中耕：这样往往既可保墒，又可减少杂草丛生。大面积种植，可采用除草剂 2，4-滴丁酯防除田间杂草。

追肥：一般不用追肥。若是种植在熟地中，就应该在种植前适量施肥，以厩肥为好。

收获：人工种植的麻黄，3 年就可收割，收割期为 8～9 月。采收麻黄应割取地上枝条，切忌用铁锹挖取地下部分，这样一方面可以保证原料的纯度，另一方面可保护根系，促进分蘖，提高产量。

【病虫害防治】

病害：在早春及高温高湿季节严格监控病害情况，交叉使用各种农药，重点防治立枯病。防治方法是出苗后减少浇水，浇旱水，苗床四周通风，特别注意晚上和阴雨天的通风，降低土壤温度，加强光照。

虫害：蚜虫的发生吃食叶片、嫩梢。可用鱼藤精乳油稀释喷雾防治。也可用烟筋骨水喷杀。

【采收、加工及贮藏】

人工种植的麻黄，一般生长 3 年即可采收。最佳采收期为 8～10 月份。采收麻黄仅割取部分绿色茎枝，忌挖取地下部分。采割的麻黄绿色草质茎去净泥土及根部，放通风处晾干，或晾至六成干时，再晒干。放置于干燥通风处，防潮防霉。干后切段供药用。

【商品规格】

商品因来源分为草麻黄、中麻黄、木贼麻黄三种，均为统装。以茎色淡绿或黄绿、内心色红棕、手拉不脱节、味苦涩者为佳。从麻黄碱含量衡量，认为木贼麻黄为佳，草麻黄次之，中麻黄最次。麻黄多按植物来源划分商品。

草麻黄：茎细长圆柱形，直径 1～2 毫米，有时带少量灰棕色木质茎。表面淡绿色至黄绿色，有细纵棱 18～20 条；节明显，节间长 2～6 厘米，节上有膜质鳞叶约 2 片，长 3～4 毫米，下部约 1/2 合生呈鞘状，基部棕红色，上部 2 裂（稀 3），裂片锐三角形，灰白色，先端反卷。体轻质脆，断面类圆形或扁圆形，略纤维性，外圈为绿黄色，中央髓部呈暗红棕色，习称"朱芯麻黄"。气微香，

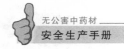
味涩，微苦。

中麻黄：常带棕色木质茎。草质茎分枝较多，略呈三棱状，直径 1.5～3 毫米，节间长 2～6 厘米，细纵棱 18～28 条。鳞片状叶长 2～3 毫米，下部有 1/3 合生或几不合生，上部 3 裂（稀 2），裂片先端稍反卷；断面略呈三角状圆形。

木贼麻黄：常带灰棕黑色木质茎。草质茎多分枝，细圆柱形，直径 1～1.5 毫米，节间长 1.5～3 厘米，有不甚明显的细纵棱 13～14 条。鳞片状叶长 1～2 毫米，下部约 2/3 合生，基部棕色，上部 2 裂，裂片短三角形，先端钝，多不反卷，断面类圆形。

2. 淫羊藿

小檗科淫羊藿属多年生草本。别名羊藿叶、仙灵脾、三枝九叶草、刚前、干鸡筋、铁菱角。为淫羊藿 *Epimedium brevicornum* Maxim.、箭叶淫羊藿 *E. sagittatum*（Sieb. et Zucc.）Maxim.、柔毛淫羊藿 *E. pubescens* Maxim.、巫山淫羊藿 *E. wushanense* T. S. Ying 或朝鲜淫羊藿 *E. koreanum* Nakai 的干燥地上部分。性温，味辛、甘。补肾阳，强筋骨，祛风湿。用于阳痿遗精、筋骨痿软、风湿痹痛、麻木拘挛、更年期高血压症。生于山野竹林下，山路旁石缝中。主产湖北、四川、浙江。花期 2～3 月。果期 4～5 月。

【栽培技术】

（1）基地选择　多分布在海拔 450～2 000 米低、中山地的灌丛疏林下或林缘半阴湿环境中，喜生于阴坡、沟谷腐殖质土丰富且阴湿地带。需要亚热带湿润气候，热量条件较好，雨量充沛，气候适中，冬无严寒，夏无酷暑，年平均气温 15～16℃。土壤多为山地黄棕壤，pH6～7。

（2）种植方法　用分株繁殖。方法是：将淫羊藿基部或产生的各个植株，以 1～3 个分为一丛切开后，作为种栽进行植苗。一般在秋季 9～10 月进行，也可在春季 3～4 月进行。按植物根茎的自然生长及萌芽状况进行分株，每株带 2～3 个苗，或带 1～2 个芽，修剪地上部分，保留 5～10 厘米，修剪过长的须状根，保留 3～5

厘米，同时剪去多余的根茎，即可作为种栽。

【生长发育】

淫羊藿为地下芽生活型植物，生活能力较强，种群结构能力较稳定。胚具子叶2枚，第一年长出针叶1～3枚，翌春长出单叶3～5枚，第3～5年长出复叶。3～5月开花。5～6月果熟。

【田间管理】

间苗补苗：幼苗具3～4片真叶时进行间苗、补苗，每穴留壮苗2～3株。条播者按株距3～6厘米间苗。5～6片真叶时，按株距12～15厘米定苗。

中耕除草：分3次进行。第一次在苗高5～10厘米时浅锄；第二次在苗高20厘米时进行；第三次在苗高30厘米时，结合施肥，培土进行。

追肥：也分3次。第一次在苗高5～10厘米时，每667米^{2}施粪水2 000千克；第二次在苗高30厘米或孕穗时进行，每667米^{2}施粪水3 000千克；第三次在花期用2%过磷酸钙液进行根外追肥。

排灌：苗期、穗期、开花和灌浆期应保证有足够的水分，遇干旱要在傍晚及时浇水，保持土壤湿润，雨后或沟灌后，要排除畦沟积水。

【病虫害防治】

病害尚较少发现。偶见煤污病发生，防治靠提高植物的抗逆性。

虫害也较少发现。仅偶见有小甲虫咬食叶片使成孔洞。

【采收、加工及贮藏】

夏、秋季割取地上部分，除去粗梗及杂质，晒或晾至半干后扎成小捆，再晒干或晾干。

【商品规格】

淫羊藿商品不分等级，均为统货。以梗少、叶多、色黄绿、不碎者为佳。习惯认为淫羊藿、箭叶淫羊藿质量为佳，其他三种品质一般，但疗效相同。

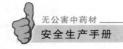
3. 香薷

唇形科香薷属一年生草本。别名小苏子、水荆芥、香茹等。全草入药。辛，微温。归肺、胃经。功效为发汗解表，祛暑化湿，利水消肿。临床应用主要用于夏季感冒风寒，有发汗解表作用，但多用于夏季贪凉，感冒风寒所引起的发热、恶寒、头痛、无汗等症，往往与藿香、佩兰等配合应用。还可用于呕吐、腹泻等症。香薷有祛除暑湿的作用，故适用于暑季恣食生冷、湿阻脾胃所引起的呕吐、泄泻，可配合扁豆、黄连、厚朴等同用。还用于水肿、小便不利等症，可单独应用，也可配白术同用以健脾利水。生于海拔200～1 000米山野。中国除新疆、青海外，其他各省、自治区均有分布。花期7～9月。果期8～10月。

【栽培技术】

（1）基地选择　常生于林下、林缘、路旁、山坡、村旁、田园、河岸边等处，喜温暖气候，在肥沃疏松、排水良好的沙质土壤中长势良好，对环境适应能力强，自播自繁。香薷对土壤要求不严格，一般土壤都可以栽培，但碱土、沙土不宜栽培。怕旱，不宜重茬，前茬谷类、豆类、蔬菜为好。

翻地20厘米，翻前施入农家肥，垄作行距40～50厘米，或做成平畦。由于种子很小，地一定要整平耙细。

（2）种植方法　播种方式有条播和撒播。播种前可将种子与过筛的细沙混合均匀。春播于4月上中旬，夏播可在5月下旬至6月上旬，播种后及时覆土，以盖住种子为度，进行镇压，来提高种子出苗率，整齐度。

【生长发育】

出苗始于4月中下旬，止于6月底7月初，持续时期60～90天。出苗高峰期为4月下旬，出苗率占87.02％，出苗深度不超过8厘米。营养生长期60～70天。麦类作物拔节前期，香薷植株鲜重和高度呈上升趋势，表明竞争力强，对麦苗危害性大。6月25日前后显蕾，7月10日左右开花。单株平均结籽量485粒，种子7月25日开始成熟，随成熟随脱落。种子自开始成熟至全部脱落需52天。

【田间管理】

苗高4～6厘米时间苗一次,株距5厘米,且要及时中耕除草。人工除草也可以结合化学除草用禾草克等除草剂,防治禾本科杂草。对于地力差的,待苗高12～15厘米时,施硝酸铵一次。干旱时适当浇水。

【病虫害防治】

香薷锈病:叶部病害。病斑圆形或椭圆形,其上散生淡黄色夏孢子堆,最后外露,呈粉末状。病斑已变为赭色,即为冬孢子堆。防治措施应注意田间清洁,收集病残体,集中烧毁。药剂保护是在发病初期及时用萎锈灵可湿性粉剂液喷雾。

虫害:7～8月主要为大袋蛾为害叶片。防治主要靠人工捕杀或人工采茧烧毁。

【采收、加工及贮藏】

采种可以设采种田。也可以在生产田中选穗大健壮的母株,当种子已经成熟,可在早晨轻轻割掉,放在塑料布上晾晒3～5天即可脱粒。采种时间很重要,割早了种子没成熟,割晚了种子都落地了。每667米^{2}可产籽24千克。夏、秋二季茎叶茂盛、果实成熟时采割,除去杂质,晒干。

【商品规格】

商品有江香薷、青香薷两种,皆为统装,以枝嫩、穗多、香气浓者为佳,习惯认为江西产品质量优。

4. 益母草

唇形科益母草属一年生或二年生草本。别名茺蔚、益母蒿、坤草等。全草入药。具有调经活血、祛淤生新、利尿消肿功能。主治月经不调、闭经、产后淤血。野生于山野荒地、田埂、草地、路旁等处。喜温暖较湿润环境,耐严寒。一般土壤均可栽种。但以土层深厚、富含腐殖质的壤土及排水好的沙质壤土栽培为宜。全国各地均有分布,部分地区有栽培。花期6～9月。果期9～10月。

【栽培技术】

(1)基地选择 宜在海拔1 000米以下的地区栽培,喜温暖而

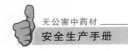
湿润的气候，过于阴湿的地区会生长不良。

（2）种植方法　用种子繁殖。一般采用直播。在春分至芒种节，选地施足基肥，翻耕整地做畦，顺畦按行距 33 厘米，划 1 厘米的浅沟，将种子均匀撒在沟内，用锄推平浇水。出苗前要保持土壤湿润，半月可出苗。每 667 米² 需种子 1 千克左右。

【生长发育】

益母草播种时间越早，出苗所需时间越长，必须经过冬季的低温春化作用才能抽薹开花，春季播种当年不抽薹。春季播种，1 个月后出苗，生长期约 100 天左右。夏季 6 月底播种，6 天左右出苗，9 月底可收获，生长期约 80 天。

【田间管理】

苗高 3～6 厘米时，按株距 10～15 厘米定苗，定苗后，适时松土锄草，小水勤浇。注意培土，以防倒状。抽茎开花时，要追肥一次。2 年生的于第二年早春浇水并追肥一次。

【病虫害防治】

在生长中期易发生白粉病和锈病。白粉病可用 50％可湿性多菌灵粉剂 500～1 000 倍液喷雾；锈病可用 97％敌锈钠 200～250 倍液喷雾防治。

虫害主要有地老虎为害幼苗。可用 90％敌百虫原药 1 500 倍液浇注毒杀。

【采收、加工及贮藏】

全草入药为益母草。果实为茺蔚子入药。在夏、秋间花开时，割取地上全草，晒干。果实（茺蔚子）在秋季成熟后采收，晒干，去净杂质。

当天割取的鲜益母草扎成捆，切忌在太阳下暴晒。

【商品规格】

干益母草茎表面灰绿色或黄绿色；体轻，质韧，断面中部有髓。叶片多皱缩、破碎、易脱落。

5. 薄荷

唇形科薄荷属多年生草本，全株有香气。别名苏薄荷、南薄荷等。全草入药。具有疏散风热、清头目、理气解郁功能。主治风热感冒、目赤、咽痛。对环境条件适应性较强，喜温暖湿润环境，20～30℃是植株生长适宜温度，在－30～－20℃时可安全越冬。对土壤要求不严，地势过低、过湿不宜栽种。主产于江苏、江西、河北、四川等省。全国各地均有栽培。花期8～10月。果期9～11月。

【栽培技术】

（1）基地选择　宜选土壤肥沃、阳光充足、排灌方便的壤土或沙壤土。土地翻耕前，每667米^{2}施腐熟堆肥或厩肥2 500～3 000千克，深耕20～25厘米，耙细整平，做宽1.2米的畦。

（2）种植方法

根茎繁殖：北方于3月底至4月中旬；南方于10月下旬至11月上旬为薄荷的栽种时期。在畦面上按25～30厘米开沟，沟深6～10厘米。从留种地将根茎挖出，选择节间短、色白、粗壮、无病虫害的根茎作种用，随即将根茎放在沟内，首尾相接地排放好，覆土稍加压实，浇水。一般每667米^{2}用根茎100千克左右。

秧苗繁殖：选优良品种、生长健壮、无病虫害的田块作留种地，秋季收割后，追肥1次。翌年4～5月份，苗高10～15厘米时，挖出秧苗进行移栽，在移植地按行距30厘米开沟，在沟内按5厘米1株排放好，覆土后浇水。

【生长发育】

薄荷适应性较强，在海拔300～1 000米地区种植，其油和薄荷脑含量较高。喜温暖湿润环境，生长最适温度20～30℃，当气温降至－2℃左右，植株开始枯萎，但地下根状茎耐寒性较强。薄荷属长日照植物。性喜阳光充足，现蕾开花期要求日照充足和干燥天气，可提高含油、脑量。如后期雨水过多，则易徒长，叶片薄，植株下部易落叶，病害亦多。性喜中性土壤，pH6.5～7.5的沙壤土、壤土和腐殖质土均可种植。薄荷喜肥，尤以氮肥为主，忌连作。

【田间管理】

中耕除草：苗高5～10厘米时，中耕除草1次；枝叶封土前进

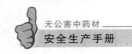
行第二次，要浅锄表土，同时疏除过密的苗，以 7～10 厘米留苗 1
株。在 7 月份第一次收割后，及时进行第二次中耕，促使地下茎萌
发新苗。在 10～11 月份第二次收割，在南方可再进行 1 次中耕。

追肥：薄荷主要收获茎叶，施肥以氮肥为主。在每次中耕除草
后，均应追肥 1 次，收割后的追肥量应适量增加，每次每 667 米²
施入粪尿水 1 500～2 000 千克，或尿素 8～10 千克。收割后适量增
加磷钾肥，增加植株根部发育和抗病能力。

摘心：在田间种植密度稀疏的薄荷，于 5 月份摘去顶芽，促使
多分枝，提高产量。

【病虫害防治】

薄荷的病虫害主要有斑枯病、锈病和银纹夜蛾等。

斑枯病要及时摘除病叶，深埋或烧毁，减少侵染源，用 120 倍
的波尔多液喷洒，或用 65％代森锌 500 倍液叶面喷雾。

锈病应在发病初期用 15％粉锈宁可湿性粉剂 1 000 倍液或
40％多菌灵胶悬剂 800 倍液喷雾。

银纹夜蛾用 90％敌百虫 1 000 倍液，或 2.5％溴氰菊酯，或
20％杀灭菊酯 1 500 倍液喷雾。

【采收、加工及贮藏】

每年可采收 1～2 次，收割时齐地面将上部茎叶割下，留茬不
能过高，否则影响新叶生长。割后立即摊开晒干，7～8 成干时，
扎成小把，晒至全干，放至蒸馏锅内蒸馏，得到挥发油，即为薄
荷油。

置于阴凉处储藏。

【商品规格】

茎为方柱形，上中有对生分枝。叶片对生，卷曲而皱缩，易破
碎，叶正面深绿色，北面浅绿色具有白色茸毛。气香，味辛凉。以
身干无根、叶多、气味浓者为佳。

6. 穿心莲

爵床科穿心莲属多年生草本植物。别名榄核莲、一见喜、圆锥
药草等。以全草入药。有清热解毒、消炎、消肿止痛作用。主治细

菌性痢疾、尿路感染、急性扁桃体炎、肠炎、咽喉炎、肺炎和流行性感冒等，外用可治疗疮疖肿毒、外伤感染等。原产于亚热带地区。主产于广东、福建等省，华中、华北、西北等地也有引种。花期 7～10 月。果期 8～11 月。

【栽培技术】

（1）基地选择 肥沃、平坦、排灌方便、疏松的壤土、光照充足的土地种植。忌高燥、瘦地和过沙的地。也可在幼龄果树林行间种植。地选好后，要翻地做畦。加上排水道宽 130～150 厘米，一条深沟道 20 厘米深，一条浅沟道 12 厘米深，田四周开 30 厘米深的边沟，沟沟相通，排水方便，天旱时堵塞沟，雨多时作排水用。作药材用的地，施腐熟堆肥、人粪或氨水为基肥（氨水栽前 3 天施），施于行间开 6～10 厘米沟，每 667 米^2 用氨水 75 千克，冲水 2 500 千克，浇沟里，覆土整平。

（2）种植方法

育苗：用种子育苗移栽、直播或扦插繁殖方法。南方北方均用育苗移栽方法。直播早春温度低，出苗迟，产量低，不利于生长。但在北方育苗是采用育白薯秧的火炕方法育苗。播种 3～4 月份，播前种子处理，方法比较多，用沙磨、温水浸和晒种等法。

用沙子拌种：在水泥地上用砖头轻轻磨擦，至种皮失去光泽，蜡质层部分磨损即可，磨的太过易伤种子。用冷水或温水浸种 12 小时，时间不能过长，否则易乱种。把种子晒 3～4 天，直接播或晒后再浸种。种子出苗的关键是合适的温度和湿度。育苗地要求秋收后深翻风化，育苗前两周施腐熟大粪作基肥，翻土和拌均匀，耙细、整平，做畦宽 150 厘米左右。播前选晴天，育苗床深灌，待水渗后，撒一层过筛的细土，把种子播入，覆薄层细土以盖住种子为标准。上面再盖一层锯末或粉碎的树叶，保持土壤湿润，防止板结再盖薄膜，夜间盖草帘或蒲席，保温。

苗床管理：控制好温湿度，出苗前保持苗床湿润，表土不能干燥发白，因种子在苗床表面，如果干燥，新发出的小芽得不到水分，易枯干。如果表土干燥，上午 9～10 时，把薄膜揭开用喷壶在

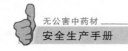

畦面洒水，一般浇3～4次水就出苗了。苗出齐后，洒水次数减少，防止猝倒病。苗床温度保持在25～30℃，温度过高，揭开薄膜，中午过高床面盖苇席。注意通风，先揭小缝，逐渐加大，温度达到17～20℃，出苗50%～70%时，揭开覆盖物，对苗进行锻炼，适当控制水分，每隔5天喷淋薄的腐熟粪水，去掉粪渣，浓度逐渐增加，促进幼苗生长，使根系发育良好，以适应移栽后的大田环境。

移栽：当苗长6厘米左右时，长出3～4片真叶时移栽，栽前一天苗床浇水便于带土起苗，成活率高。选阴天或傍晚进行，按行株距24～30厘米×15～25厘米栽种。作种子地行距45～60厘米，株距30～45厘米，栽后均马上浇水。南方栽后一天浇2次水，北方浇2次水，接着浅松土，苗缓得不好，再浇一次水，缓苗期间土壤一定要湿润和疏松。

【生长发育】

穿心莲喜温暖湿润气候，怕干旱，如果长时间干旱不浇水，则生长缓慢，叶子狭小，早开花，影响产量。种子最适宜温度25～30℃和较高的湿度，要有良好的通气条件。苗期怕高温，超过35℃，烈日暴晒，出现灼苗现象，故苗期注意遮阴，降低土壤温度。苗床通风，植株生长最适温度25～30℃，温度27℃左右有足够的雨水植株迅速生长，枝叶繁茂，当气温下降15～20℃，生长缓慢，0℃或霜冻植株枯萎。成株喜光，喜肥，在生长季节，多施氮肥，配合好浇水、排水是丰产的关键。

【田间管理】

追肥：作商品用的穿心莲多施氮肥，以人粪尿为主，定植10天后浇1次，每667米²施人粪尿500千克，冲水4 500千克，以后半个月1次，每667米²施人粪尿6 000千克，封垄后不浇，以后浇人粪尿，要在采收完叶后进行，万不能浇后即采叶。田间保持湿润，北方6、7、8月份更要注意温度和田间管理，作商品的地要经常早晚浇水，锄苗易浅锄，切记别伤根。植株旁边的草用手拔，雨季注意排水，免去伤根、乱根。适当提早育苗，早定植，延长生长期。合理密植，多栽时加强管理，保证全苗，特别要注意7、8

月份田间管理，多施肥，勤浇水，雨季注意排水，病虫害防治。

【病虫害防治】

猝倒病又称立枯病，俗称"烂秧"。是由真菌引起的，幼苗期发生普遍，当长出 2 片真叶时，危害严重。防治方法是出苗后减少浇水，浇早水，苗床四周通风，特别注意晚上和阴雨天的通风，降低土壤温度，加强光照。

枯萎病防治方法是育苗地禁选低洼地，灌溉时不浇大水，不积水，不重茬，不伤害植物，有伤口易接种镰刀菌，禁止和易得枯萎病的植物轮作。黑茎病防治方法是加强田间管理，疏通排水沟，防止地内积水，增施磷钾肥。

虫害以蝼蛄为主。多在春天发生，咬断幼苗，造成死亡。防治方法是人工捕捉，诱饵毒害。用 90% 晶体敌百虫 100 克加少量水溶解后，与 50 千克沙香的棉籽或菜籽饼拌匀，做成小团，在床四周每隔一天放一个诱杀。

棉铃虫主要危害种子，吃掉嫩种粒。防治方法是冬季深翻地，消灭越冬蛹，或者幼虫期用药剂喷杀。

【采收、加工及贮藏】

穿心莲采收时间和药效关系很密切，适时采收，有效成分含量高。植株要现蕾时采收为最佳时间。再者从栽培后 75～90 天，从茎基部分枝 2～3 节的地方，割取全草为最合适，割后要加强水肥管理，准备割第二次。也有的地区采穿心莲的叶，方法是从株高 20～25 厘米开始采，将茎基部的黑绿色的、比较厚的老叶摘下，采 1～2 次即可，每次不要过多，否则影响植株生长。嫩叶不要采，避免影响产量，当顶梢开始变尖时全部割下，再把叶子摘下，不要受霜冻，否则叶子变红紫色，影响药的质量。

全国各地区气候不一样，采收时间各异。广东、福建定植 3.5～4 个月采收，8 月份割第一次，11 月割第二次。海南等地栽植 2～3 年。华北 9 月中下旬割穿心莲，上海 8 月份割。收获后晒干，如果没有晒干，遇到阴雨天应该摊开，不能堆积，否则发热变质。

215

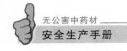
【商品规格】

穿心莲商品均为统货，不分等级。以叶多、色深绿、味苦、不带花枝者为佳。

7. 绞股蓝

葫芦科绞股蓝属多年生草质藤本。药用全草。有清热解毒、治咳祛痰、平喘、抗癌、消炎、镇静、降血脂、催眠等功能。野生绞股蓝生长山地林下、水沟旁、山谷阴湿处。喜荫蔽环境，上层覆盖度约50％～80％，通风透光，富含腐殖质壤土的沙地、沙壤土或瓦砾处。中性微酸性土或微碱性土都能生长。自然分布于中国北纬33°以南的广大区域。花期7～8月。果期9～10月。

【栽培技术】

（1）基地选择　绞股蓝喜阴湿环境，忌阳光暴晒，引种时应选择近山、低丘森林地带防护林、绿化林、农家房前屋后及篱笆等处种植。农田种植应选疏松肥沃的沙质壤上，排水良好，灌溉方便的地方。大田种植可套种玉米、油菜、果树等作物。

（2）种植方法　分种子繁殖和根茎繁殖，在实际生产中多采用根茎繁殖，极少数用种子繁殖。

10～11月采种。当果皮变蓝黑色时果实成熟，用风选法除去果壳收起种子，随收随播，或者贮藏到翌年3～4月中旬播种。春播播前要用温水浸种8～10小时，捞出后稍晾，再按行距60厘米开深1～2厘米的沟，将种子均匀播下，覆土1～2厘米；或按行距60厘米、穴距20～25厘米播种，每穴5～7粒，覆土1.5～2厘米，顺行覆盖地膜，膜下垫一行玉米秆。注意调整膜内气温不可超过35℃，否则不利出苗。苗高10厘米时进行移栽。

【生长发育】

当年播种或越年生绞股蓝，当早春日平均温度稳定在10℃以上时，开始萌动，随气温的升高又相继抽芽长叶；越年生绞股蓝多在2月下旬至3月上旬先后萌发。日平均气温20～25℃，绞股蓝开始旺盛生长。当温度降至4～5℃时停止生长，遇多次轻霜冻，地上部枯萎。

【田间管理】

中耕除草：在幼苗未封行前，要经常除草，注意操作不要伤害幼苗和根系。

施肥：5月上中旬每公顷施尿素 75 千克，复合肥 187.5 千克；6月下旬至 7 月上旬再按上述用量施 1 次肥；11 月第二次收割后施越冬肥，以有机肥为主。

浇水：当气温上升至 15℃左右时，多数种苗已长出地面，将薄膜打孔，露出幼苗，在接近全苗时除去地膜。在整个生长过程中保持土壤湿润，土壤干旱时，及时浇水。

搭架遮阴：绞股蓝忌阳光直射，可在播种时间种玉米等高秆作物，或用竹竿搭 1.5 米高的竹架，上盖玉米秆遮阴。苗长 30～50 厘米时，人工辅助上架，7 月下旬应除去遮盖物，只留竹架。

【病虫害防治】

白绢病：可使绞股蓝根、茎叶均发病，多在夏秋季发生。发病初期主要侵染贴地或近上表的植株茎段，后逐渐扩展到叶部。病茎、病根呈褐色，并长有白色丝绢状菌丝体，菌丝体呈辐射状。被害病株枯萎，最后溃烂，死亡。枯死根茎极易从土中拔起。天气潮湿时，病株周围出现许多初为乳白色，渐为米黄色，后呈黄褐色的油菜籽状菌核。防治上要选林地或未种过白术的地种植；宜从健康无病的母株上取茎选苗，避免从发病地或发病菌床移苗栽种。合理密植，精心管理，以 50 厘米×20 厘米的行株距为宜，有条件时最好插杆搭架，以利通风透光，减少发病率。拔除病株及时烧毁，并用石灰粉消毒病穴。

白粉病：自苗期至收获期都有发生，生长后期更易发病。主要发生在叶面上，初在叶片上出现白色纤细的霉点，后逐渐向四周扩展，形成霉斑，湿度较大时，致整张叶面布满白色粉状物。发病严重时，叶面泛黄，卷黄，但不脱落。至秋季，霉斑变为黄色，出现许多先黄色、后为黑色的小粒点。防治上要清洁田园，收获后清除病残株，烧毁或集中作堆肥；苗期及生长期避免偏施氮肥，适施磷、钾肥，促使植株生长健壮，提高抗病力。

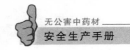
　　叶斑病：是一种真菌病。多在 5～7 月发病。发病由叶缘或叶尖开始，先为水渍状，渐向中心扩展，渐出现黄色枯斑。发病严重，温度较高时叶片腐烂、脱落。防治方法同白粉病。

　　三星黄萤叶甲：为主要食叶害虫。幼虫和成虫都喜食嫩芽、嫩叶，造成叶片缺刻、孔洞，严重时成片叶子几乎被食尽，仅剩茎条。冬春苗枯时节，要清除地面枯枝落叶、杂草，以减少虫口基数。

　　小地老虎：以幼虫咬食植株，造成缺株断垄。冬春要铲除地面杂草、枯枝落叶，消灭越冬幼虫和蛹。可人工捕杀。苗期幼虫发生或用辛硫磷喷雾或浇穴。

　　蛴螬：以铜绿丽金龟幼虫为主。在苗期咬断嫩茎，植株生长期在根部取食，使植株逐渐黄萎，严重时枯死。冬春铲除杂草，中耕翻土，消灭越冬虫口。施用腐熟土肥，施后覆土，减少产卵机会。7～8 月成虫盛发期，晚间点灯诱杀。

　　灰巴蜗牛：成贝或幼贝取食叶片，造成缺刻、孔洞，并舔断嫩茎。在日出前或雨后捕捉幼贝或成贝。冬季清除地内杂草或沟内堆草诱杀。在苗期喷 1％石灰水或每公顷撒施 60～75 千克茶籽饼防治。

　　蛞蝓：以成体或幼体舔食叶、茎芽，造成缺刻，爬过的叶面、茎上留下一条银白色痕迹，影响植株的光合作用。冬季苗枯期要翻上直晒。人工捕杀。收获后，用菜叶、杂草堆在沟内诱杀。在种有绞股蓝的棚架。栅栏下部、树基背光潮湿处，撒施石灰粉，或用石灰水喷杀。

　　【采收、加工及贮藏】

　　采收时不宜将全株茎叶一次收割殆尽，以利翌年重新萌发和根茎成活。第一次收获在植株距地面 15～20 厘米处，用镰刀割下茎蔓。第二次收获可齐地面割取茎蔓。在第一次收获后立即中耕除草，施足肥料，以促进老藤蔓快速抽梢生长，提高产量。

　　绞股蓝收割后运到加工处，必须及时卸下并拆除包装，加工前的材料不应直接暴晒于阳光下，并严防雨淋。将绞股蓝采收品置于架上，用清水快速淋洗干净，不可浸泡，浸泡会使皂甙损失过多，然后切成2～3厘米小段，摊放于晒架上或烘架上，干透后装入塑料袋密封，置于阴凉处贮存。

绞股蓝应存放于清洁、阴凉、干燥通风、无异味的专用仓库中，并防回潮、防蛀虫。以温度30℃以下，相对湿度70％～80％为宜，商品安全水分应低于7％。储藏期间应保持环境清洁，发现受潮以及轻度霉变、虫蛀，要及时晾晒或者翻垛通风。有条件的地方可以进行密封抽氧充氮养护。

【商品规格】

本品为统货。

8. 马齿苋

马齿苋科一年生肉质草本。别名马苋、五行草、长命菜、安乐菜、马齿草、酱瓣草、瓜子草等。全草入药。性寒，味酸；归肝、大肠经。具清热解毒、凉血止血、止痢的功效。主要用于热毒血痢、痈肿疔疮、湿疹、丹毒、蛇虫咬伤、便血、痔血、崩漏下血等症。马齿苋含左旋去甲肾上腺素、多巴明及多巴，另含生物碱、香豆素、黄酮、强心苷、蒽醌类化合物，还有丰富的有机酸类、氨基酸类、维生素类、微量元素以及马齿苋素等。现代药理研究表明，马齿苋对痢疾杆菌、大肠杆菌、金黄色葡萄球菌等多种细菌具有强力抑制作用，有"天然抗生素"的美称。分布于全国各地。性喜肥沃土壤，耐旱亦耐涝，生活力强，生于菜园、农田、路旁及荒地，为田间常见杂草。广布于全世界温带和热带地区。全国各地多自产自销。花期5～8月，果期6～10月。

【栽培技术】

（1）基地选择　宜选排灌条件良好、土质疏松、肥沃的沙质壤土或壤土为好，也可在选择生产用地时，选择丘陵坡地与地势较高的平地，或新开垦过两年的"二道荒"种植马齿苋。种植地先要精耕细作，深耕20～30厘米，施足底肥，应以厩肥等土杂肥为主。

（2）种植方法　种子繁殖。马齿苋为盖裂蒴果，成熟后自行破裂，散落种子难以采集，一般于7～10月待种子即将成熟时将全株

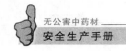
剪下，晒干或室内通风阴干，脱粒净选。春播、夏播均可。生产上
多为直播。播种方式有条播和撒播。春播于3月下旬至4月上旬进
行，夏播于5月下旬至6月上中旬进行，按行距25厘米开浅沟，
沟深2～3厘米，播种后及时覆土，以盖住种子为度，并镇压。

【生长发育】

马齿苋种子发芽后长出幼苗，前期生长较慢，中期随着气温的
不断升高其生长发育进程加快，后期逐渐减慢直至倒苗枯萎。马齿
苋属于高光效植物。其全年生育期大半年左右，其周年生长发育过
程大致可分为萌发生长期、旺盛生长期、花果期和枯萎期。

【田间管理】

（1）适时除草　幼苗出土时，生长相对缓慢，可用小锄浅锄一
次，其余时间宜人工拔草。植株封行后，停止中耕，少量杂草，手
工拔除。5月上旬后，已封行封垄，除了拔除大草外，可停止
除草。

（2）间苗　早春出苗后，当幼苗高3厘米左右时，结合除草及
时间苗。

（3）适时排灌　马齿苋喜湿怕涝。栽种后若土壤干旱，可向沟
内缓慢浇水。在干旱少雨季节，应注意灌溉，保持畦面湿润。出期
要勤浇水，促进幼苗生长。另外，雨季应注意及时排水，以防积水
造成烂根。

（4）追肥　一般在施足基肥的情况下，可以再追肥2～4次。
如土壤肥力较低，植株相对瘦弱，则应当在生长早期及时追肥，应
以人畜粪尿及腐熟的有机肥为主。生长中期、旺盛生长期及始花期
也应及时追肥。

【病虫害防治】

应做好预防为主、综合防治工作。药剂防治时，应优先选用生
物农药，其次选用化学农药。化学防治时应有限制地使用高效、低
毒、低残留的农药，严格控制喷施浓度、用量、施用次数。在采收
前1个月内严禁使用任何农药。

此外，严禁使用各种剧毒、高毒、高残留的农药，以及致畸、

致癌、致突变的农药。

【采收、加工及贮藏】

夏、秋季采收，洗净，略蒸或用沸水烫过晒干；或鲜用。

将原药材除去杂质、泥屑及根，干切或喷潮，润软，切成1厘米短段，干燥，筛去灰屑。

置风干燥处，防止潮湿、霉变、虫蛀。

【商品规格】

统货。

本品株小、质嫩、整齐少碎、叶多、色青绿、无杂质者为佳。

第三节　果实种子类

1. 胡椒

胡椒科胡椒属攀援状木质藤本。性味辛、热。归胃、大肠经，具温中散寒、下气、消痰功能。用于治疗胃寒呕吐、腹痛泄泻、食欲不振、癫痫痰多等症。原产于印度西海岸山脉的热带雨林中，中国于1974年首先在海南岛引种，目前国内胡椒主产区为海南省的文昌、琼海、万宁、琼山等地。2001年全国胡椒种植面积约2.76万公顷，总产量约2.27万吨，其中主产地海南省种植面积达2.42万公顷，总产量达2.17万吨。胡椒大部分都生长于高温和长期湿润地区，因此温中散寒止痛的作用比较强。生长地点越偏南方的胡椒，性越温热，因为充分吸收了南方的阳热之气。所以，海南胡椒温热力最强。目前在海南，胡椒已成为产区人民脱贫致富的重要经济作物。花期4～10月。果期10月至翌年4月。

【栽培技术】

（1）基地选择　胡椒应种植在坡度3°～5°，最好不在超过10°的缓坡地，温度较低的地区应选向阳坡地。宜土层深厚，比较肥沃，结构良好，宜于排水，呈微酸性的沙壤土或中壤土。建立胡椒园时，应根据自然条件、地形、地势和风力大小规划园区面积、防护林、道路和排水系统，以便控制病虫害传播和便于管理。

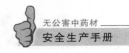

（2）种植方法　采用优良插条定植，植株生长快，结果早，产量高，寿命长。优良插条标准为长度30～40厘米，5～7节；蔓龄4～6个月，粗0.6厘米以上；气根发达，且都是"生根"；插条顶端二节各带一个分枝和10～15片叶，腋芽发育饱满；没有病虫害和机械损伤。一般按整形的要求割下主蔓，立即按标准切取插条，切口要平滑，防止破裂。插条要边切边蘸水，置于阴凉处，准备育苗或直接定植。

育苗的苗圃地宜选排水良好、土层深厚的沙质土壤。苗圃四周要挖排水沟，起畦高25厘米，宽1米，畦面要平整。育苗时按行距20厘米开成50°的斜面，在斜面上按株距10厘米排列插条，使气根紧贴土壤，插条顶端两节露出地面，盖土后压紧，随即淋足水和荫蔽，荫蔽度90%左右。常淋水保湿，直至成活。插条培育1个月左右便可出圃。

【生长发育】

幼龄植株的枝条在人为控制下，主要是营养生长，一般不让开花结果。春季和秋季抽生新枝多，生长量大，是主要生长期。胡椒几乎全年都可以抽穗开花，秋果不能安全越冬，一般都放春花，花期在4～5月。从抽穗到开花大概需9～10个月。

【田间管理】

整形修剪：目前主要植椒区，一般采用留蔓6～8条，剪蔓4～5次的整形方法，植后2～3年封顶投产，产量较高。中小椒抽生新蔓时，多余的芽和蔓要及时切除。结果椒顶部树冠过大和枝条过密时，必须把顶部的老弱枝和徒长枝剪除，外围过长的枝短截，保持树冠上下平衡，大小一致和通风透光，使其充分利用光能和减少病害的发生。

绑蔓、摘花：中小椒及时绑蔓，能使气根发达和牢固地吸附于支柱上，在新蔓长出3～4节时，每隔10～15天绑蔓一次。用柔软的麻皮在蔓的节下将几条主蔓分布均匀地绑于支柱上，尽量使主蔓每节都紧贴于支柱上。在换柱的方向，主蔓间的距离要宽些，便于以后更换支柱，胡椒每年绑蔓1～2次，每隔50～60厘米用塑料绳绑一道。胡椒一年四季都可开花结果。中小椒必须摘花，才能使植株正常生长。二龄植株，冠幅达 120 厘米以上时，可保留植株下部花穗，让其结果，但要加强施肥管理，才能保证植株正常生长。胡椒，在海南省一般留春花，湿度较低的地区，一般留春花、夏花。其他季节抽生的花穗，一律摘除。

胡椒怕积水。在雨季，必须及时做好椒园的排水工作。一般不宜采用淹灌，防止水害和病害传播。

【病虫害防治】

瘟病：可侵染胡椒任何部位。叶片染病后，病斑一般呈圆形，在叶边缘呈半圆形，在叶尖呈三角形，病斑黑褐色，随着病情发展，表皮变黑，组织腐烂松散，有时还流出黑水，有恶臭味。

细菌性叶斑病：病原为蒌叶叶斑病黄单胞菌，病原菌可为害叶片，也为害主蔓、枝、花序和果穗。叶片感病初期出现多角形水渍状病斑，几天后病斑呈紫褐色，病情严重植株，枝叶脱落剩下几条光秃秃的主蔓丧失生产能力。防治方法主要是新植区严格检疫，选用无病种苗，胡椒园面积不要过大，要营造防护林，设置排水系统，清除园内枯枝落叶，旱季开始时，要松土晒土；适当修剪植株基部枝条，并进行培土；发现病情，立即隔离；要注意雨情和台风预报，及时做好预防工作。出现病株时要在露水干后摘去病叶，并将病叶集中烧毁，将植穴内的根系清理干净。不要高温高热时期割蔓，割蔓前后要施足水肥。

虫害：主要有粉蚧类害虫为害。叶片受害会变黄卷曲、脱落，主蔓顶枯，果实发育不良、早期落果。可用乐果稀释喷洒，但在收获期内不要喷洒。

【采收、加工及贮藏】

黑胡椒于秋末至翌春果实呈暗绿色时采收，晒干。将采收的果穗置于晒场上晒 4～5 天，经脱粒，除去果梗及其他杂物，即成为黑胡椒。

白胡椒于果实变红时采收，用水浸渍数日，擦去果肉，晒干。胡椒采收期因品种、地区和放花时间的不同而异。国内栽培的大叶

种在海南放秋花的收获期为 5～7 月，其他地区放春花的收获期为
1～2 月。整个收获期要采果 5～6 次。每隔 7～10 天采一次，一般
应在 7 月下旬把果采完。将采收的成熟果穗放入加工池内（或装入
袋中），在缓慢流水中浸泡 7～15 天，至果皮、果肉腐烂为止。放
入木桶搓揉，用水反复冲洗，除去果皮、果梗，直至洗净。将洗净
的胡椒粒均匀放在晒场或草席上，晒 2～3 天或放在烘干房烘干，
至胡椒粒充分干燥（含水量 12％～14％）风选后便成为白胡椒。

黑胡椒和白胡椒应储藏在干燥、通风的库房中，要有垫仓板，
并能防虫、防鼠。堆垛要整齐，要留有通道以利于通风，严禁与有
毒有害、有污染、有异味的物品混放。

【商品规格】

通常使用密封、洁净、无毒和完好、不影响胡椒质量的材料包
装。还可制成切片，真空包装。

2. 莲子

睡莲科莲属多年生水生草本植物。莲子是莲的干燥成熟种子。
性平，味甘，无毒。归入心、脾、肾经。有养心、益肾、补脾、涩
肠的功效。中国水域宽广，所以北自黑龙江省同江县北，南抵海南
省崖县崖城镇，东起黑龙江省虎林县月牙泡，西达新疆天山北麓，
均有分布。花期 7～8 月。果期 9～10 月。栽培上品种较多。

【栽培技术】

（1）基地选择　莲是古老的水生植物，整个年生长周期及其越
冬过程均在水中度过。一般水位不要淹没立叶，适生于相对稳定的
静水中和起落不太悬殊的缓流中。土层深度在 30～60 厘米，
pH5.6～7.5。莲是喜光、喜温植物，在其整个生长季节最适应的
温度为 20～30℃。生长后期，需要日温较高而夜温较低的气候，
以有利于莲子早日成熟。

（2）种植方法　莲的繁殖一般都采用营养繁殖方法。长江流域
分栽时间一般在清明前后，华南地区因季节早，可以在春分时分
栽；华北地区和东北地区因季节晚可分别在谷雨和立夏时分栽。
湖、塘、田栽一般采用整枝藕作种藕，但至少要有 2～3 节，并要

保留尾节。在特殊情况下，走茎也可作种藕，同样要保留走茎尾端的节部，且必须及时种植。种藕一般随挖、随选、随栽，如当天栽不完，应洒水盖草保湿，防止叶芽干萎。

【生长发育】

莲 4 月上旬萌发，5 月开始长叶，5 月底至 6 月初开始现蕾，7～8 月为莲的盛花期。9 月进入末花期，也为长藕期。6 月下旬至 10 月为结果期，10 月下旬植株开始衰老，叶渐枯黄。11 月至翌年 3 月，则为地下茎的越冬休眠期。

【田间管理】

中耕除草：从栽植起到荷叶长满封行为止，先后要进行中耕除草 2～3 次，第一次在荷叶未抽发前，第二次在浮叶出现后，第三次在出立叶后。

追肥：在生长季节，如果荷叶瘦弱发黄，可以适当施追肥，肥料必须充分腐熟。一般需要追肥 2 次。第一次在刚出 1～2 片立叶时，第二次在立叶封行前，可追人粪或腐熟的饼肥。

水位调节：莲在不同的生长时期对水分要求不一，调节水位应掌握由浅到深、再由深到浅的原则，同时还要保持水位的稳定。一般分栽时，保持 5～10 厘米的水位。随着立叶的生长，水位可以提高到 30～60 厘米，到结藕期放浅水位到 5 厘米左右。汛期要防止水位猛涨，汛前在湖、塘或莲田中可以提高水位，使荷叶、花梗长得高些。在下暴雨或蓄洪前，注意提早放水，以减少内涝，淹死植株。

夏至到立秋是莲的生长旺期，为了防止走茎穿越田埂，应随时将近田岸的藕梢小心向田内拨转。

莲忌狂风暴雨，要防风防冻。

【病虫害防治】

黑斑病：主要发生在叶片上，开始时出现淡褐色斑点，而后扩大，直径可达 10～15 毫米，病斑上有明显的轮纹并生有黑色的霉状物，严重时可使叶片枯死。可用波尔多液喷洒。

根腐病：主要为害须根和根茎，根部变褐腐烂，地上部分的症

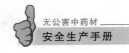

状是叶片失水枯萎而死。莲田进行水旱轮作可防治此病。

莲缢管蚜：以若虫、成虫群集于叶芽、花蕾以及叶背处，吸取汁液为害，每年发生20多代。5月上旬至11月均可发现。少量发生时可用手捏死。多时可用爱福丁液喷杀。

稻根叶甲：幼虫为害莲的茎节，吸吮汁液，以致荷叶发黄枯死，成虫也啃食荷叶。水旱田轮作可杀死土中越冬幼虫；清除莲田杂草，尤其是眼子菜，可以减少成虫产卵机会和食料；结合冬耕或春耕用西维因可湿性粉剂加细土5千克，拌匀撒入莲田后再行耖田，或加石灰拌入土中。

【采收、加工及贮藏】

莲子一般在6月下旬至9月初成熟，采摘时以莲蓬呈黑褐色或棕褐色为适度。采摘过早，颗粒不饱满，含水量大，易霉烂，不宜贮存，且晒干后莲肉干瘪；采摘过迟，莲子易脱壳落水，造成损失。莲蓬摘下后，应及时将莲子脱出剥离莲衣、晒干，清除杂质和瘪子，装包入库。在采收莲子的同时可收集药材莲房、莲衣、莲子心等。

莲子应用新麻袋或纸盒包装，内套聚乙烯薄膜袋，储藏在阴凉、通风、干燥、清洁的库房内，堆垛不宜过高，一般以5~10层为好，并经常倒垛翻晒，并注意防治仓库害虫和老鼠。有条件的地方可采取低温贮藏，一般保持在干燥、低温的条件下可储藏3~5年。

【商品规格】

优质莲子外观上有一点自然的皱皮或残留的红皮，孔较小，煮过后有清香味，膨化较大。劣质莲子孔较大，煮过后无清香味，体积无变化。

3. 五味子

木兰科五味子属多年生落叶木质藤本。别名辽五味子。以果实入药。有敛肺、滋肾、止汗、止泻、泻精功效。主治咳喘、自汗、盗汗、遗精、久泻、精神衰弱。多生在杂木林或针阔混交林中，常见缠绕于乔木或大灌木的树干上，直达树顶，影响树木生长。在庇荫很大和完全裸露的南坡不见有分布。皮和果实有强烈香气，可做调味用，俗称山胡椒。也可供酿酒用，果实多汁，酸而涩。根和种子可作药，有兴奋作用。秋季红果累累，可供庭园观赏。主产于东北、河北、山西、陕西、宁夏、山东、江西、湖北、四川、云南等省。花期5～7月。果期6～9月。

【栽培技术】

（1）基地选择　喜荫蔽和潮湿环境，腐殖质土或疏松肥沃的壤土均可栽培。耐严寒，忌低洼地，幼苗怕强光。选择潮湿的环境、疏松肥沃的壤土或腐殖质土壤，有灌溉条件的林下、河谷、溪流两岸、15°左右山坡，荫蔽度50%～60%，透风透光的地方。地势选好，整地、翻地，耕细做畦。低洼易涝、雨水多的地块可做成高畦，床高15厘米左右，高燥干旱、雨水较少的地方做成平畦。不管哪种床都要有15厘米以上的疏松土层，畦宽120～150厘米，长视种子和地势而定。每平方米施腐熟厩肥5～10千克，和床土搅拌均匀，搂平畦面备播种。

（2）种植方法　大面积生产常采用种子繁殖。

种子处理：五味子种子有胚后熟休眠，即属深度休眠型。种子收获时胚尚未生长发育好，胚生长发育要求低湿湿润条件，在0～5℃低温下湿沙埋藏3～4个月后胚发育成熟，种子才能萌发。生产上需秋播或低温沙藏至翌春播种。种子收获时进行穗选，选果粒大、均匀一致的作种，晒干或阴干，结冻前用清水浸泡至果肉涨起时控去果肉，去掉浮在水面的秕粒，再用清水浸泡5～7天，使充分吸水，每隔1天换水一次，换水时还可清除一部分瘪粒。浸泡后捞出控干与2～3倍的湿沙和种子混匀，放入室外准备好的深50厘米左右的坑中，上面覆盖10～15厘米的细土，再盖上柴草或草帘子，进行低温处理。2月下旬将种子移入室内，拌上湿沙装入木箱进入沙藏处理，其温度保持在5～15℃，翌年5～6月即可裂口播种。发芽率达60%。

把种子用冷水浸泡3天，再用赤霉素或硫酸铜溶液浸种24小时，种后40天才出苗，生长较慢，发芽率分别为68%、56%。用

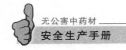

硫酸铜浸种 7 分钟（操作要小心），取出用水洗，放赤霉素 5 毫克/升的溶液浸种 12 小时，播后 15～30 天出苗，成苗率可达 70％。

五味子播种分春播和秋播。春播 5 月撒播或条播，行距 10 厘米，覆土 1.53 厘米，每平方米播种量 0.03 千克左右。浇透水，盖草保墒。出苗后撤去盖草，搭架遮阴，透风和少量阳光。苗高 5～6 厘米时拆除架棚，按株距 5 厘米定苗，追肥尿素每公顷 5 千克，第二年或第三年春定植到大田，按行株距 100 厘米×50 厘米定植。每年追一次肥，根茎处生出的新枝及时剪掉。在实际生产中采用秋播为好。也有的用当年新种子。清水漂洗去果肉，控干于 8 月份播种，以后搭 100～150 厘米高的棚架，上面用苇帘遮阴，土壤干旱地浇水，小苗长出 2～3 片真叶时可撤掉遮盖物，经常除草。冬季小苗要覆盖草，翌春即可定植。南北行间或等高栽植，株行距 50～100 厘米×150～200 厘米。

压条繁殖：在春季萌发前进行，选健壮茎蔓，清除附近的枯枝落叶和杂草，在地面每隔一段距离挖一个 10～15 厘米深的坑，小心将五味子茎蔓从攀援植物上取下来，放在坑内覆土踏实，待扎根抽蔓后即成新植株，第二年移栽。

扦插繁殖：春天植株未萌动前选 1 年生枝条或秋天花后期，雨季剪取坚实健壮枝条，剪成 12～15 厘米长一段，有 2～3 个芽，上切口平，下切口剪成 45°斜面，插条基部用 ABT1 号生根粉 150 毫克/升浸 6 小时或萘乙酸（NAA）500 毫克/升浸 12 小时，混拌好的壤土 3 份、沙 1 份的苗床上，行距 12 厘米，株距 6～9 厘米，斜插入深度为插条的 2/3，床面盖蓝色塑料薄膜，经常浇水。也可在温室用电热控温苗床扦插，床面盖蓝色塑料薄膜和花帘，调温。遮光，温度控制在 20～25℃，相对湿度 90％，荫蔽度 60％～70％，生根率在 38％～87％，第二年春定植。

大田栽植：离树蔸 60 厘米左右，一边栽一株。这种栽法产量高。人为搭架，按行株距 100 厘米×50 厘米、60 厘米×50 厘米栽植五味子苗。南北行间以利通风透光，挖穴深宽各约 30 厘米，将肥料和土拌匀填在穴内。栽苗时，填一半土，稍提提苗子使根系伸直，利于成活。踏实，浇水，水渗后再覆一层隔墒土。

【生长发育】

野生五味子成熟落地后生根发芽成母体，在母体的根茎上发出许多芽，在土壤中向四周水平或斜上生长成横走茎；而横走茎上又发出许多芽及须根，并形成新的横走茎，每条横走茎都能生出许多地上茎，进行无性繁殖，逐渐形成独特的营养繁殖系。五味子种子胚后熟要求低温湿润条件，生产上需要秋播或低温沙藏。

开花结果习性：五味子一般在 5 月中下旬至 6 月上旬开花，花期 10～15 天，单花初展至凋萎可延续 6～8 天。其开花习性是夜间开花最多，白天开花数目较少。果熟期 8～10 月。

五味子的芽分花芽与叶芽两种，花芽为混合芽，与叶芽在外形上无明显区别。花芽生长在叶芽下面，由几片鳞片覆盖着，展叶后方能见到花芽，每个花芽可开 1～3 朵花。花芽着生在 1 年生枝的叶腋内，第二年春萌发后抽出结果枝，在结果枝基部开花结果。3 年以上的枝条开花结果甚少。

【田间管理】

灌水施肥：五味子喜水喜肥，苗期生长很慢，所以要常浇水、除草、施肥。孕蕾开花结果期除了供给足够水分外，需要大量肥，一般一年追两次，第一次展叶前，第二次开花前。每株追施腐熟农家肥 5～10 千克，距根部 30～50 厘米，周围开 15～20 厘米深的环状沟，勿伤根，施后覆土；第二次追肥，适当增加磷钾肥，促使果成熟。

剪枝：每株选留 3～4 个粗壮枝条培育外，其余大部分基生枝均剪掉。一年分春、夏、秋三季剪枝。春剪：剪掉短结果枝和枯枝，长结果枝留 8～12 个芽其余截去，剪后枝条疏密适度，互不干扰，萌发前进行。夏剪：5 月上旬至 8 月上中旬进行，剪掉基生枝、膛枝、重叠枝和病虫枝。对过密的新生枝也要疏剪或截短。秋剪：落叶后进行，剪基生枝。三次剪枝都要注意留 2～3 个营养枝作主枝，并引蔓上架。

松土除草：五味子生育期间要及时松土除草，保持土壤疏松、

无杂草，勿伤根，同时在基部做好树盘，便于灌水。

【病虫害防治】

叶枯病：发病初期从叶尖或边缘发起，感染整个叶面，使之枯黄脱落，严重时果穗脱落。防治方法要加强田间管理，注意通风透光。发病初期用波尔多液喷雾，7天1次，连续数次。

虫害：卷叶虫幼虫危害，造成卷叶，影响果实生长，甚至脱落。可用辛硫磷液或乐果液或敌百虫液喷洒。

【采收、加工及贮藏】

五味子实生苗5年后结果，无性繁殖3年挂果，一般栽植后4～5年大量结果。8～9月果实呈紫红色摘下来晒干或阴干。适时采收很重要，否则影响产量和质量。采早商品质量差，采晚熟的太过，果皮易破裂，晒晾不方便。晒果方法是在席子底下垫树枝，席上放3厘米厚的五味子，晒3～5天果皮有皱纹，轻轻搅动，经2～3周即晒干。采收季节遇阴雨天，要用微火烘干，但温度不能太高，否则挥发油易挥发，果粒变焦。

【商品规格】

商品有北五味子（辽五味）和南五味子（山五味子）两种，均以粒大、肉厚、色泽红润、具有油润光泽者为佳。北五味子商品中分为一等和二等，南五味子系统货。习惯认为以辽宁产者油性大、紫红色、肉厚、气味浓，质量最佳，故有"辽五味"之称。

（1）北五味子

一等：呈不规则球形或椭圆形。表面紫红色或红褐色，皱缩，肉厚，质柔润。内有肾形种子1～2粒。果肉味酸，种子有香气，味辛微苦。干瘪粒不超过2%。

二等：表面黑红，暗红或淡红色，皱缩，肉较薄，干瘪粒不超过20%。其他同一等。

（2）南五味子 统货。呈球形或椭圆形。表面棕红色或暗棕色。皱缩肉薄。内有种子1粒，味酸微苦辛。干枯粒不超过10%。

4. 木瓜

蔷薇科木瓜属落叶灌木或小乔木。木瓜是抗病保健佳果，又称万寿瓜。从移栽到结果只需 6 个月左右，单干直立，长年不断开花结果，单果重 0.5~1.5 千克，每株一年可产果 35 千克左右，最高单株产果 65 千克。木瓜果肉厚实、香气浓郁、甜美可口、营养丰富，特有的木瓜酵素能清心润肺还可以帮助消化、治胃病。独有木瓜碱具有抗肿瘤功效，对淋巴性白血病细胞具有强烈抗癌活性。耐贮运，采收后自然存放 1~2 月，产果早，并且第一年每 667 米^2 获高产达 1 000 千克以上。每 667 米^2 栽 250 株。具有镇咳镇痉、清暑利尿、舒筋活络、和胃化湿等功能。近年来又开发出木瓜饮料、木瓜酒、果脯、罐头及化妆品等系列产品，国内外市场供不应求，发展木瓜产业前景十分广阔。性味酸，温。归肝、脾经。通经活络。适用于风湿痹症，手足麻木，腰膝疼痛，筋骨无力。主治湿浊伤中，吐泻转筋；脚气肿痛，冲心烦闷。常配温化寒湿药。主产山东、安徽、四川、湖北、云南、陕西等省。花期 4 月。果熟期 9~10 月。

【栽培技术】

（1）基地选择　温带树种。适应性强，喜光，也耐半阴，耐寒，耐旱。对土壤要求不严，在肥沃、排水良好的黏土、壤土中均可正常生长，忌低洼和盐碱地。苗圃地宜选择在交通便利、水源充足、排灌良好、疏松、肥沃的棕壤土或黄壤土地块。

（2）种植方法　选择盛果期无病虫害的果树，于每年 9 月中旬前后，当木瓜果实外皮多数变黄时方可开始采摘，取出种子，选出空粒、瘪粒，然后用 0.1%~0.3% 的高锰酸钾水溶液浸泡约 1 小时后，用清水冲洗干净，直接播种或者沙藏至翌年春季播种。沙藏办法即种子与净沙 1∶3 比例混合，露天沙藏至背风阴凉干燥处，坑深约 50 厘米，若种子过多，还应用竹棍或玉米秆做"排气孔"，沙子湿度以手握成团而不滴水为宜，上盖净沙约 30 厘米，贮藏过程每月检查 2~3 次，若发生霉变或发热，应及时转窖另藏。翌年春季 3 月中旬左右，种子有 2/3 裂嘴时，即可开始播种。木瓜通常采用平床条播法，每 667 米^2 播种量 30~40 千克。床宽 120~150 厘米，行距 20 厘米，沟深 8~10 厘米，覆土厚度 3~4 厘米，过道

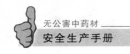
20～25厘米，播后灌足底水。

苗木嫁接：常栽植实生苗木，不但挂果迟（一般五六年开始挂果）产量低，而且品种退化，经济效益较低。现多数栽植嫁接苗木，第三年即开始挂果。山东近年选育的长俊、国华、绿玉等几个品种适应性强，产量高（丰产后产量可达到每667米²5 000千克以上，收入近万元），品种优，可大面积发展推广。嫁接时间一般在8月下旬至9月上旬，通常采用单芽腹接法，不露芽，翌年开春检查完全愈合，在距离嫁接处2～3厘米剪除，及时抹芽除蘖，加强管理，当年苗木可长至1.5米左右，对少部分未成活的，在春季采用同样办法补接。

【生长发育】

木瓜根系分布较浅，分枝力强，侧根和细根较多。根系多分布在20～40厘米的耕作层里，垂直根可达3米左右，水平根则可达冠幅的2～4倍。根系的生长活动早于地上部，停止生长晚于地上部。早春土温5℃左右时，根系开始活动，6月中旬至7月中旬有一次生长高峰，8月下旬出现另一次高峰。11月中下旬，随着土温下降，温度低于10℃时，根系活动减弱，并逐渐停止。

木瓜幼树枝干生长快，萌芽力和成枝力均较强，肥力条件充足时，当年生新梢可达1.2米以上。随着树龄的增长，树势逐渐缓和，只在树冠顶部1年生部位萌发几条较长的新梢，发育成结果母枝，而中、下部发生的均为短营养枝。进入结果盛期以后，树姿相对开张，受结果的影响，许多枝条开始弯曲下垂。

在年周期中，一般气温达到12℃左右，叶芽即开始萌动，3月中旬形成几层小莲座叶时，开始现蕾抽枝。3月底4月初进入盛花期，新梢于4月上旬开始加长、加粗生长，5月中旬进入第一次生长高峰，6月上中旬停长。在降雨量较大的7、8月份，新梢出现第二次生长高峰，形成秋梢。11月上中旬，气温下降，叶片脱落，进入休眠期。

木瓜的花芽为混合花芽，当年生枝的强芽和侧芽，多年生长枝的侧芽及其上着生的短枝、极短枝和果台枝，甚至部分隐芽均能分化为花芽。春天花芽萌动后，先抽生一段很短的新梢，在新梢的顶部花柄伸长，开花结果。营养良好时，可抽生果台副梢，并形成花芽，连年结果。

木瓜 4 月中旬开花，4 月下旬开始谢花，5 月上旬结束。每朵花从开花到谢花需 7～9 天，全树花期 15～20 天。谢花后，果实开始发育，4 月下旬至 5 月中旬以后，果实生长缓慢，整个果实生长期共需 180～200 天。

【田间管理】

木瓜苗木田间管理主要是松土、除草、浇水、上肥。只要种子、土壤消毒过关，种子完全成熟，一般无需进行病虫害防治。除草要做到"除早、除小、除了"，避免干旱，定期松土，出苗约 1 个月后即可上肥，采用沟状施肥法，每半月一次，每 667 米² 施入尿素约 15 千克，共施 4～5 次，立秋后停止施肥，促进苗木木质化。

【病虫害防治】

花腐病：主要危害叶片、花和幼果。发病时期要彻底清除病叶、病花、病果。春、秋两季要把落叶、落花、落果收集一起烧毁，冬季结合修剪去除病枝。发芽前喷布 5 波美度石硫合剂，展叶后、花蕾期、盛花后各喷 1 次 0.4～0.5 波美度石硫合剂。

褐斑病：主要危害叶片，初在叶片上发生圆形褐色斑点，直径 2～4 毫米，边缘清晰。冬季要彻底清理果园落叶，消灭菌源。发病初期叶面喷多菌灵可湿性粉剂或甲基托布津可湿性粉剂。

虫害：铜绿金龟子：主要危害花、叶片。成虫发生时吃花瓣、花蕾、嫩叶等。在成虫发生期，利用成虫的趋光性诱捕。成虫发生期，叶面喷氧化乐果溶液。

大袋蛾：主要危害嫩梢和叶片，严重时可啃食幼果。人工摘除越冬虫囊，集中烧毁。幼虫孵化期，叶面喷敌敌畏乳油。幼虫发生期，叶面喷 Bt 生物杀虫剂进行生物防治。

【采收、加工及贮藏】

采收应于果实在树上开始变黄时进行。采收时，掰下果实，防

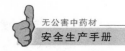

止机械损伤，于园内进行分类，把无病虫害、无损伤的堆在一起，进行分级。对贮存、外运、销售的果实，要分别用纸包好，放于纸箱或木箱内。观赏用的果实，经十多天闷贮、发汗，散放出浓香时，即可摆放室内闻香观赏。

【商品规格】

不分等级，均为统货。以果实均匀、皮皱色紫红、体实肉厚、内心较小者为佳。

5. 枳壳

芸香科柑属小乔木。干燥未成熟果实入药。古代本草记载的枳虽为枸橘，但药用枳壳、枳实宋代以后发生了变迁，改为用酸橙的果实，沿用至今。现在药用酸橙为正品。味苦、酸，性微寒。具行气宽中，消食化痰功能。枳壳适宜生长于阳光充足、温暖湿润的气候环境。年平均气温在15℃以上为宜，生长最适温度20～25℃，可忍受短时间−9～−14℃气温，在水分充足的条件下，40℃以上高温也不掉叶。喜湿润，降雨要求分布均匀，年降水量1 000～2 000毫米。稍耐阴，但以向阳处生长较好，开花及幼果生长期日照不足易引起落花落果。以排水良好、疏松、湿润、土层深厚的沙质壤土和冲积土为好。pH 6.5～7.5为最适。栽植地宜选平原、丘陵、缓坡山地。酸橙树冠高大，根系分布深而广，枝叶生长旺盛，开花结果亦多，要求土壤有充足的肥料。产于江西、四川、湖北、贵州等省。多系栽培。以江西清江、新干所产最为闻名，商品习称"江枳壳"。花期4～5月。果期6～11月。

【栽培技术】

（1）基地选择　适应栽培在光照充足、平坦的沙壤地上。

（2）种植方法

育苗移栽：选壮年树上结的成熟果实采籽，阴干混沙三成，埋于沙坑中备用。苗床选沙质壤土做畦，惊蛰前后按行距8厘米条播，覆土约0.5厘米，轻压使种子与土接合，并盖麦秆浇水。出苗后，可揭去盖草并锄草，施稀粪水肥。秋天按株距7～8厘米间苗或补苗。待苗生长3～4年后，选无病虫害的壮苗，在夏季按株行距 15 厘米移栽定植。

芽接（枝接成活较差）：在寒露节前后选 2～3 年生无病虫害的良种壮枝，摘叶留柄，再把枝芽和一小块木质部一齐削成盾形的接穗，然后在砧木（带根的苗木）的树干横向割断树皮（不割进木质部），再在其中央向下割一刀，使成丁字形。把接穗的木质部去掉以后，立即嵌到砧木的割口里，捆扎固定。接活后把接穗部以上的砧木割去，只让接穗生长。在接后第 2～3 年，按株行距 45 厘米定植，先挖坑，将苗木放上，理好根后填土，随后轻轻往上提苗木，使须根舒展，再填土踏实。

高枝压条法：在 12 月前后，选壮树上 2～3 年生的枝，环切一条宽约 1 厘米的缝，剥去树皮，并敷湿泥，外用稻草包好，每天或隔天浇水一次，半个多月可生根。壮树每树可接 6～10 枝，约 2 个月后切断，栽于地里，5～6 月再定植。

【生长发育】

嫁接繁殖第 3～5 年可开花结实，种子繁殖第 8 年开花结实。3～4 月发新叶抽枝，4～5 月开花，4 月下旬至 5 月初为盛期，花谢期形成幼果，落花落果较多，捡拾落果即可作枳实。7 月小暑至大暑间采集青果即可作枳壳，果实至 8～9 月完全膨大，10～11 月逐渐转色成熟。

【田间管理】

中耕除草：每年 3～4 次，过干灌水，过湿则排水。

施肥：采用环状施肥法，在树冠下挖一条宽 7～8 厘米，深约 3 厘米的圆沟，于开花前、果如指大（生理落果已定后）和采果后各施肥一次，可用人粪尿、塘泥、草木灰、骨粉、厩肥等，每株每次 25～35 千克。

修枝：成树多在冬季进行，可剪去下垂枝（衰老）、刺、残留果柄、枯枝及分布不匀的密生侧枝、重叠枝、交叉枝和病虫害枝等。

【病虫害防治】

疮痂病：为害新梢、叶片、花果等幼嫩部分。果实在 5 月下旬

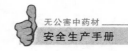

至 6 月下旬发病最严重。防治方法是在春芽萌发前，喷数次波尔多液。

树脂病：为害枝叶、果实。应加强酸橙园管理，疏通排水沟，增施追肥，增强树体本身抗病能力；冬季用涂白剂刷树，消除病原菌越冬场所；及时挖掉病株或锯掉枯死病枝烧毁；在夏、秋季治理患部，刮除病菌直至树干木质部，然后涂上波尔多液防治。

溃疡病：侵害嫩叶、幼果和新梢。要严格检疫，用无病苗木栽植；合理修剪，剪除病枝、病叶，集中烧毁；抽春梢或花蕾现白时，以及谢花后，喷波尔多液，隔 7 天一次，连续喷 2～3 次。

虫害主要有褐天牛、星天牛、浅叶蛾、锈壁虱、吉丁虫等。可采用农艺防治与药物防治相结合的综合措施。

【采收、加工及贮藏】

7～8 月果实尚未成熟时采收，不宜过迟，否则果实老熟，皮薄瓤多，影响质量。采后横切成两瓣，仰面晒干或低温干燥。

干燥的枳壳应置于室内高燥的地方贮藏，应有防潮设施。保存条件宜为凉库环境。商品安全水分为 10％～13％。储藏期间应保持环境清洁，发现受潮要及时晾晒或翻垛通风。有条件的地方可进行密封抽氧充氮养护。

【商品规格】

一等：干货。横切对开，呈扁圆形，表面绿褐色或棕褐色，有颗粒状突起，切面黄白色或淡黄色，肉厚，瓤小。质坚硬，气清香，味苦，微酸。直径 3.5 厘米以上，肉厚 0.35 厘米以上，无虫蛀、霉变。

二等：直径 2.5 厘米以上，肉厚 0.35 厘米以上，无虫蛀、霉变，其余同一等。

6. 吴茱萸

芸香科吴茱萸属常绿灌木或小乔木。入药部位是吴茱萸、石虎或疏毛吴茱萸的干燥近成熟的果实。别名纯柚子、吴芋、米辣子。味辛、苦，性热，有小毒。归肝、脾、肾经。具有散寒止痛、降逆止呕、助阳止泻功能。用于厥阴头痛、寒疝腹痛、寒湿脚气、行经腹痛、脘腹胀痛、呕吐吞酸、五更泄泻、高血压等症，外用可治疗口疮等。吴茱萸生长在温暖地区，海拔 200～1 000 米的低山丘陵的林缘或疏林中，多栽培于海拔 300～500 米的村旁、路边及林缘空旷地。主产于贵州、广西、湖南、云南等地。多系栽培。以贵州、广西产量较大，湖南常德产者质量最好，销全国各地，并出口。花期 6～8 月。果期 9～10 月。

【栽培技术】

（1）基地选择　吴茱萸对土壤要求不严，一般山坡地、平原、房前屋后，路旁均可种植。中性、微碱性或微酸性的土壤都能生长，但做苗床时尤以土层深厚、较肥沃、排水良好的壤土或沙质壤土为佳。低洼积水地不宜种植。每 1 000 米^2 施农家肥 3 000～4 000 千克作基肥，深翻暴晒几日，碎土耙平，做成 1～1.3 米宽的高畦。

（2）种植方法

根插繁殖：选 4～6 年生，根系发达，生长旺盛且粗壮优良的单株作母株。于 2 月上旬，挖出母株根际周围的泥土，截取筷子粗的侧根，切成 15 厘米长的小段，在备好的畦面上，按行距 15 厘米开沟，按株距 10 厘米，将根斜插入土中，上端稍露出土面，覆土稍加压实，浇稀粪水后盖草。约 2 个月左右即长出新芽，此时去除盖草，并浇清粪水 1 次。苗高 5 厘米左右时，及时松土除草，并浇稀粪水 1 次。翌春或冬季即可出圃定植。移栽方法是：按株行距 2 米×3 米，挖穴深 60 厘米左右，穴径为 50 厘米，施入腐熟基肥 10 千克。每穴栽 1 株，填土压实浇水。

插枝繁殖：选 1～2 年生发育健壮、无病虫害的枝条，取中段，于 2 月间，剪成 20 厘米长的插穗，插穗需保留 3 个芽眼，上端截平，下端近节处切成斜面。将插穗下端插入 1 000 毫克/升的吲哚丁酸溶液中，浸半小时取出，按株行距 10 厘米×20 厘米斜插入苗床中，入土深度以穗长的 2/3 为宜，切忌倒插。覆土压实，浇水遮阳。一般经 1～2 个月即可生根，4 月 20 日以后地上部芽抽生新枝，第二年就可移栽。

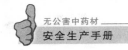

分蘖繁殖：吴茱萸易分蘖，可于每年冬季距母株 50 厘米处，刨出侧根，每隔 10 厘米割伤皮层，盖土施肥覆草。翌年春季，便会抽出许多幼苗，除去盖草，待苗高 30 厘米左右时分离移栽。

【生长发育】

一般定植后 3 年开始结实。植株寿命为 20 年左右，管理好的可达 40 年。2～3 月气温回升到 20℃时开始抽芽，5～6 月进入生长高峰期，11～12 月开始落叶。

【田间管理】

移栽后要加强管理，干旱时及时浇水，并注意松土、除草。每年于封冻前在株旁开沟追施农家肥。当株高 1～1.5 米时，于秋末剪去主干顶部，促使多分枝。开花结果树应注意开春前多施磷、钾肥。老树应适当剪去过密枝，或砍去枯死或虫蛀空树干，以利更新。

【病虫害防治】

锈病：主要在 5～7 月发生，主要为害叶片。发病初期可用石硫合剂防治。

烟煤病：症状为叶片、枝条上覆盖一层黑褐色煤状物。当蚜虫或介壳虫为害吴茱萸时，蚜虫分泌物常会诱发该病的发生，该煤状物易剥落，剥落后，叶片仍为绿色，该病严重时影响光合作用。防治方法是治蚜防病，5 月上旬至 6 月中旬，蚜虫、介壳虫为害期，可喷乐果乳油，连续几次即可。

主要虫害有褐天牛、蚜虫、红蜡介壳虫、柑橘凤蝶等。褐天牛幼虫蛀入树干，咬食木质部，形成不规则的弯曲孔道。7～10 月常在主干上发现胶质分泌物、木屑和虫粪。影响树干生长。可在 5～7 月，成虫盛发期人工捕杀成虫；幼虫蛀入树干后，用钢丝从虫孔处捕杀；或用黄泥封口毒杀。

【采收、加工及贮藏】

吴茱萸移栽 2～3 年后就可开花结果。采收时因品种而异。一般于 7～8 月，当果实由绿转为橙黄色时，就可采收。宜在早上有露水时采摘，以减少果实脱落，干燥后揉去果柄，去除杂质即成。

以果实干燥、饱满、坚实无梗、无杂者为佳。正常植株可连续结果 20～30 年。

吴茱萸以麻袋包装，置于干燥仓库保存，温度不超过 28℃，相对湿度 70%～75%，商品安全水分 7%～13%。本品在高温高湿条件下，易泛油、散味、生霉。贮藏期间应保持凉爽干燥，有条件的地方可将商品密封，抽氧充氮加以养护。

【商品规格】

以身干、色绿、有光泽，粒小、饱满、匀净，香气浓烈，无枝梗、杂质者为佳。

7. 酸枣仁

鼠李科枣属落叶灌木或小乔木。别名山枣、酸枣子、别大枣、刺枣等。酸枣仁即酸枣的种子。味甘、酸，性平。归肝、胆、心经。有补肝、宁心、敛汗、生津的功效。用于虚烦不眠，惊悸多梦，体虚多汗，津伤口渴。药理试验证明，酸枣仁具有镇静催眠作用。在海拔 250～1 000 米的低山丘陵较干旱地区长势好。分布于辽宁、河北、河南、陕西、山西、内蒙古、山东、江苏、安徽、湖北、四川等省、自治区，主产于河北、陕西、辽宁、河南等地。花期 4～5 月。果期 9 月。

【栽培技术】

（1）基地选择 选土层深厚、肥沃、排水良好的沙质土壤，每 667 米² 施厩肥 1 500～2 000 千克，深翻 20～25 厘米，耙平整细，做宽 100～130 厘米的畦。

（2）种植方法

种子繁殖：选择生长健壮、连年结果而产量高、无病虫害的优良母株，于 9～10 月采收成熟的红褐色果实，堆放阴湿处使果肉腐烂，置清水中搓洗出种子，与 3 倍种子量的湿沙混合，在室外向阳干燥处挖坑层积沙藏，或种子装入木箱内，置室内阴凉湿润处贮藏。第二年春季当种子裂口露白时即可播种。春播于 3 月下旬至 4 月上旬，秋播于 10 月下旬进行。按行距 30 厘米开沟，深沟约 3 厘米，将种子均匀撒入沟内，覆土稍镇压，浇水、盖草保温、保湿，

10 天左右出苗。齐苗后揭除盖草。培育 1～2 年，苗高 80 厘米左右即可出圃，按行株距 2 米×1 米开穴定植，穴深 30 厘米，每穴 1 株，填土踏实，浇水。

分株繁殖：选择优良母株，于冬季或春季植株休眠期，距树干 15～20 厘米挖宽 40 厘米左右的环状沟，深以露水平根为度，将沟内水平根切断。当根蘖苗高 3 厘米左右时，选留壮苗培育，沟内施肥填土，再离根蘖苗 30 厘米远处开第二条沟，切断与原植株相连的根，促使根苗自生须根，数天后将沟填平，培育 1 年即可定植。

【生长发育】

2 年生苗开始开花结果，可连续结果 70～80 年，甚至上百年。4～5 年进入结果盛期。盛期可达 10 多年。10 年后可长成 4～5 米高的小乔木。酸枣有三种枝条，即生长枝、结果母枝、脱落性结果枝。结果母枝是酸枣的主要结果部位，能连续结果十几年，因此，栽培上要注意结果母枝的培养，努力维持其结果能力，进行合理的修剪，及时更新复壮，防止过早衰老。

【田间管理】

松土除草：苗期及时松土除草，定植后每年松土除草 2～3 次，也可间种豆类、蔬菜等，并结合间作进行中耕除草。

追肥：苗高 6～10 厘米时，每 667 米² 施尿素或硫酸铵 10～15 千克，苗高 30～40 厘米时，在行间开沟，每 667 米² 施厩肥 1 000 千克、过磷酸钙 15 千克，施后浇水。4～5 年进入盛果期，每年秋季采果后，在株旁开沟，每株施土杂肥 50 千克、过磷酸钙 2 千克、碳酸氢钠 1 千克。

修剪：定植后，当干径粗达 3 厘米左右时，以高度 60～80 厘米定干，并逐年逐层修剪，将整个树体控制在 2 米左右，经 3 年整形修剪可形成主干层形圆满的树冠。成年树，主要于每年冬季及时剪除密生枝、交叉枝、重叠枝和直立性的徒长枝，同时剪除针刺，改善树冠内透光性，以提高坐果率。盛花期在离地 10 厘米的主干环状剥皮 0.5 厘米宽，可显著提高坐果率。

【病虫害防治】

病害主要有枣锈病和枣疯病。枣锈病危害叶片，病叶变成灰绿色，无光泽，最后出现褐色角斑而脱落；枣疯病感染植株后，生长衰退，叶形变小，枝条变细，多成丛簇生成丛枝状，使花盘退化，花瓣变成叶状。发现枣疯病病株，连根刨除，树穴用5%石灰乳浇灌；也可喷农抗120进行预防；枣锈病发病初期可喷洒可杀得、农抗120、百菌清等。

虫害主要为桃小食心虫，以幼虫蛀食果肉，造成减产。盛花期开始，在树干周围地面喷西维因粉剂，消灭越冬出土幼虫；成虫羽化期用性诱剂诱杀雄蛾；产卵期树上喷氟氯氰菊酯或甲氰菊酯等。

【采收、加工及贮藏】

栽种后第二年开花结果。9～10月当果实呈枣红色，完全成熟时采收。一般用于主竿打落采集。也可喷0.03%～0.05%乙烯利溶液，4天后摇树，捡拾落下的果实。

果实采后，除去果肉，碾破枣核，分离枣壳，淘取枣仁，晒干即成商品。

应存放于清洁、阴凉、干燥通风、无异味的专用仓库中，并防回潮、防虫蛀。温度30℃以下，相对湿度70%～80%为宜，商品安全水分为12%～14%。储藏期间应保持环境清洁，发现受潮及轻度霉变、虫蛀，要及时晾晒或翻垛通风。有条件的地方可进行密封抽氧充氮养护。

【商品规格】

酸枣仁商品规格常分为两个等级：

一等：种仁扁圆形或扁椭圆形，饱满。表面深红色或棕褐色，有光泽。断面种仁浅黄色，有油性，味甘淡。核壳不超过2%，碎仁不超过5%，无黑仁、杂质、虫蛀、霉变。

二等：种仁较瘪瘦，表面深黄色或棕黄色。断面种仁浅黄色，有油性，味甘淡。核壳不超过5%，碎仁不超过10%，无黑仁、杂质、虫蛀、霉变。

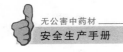
8. 山茱萸

山茱萸科梾木属落叶小乔木。干燥成熟果肉入药，又名枣皮、药枣、萸肉、蜀枣、实枣儿、山萸肉。始载于《神农本草经》，列为中品。李时珍谓："本经一名蜀酸枣，今人呼为肉枣，皆象形也。"中国是世界上山茱萸资源最为丰富的国家，以浙江产量大，品质优，有"杭萸肉"、"淳萸肉"之称。具有补肾益肝、涩精固脱的功能。用于眩晕耳鸣、腰膝酸痛、阳痿遗精、遗尿尿频、崩漏带下、大汗虚脱、内热消渴等病症。山茱萸不仅是中药临床配方的常用药、多用药，而且也是传统中成药的重要原料，如六味地黄丸、十全大补丸等等。其应用历史悠久，国内外久负盛名。山茱萸适宜生长在温暖湿润环境中，畏严寒。主要集中分布区域，冬季温度一般不低于$-8℃$，夏季最高气温不超过$38℃$，年平均气温$14\sim15℃$。在北纬$30°\sim40°$、东经$100°\sim140°$之间的陕西、河南、湖北、安徽、浙江、四川等省海拔$250\sim1\,300$米的山区都有分布，海拔$600\sim900$米的生长发育最佳。花期$5\sim6$月。果期$8\sim10$月。

【栽培技术】

（1）基地选择 山茱萸在年平均温度$8\sim17.5℃$条件下均能正常生长发育。基地应选择光照充足的缓坡地、丘陵地及沥水的平地。坡地的坡度不超过$25°$，海拔在400米以上。宜选择中性或微酸性，具有团粒结构，含腐殖质以及多种矿质元素，疏松、深厚、肥沃的黄壤或沙壤土，丘陵、荒地等亦可生长。

（2）种植方法 山茱萸对土壤要求不严，苗地应选择地势平坦、土层深厚、土质疏松肥沃，排水良好的微酸性或中性壤土或沙质壤土的地块。育苗地每667米^{2}施入农家肥$2\,000$千克，深翻$25\sim30$厘米，耕后耙细，做1.3米宽的平畦，并挖好排水沟。选择优良品种。由于山茱萸种子有休眠的特性，所以播种前要对种子进行处理，主要的方法有浸沤法、腐蚀法、冲核法、硫酸腐蚀法。春季$3\sim4$月播种，在做好的苗床上按行距30厘米开沟，沟深$6\sim9$厘米，沿沟将处理过的种子播于沟内，覆盖约1厘米厚的经充分腐熟的细牛粪后，覆细土$3\sim4$厘米即可。苗床管理以保持床面湿润为主，注意及时拔除杂草。

【生长发育】

山茱萸从种子播种出苗到开花结果一般需要 8～10 年，管理好的山茱萸也要 6～7 年。若采用嫁接繁殖的树苗，则在栽后 2～3 年就能开花结果。山茱萸的嫁接繁殖春秋二季均可进行。春季采用削芽接（也称嵌芽接），即用人工培育的实生苗作为砧木（直径掌握在 0.7～0.8 厘米），接穗在优良品种的壮成树上随采随用，嫁接后定植。秋季采用长方形的芽接（不带木质部），即取 2 年生的山茱萸实生苗，用已结果成年树上的一些枝条，选用尚未萌芽的腋芽作为接穗，进行嫁接。嫁接繁殖的树苗可提早 6～7 年结果。山茱萸还可进行压条繁殖。秋季采果后或早春萌发前，选健壮优良母株，将离地较近的 2～3 年生枝环割后压条，翌年即可移栽。

【田间管理】

山茱萸地的株行距比较大，幼龄期其生长比较缓慢，为了充分提高土地利用率，可在地间作其他矮秆作物或中药材如丹参、黄芩、柴胡、远志等，结合间作作物的管理进行山茱萸的中耕除草，每年 2～4 次。以后随着树冠的扩大，中耕除草的次数可以减少，成龄树木每年春、秋进行一次中耕除草。

每年早春在树下开环形沟或放射状沟施入腐熟的农家肥或人粪尿，以促进幼树健壮生长。成年树每年一般进行 3 次施肥：第一次一般在 3～4 月的花果期施入，称为保花保果肥。第二次施肥在 6 月中旬进行，称为壮果肥。第三次在 10～11 月果实采收后，每株施入农家肥 25 千克或混合肥料（每株用绿肥或厩肥 10～30 千克，饼肥及磷肥 0.5～1.5 千克，混匀腐熟后施用）称为复壮肥。

山茱萸具有一定的耐旱性，但干旱对其产量和果实品质有一定的影响。北方地区早春比较干旱，因此早春植株开花前及幼果期应合理浇灌，以提高植株的坐果率，促进果实的快速膨大。否则干旱落花落果现象极为严重。雨季注意排水，防止涝害。

山茱萸属浅根性植物，常由于山坡地的水土流失，造成树根裸露，影响植株的正常生长发育，因此应根据情况进行根际培土

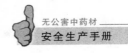
工作。

一般定植后当年或翌年，树干高80厘米时定干。定干后有目的地保留主枝，使其均衡分布。当主枝长到50厘米以上时，可摘心。

【病虫害防治】

炭疽病：主要为害山茱萸果实，其次为叶片和枝条。病果发病初期在绿色果实上呈棕红色小点，病斑逐渐扩大为椭圆形或圆形黑色病斑，边缘紫红色或红褐色，外围有红色晕圈，染病果实未熟先红。后期病斑逐渐变成大斑，甚至全果变黑干缩，形成僵果。叶片发病，初为红褐色小点，很快扩展成圆形褐色病斑，边缘红褐色，外围有黄色晕圈。有的幼叶发病，病菌侵染叶脉，形成红褐色条状脉，枝条受病菌侵害可引起茎部溃疡和枯梢。一般在5月发病，多雨年份发病稍早一些，干旱年份发病稍晚，6～8月为发病盛期。

角斑病：症状为叶片发病初期，叶面出现暗褐色不规则小斑，边缘不明显，叶背面无明显症状。中期，为暗棕色角斑，病斑边缘明显，后期病斑枯死，呈暗褐色角斑甚至叶片脱落。主要的防治方法是加强水肥管理，增施磷肥、钾肥、农家肥，促进植株生长旺盛，增强植株的抗病性；加强修剪，改善树冠的通风透光性，减少局部潮湿小气候，清除树下病叶，集中销毁。

灰色膏药病：要消除树干及枝干上的菌膜。

山茱萸的主要虫害有山茱萸蛀果蛾、大蓑蛾、山茱萸尺蠖、绿尾大蚕蛾等。应选择抗虫性较强的优良品种种植，据调查，大果型及早熟性品种类型蛀果蛾的为害较轻；清除树下的虫蛀落果，集中消灭，及时清除杂草，加强垦复等管理措施，减少虫源；适时采收降低虫果率。秋末冬初清除山茱萸树干及枝干上的栓皮。人工捕杀，在冬季落叶后，摘取悬挂于枝上的蓑囊，效果较好；培育和释放蓑蛾瘤姬蜂，保护食虫鸟类等天敌，进行生物防治；对于绿尾大蚕蛾要人工捕杀幼虫，可根据地面虫粪找到树上幼虫，成虫产卵期进行人工摘除卵块；黑光灯诱杀成虫。

【采收、加工及贮藏】

根据品种类型的成熟期分批进行采收，一般在霜降至冬至间采收为宜，其中马钱素的含量在 10 月下旬为最高值。

【商品规格】

山茱萸不分等级，商品规格为统货，干货。果肉呈不规则的片状或囊状。表面鲜红、紫红至暗红色，皱缩，有光泽。味酸、涩、微苦。果核、果梗等不超过 30%，无杂质，无虫蛀，无霉变。一般以肉质肥厚、色红、油润者为佳，肉薄色浅者次。商品含水不超过 18%。

9. 连翘

木犀科连翘属落叶灌木。干燥果实入药。味苦、性凉。有清热解毒、散结消肿的功效。用于痈疽，瘰疬，乳痈，丹毒，风热感冒，温病初起，温热入营，高热烦渴，神昏发斑，热淋尿闭。现代研究应用情况表明，连翘浓缩煎剂在体外有抗菌作用，可抑制伤寒杆菌、副伤寒杆菌、大肠菌、痢疾杆菌、白喉杆菌及霍乱弧菌、葡萄球菌、链球菌等。连翘还有强心、利尿、镇吐等药理作用。临床上，常用连翘治疗急性肾炎、紫癜病、淋巴结结核、痈肿疮毒等。主产于河北、山西、河南、陕西、湖北、四川等省，多为栽培。花期 3～4 月。果熟期 8～10 月。

【栽培技术】

（1）基地选择　连翘喜温暖、干燥和光照充足的环境，性耐寒、耐旱，忌水涝。萌发力强，对土壤要求不严，能耐瘠薄，但在排水良好、富含腐殖质的沙壤土上生长良好。性喜光，在阳光充足的阳坡生长好，结果多；在阴湿处枝叶徒长，结果少，产量低。选土层深厚、土质肥沃、背风向阳的山地，一般挖穴种植。

（2）种植方法

育苗移栽：于 3 月下旬至 4 月上旬将种子播在整好的苗床上进行育苗。行距 30 厘米左右，盖细土 1～2 厘米后再盖草保持湿度，15 天左右出苗。第二年移栽到田间。移栽一般为穴栽，按株距 2 米×1.5 米挖穴。每穴施腐熟堆肥、厩肥 5～10 千克，栽时使根

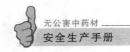
自然舒展，埋土压实。

压条繁殖：将植株上较长的当年枝条向下压弯，埋入土中3～4厘米，然后灌足水，保持湿润，秋季即能发根生长。压条繁殖的新苗，在落叶之后，即可挖出。剪掉过长的枝条，假植于沟中，埋土防寒，第二年春季带根定植。

分株繁殖：在秋季落叶后，春季萌芽前进行。

扦插繁殖：秋季落叶后或早春发芽前，采用1～2年生健壮枝条，断成20厘米左右长的插穗，只留上部2～3片叶，其余叶摘掉。按行、株距25厘米×15厘米，插入经过深翻细耕和平整的苗床中，插穗露出1～2节即可。立即灌水，以保持床面湿润，十多天后腋芽萌动，半月后开始长根。苗成活后20～30天，应开始追肥，以后可施肥3～4次，1年生苗即可定植大田。

【生长发育】

种子在较高温度条件下容易萌发，发芽适温为25～30℃。种子寿命为1～2年。在土壤湿润、温度15℃条件下，约15天出苗，苗期生长缓慢，生育期较长，移栽后3～4年开花结果。连翘生长发育与自然条件密切相关，3月份开花，5月份抽新枝，9～10月份果实成熟，种植年限为3～4年。

【田间管理】

连翘产果率低，在移栽时将长花柱植株和短花柱植株相间栽培，这样能大大提高结果率。冬季修剪以疏剪为主，每墩除保持3～7株生长旺盛的主干外，其余枯枝、老枝、瘦弱枝及开始衰老的枝条均应剪除。然后适量追施堆肥、厩肥，也可施过磷酸钙，在植株旁开沟施入后覆土。

【病虫害防治】

连翘有强烈的杀菌、杀虫能力，很少有病害。

连翘蜗牛可在清晨撒石灰粉防治。或清晨、阴天、雨天或雨后人工捕捉，或在排水沟内堆放青草诱杀。

人工捕杀连翘桑天牛成虫。因成虫羽化后10～15天才开始产卵，白天不太活动，故易于捕杀。可在6月中旬后，每隔10天捕杀 1 次（特别应注意成虫盛发期的雨后出孔最多），连捕 2～3 次，可收到良好效果。

【采收、加工及贮藏】

因采收时间和加工方法不同，中药将连翘分为青翘、黄翘、连翘心三种。

青翘：于 8～9 月上旬采收未成熟的青色果实，用沸水煮片刻或蒸半个小时，取出晒干即成。以身干、不开裂、色较绿者为佳。

黄翘：于 10 月上旬采收熟透的黄色果实，晒干，除去杂质，习称"老翘"。以身干、瓣大、壳厚、色较黄者为佳。

连翘心：将果壳内种子筛出，晒干即为连翘心。

【商品规格】

商品连翘分黄翘和青翘两种，以黄翘为主流商品，均为统货。老翘以色黄、壳厚、无种子、纯净无泥杂者为佳；青壳则以色墨绿、不裂口者为佳。有认为山西晋城及河南伏牛山卢氏、嵩县所产为佳。

10. 枸杞子

茄科枸杞属粗壮灌木，有时成小乔木状，有棘刺。别名西枸杞、中宁枸杞、白疙针等。果实入药。具有滋补肝肾、益精明目功能。主治头昏、耳鸣、虚劳咳嗽、糖尿病。喜冷凉的气候条件，适宜生长的温度白天 20～25℃，夜间 10℃左右。白天 35℃以上，10℃以下，生长不良，有时会落叶。喜光照，尤其在采收后基部枝条重萌腋芽和伸长枝条时，要求较多的光照，但在其他时期较耐阴。需经常保持土壤湿润，但不耐涝。需充足的氮、磷、钾和微量元素供应。以疏松、肥沃的壤土最适宜。野生于山坡、田野向阳干燥处。主产宁夏、甘肃、青海、内蒙古、新疆。花期 5～9 月。果期 7～10 月。

【栽培技术】

（1）基地选择　选近水渠、地势平坦、阳光充足、土质疏松的壤土。每 667 米^2 施厩肥 2 000～3 000 千克。秋季深耕 25～30 厘米，并浇冻水。翌春浅耕细耙，做宽 1.2 米的畦。

（2）种植方法　用种子繁殖为主，也用扦插和根蘖苗繁殖。

种子繁殖：采果后把种子洗出晾干，贮存备用。播种前用40℃温水浸种24小时，提高发芽率，一般发芽率为90%左右。播种期在3月下旬至4月中旬。条播，按行距30厘米开沟，沟深0.5～1厘米，种子掺些细沙混匀，均匀播入沟内，覆土，轻镇压后浇水，保持土壤湿润，温度在17～21℃时5～7天出苗。播种量为每667米^{2}1～1.5千克。

扦插繁殖：扦插苗结果早，能保持母本的优良性状。一般多在树液流动后，萌芽前，选取优良单株上1年生徒长枝或粗壮、芽子饱满的枝条，剪成18～20厘米长的插条，按行株距20厘米×15厘米，将插条斜插入整好的畦中2/3，然后压紧，浇水，经常保持土壤湿润，成活率在85%～90%。

根蘖苗繁殖：多在春季挖取母株周围的根蘖苗，选植株粗壮、根系发达的苗木，先于苗圃培育1年后，按行株距2.5米×2米定植。挖宽深各30厘米的坑，施入少量农家肥与表土混匀，把苗栽入坑中，先填表土，后填心土，填土时将苗木向上轻提一下，使根舒展，覆土踏实后浇水。

【生长发育】

枸杞为长日照植物，气温6℃以上，冬芽开始萌动。

【田间管理】

中耕除草：及时进行中耕除草，防止杂草丛生，与植株争肥和传播病虫害。

追肥：枸杞喜肥，花果期较长，在萌芽、开花、结果等时期应注意施肥。在生长期一般施肥2～3次，以促苗、攻秆、增果。

修剪整枝：枸杞的分枝能力强，新枝生长旺，每年早春萌发前要剪去老枝，夏季剪去徒长枝，秋季剪去老枝与病虫枝。整枝可减少病虫害，增强通风透光，降低营养消耗。新栽植的枸杞苗，在主干高60厘米时去顶，选留3～5个侧枝。第二年将选留的3～5个侧枝回缩至30厘米，形成第一层树冠。以后逐年培养，使之形成三层"楼上楼"的树冠，增加挂果量。若制作盆景，可在第二年春季萌发前，将枸杞粗壮枝剪断扦插，来年即可开花结果。

水分管理：枸杞忌多湿与排水不良，但过于干旱又影响其生长发育，应根据当地条件及时进行排灌水。

【病虫害防治】

枸杞的病害主要有黑果病和根腐病两种，多发生在雨季。黑果病发生时，花蕾、花、果变黑，潮湿情况下病部有红色黏液。可在发病初期喷波尔多液（1∶1∶200）或 50％多菌灵 1 000 倍液防治。根腐病发病时，病株茎基部变黑腐烂，地上枝叶发黄，最后全株死亡。发现病株应立即拔除，并用石灰消毒病株周围土壤。发病初期可用 50％的多菌灵 1 000～1 500 倍液灌根防治。

【采收、加工及贮藏】

果实采收分春果、伏果、秋果三个采收期，6 月初到 6 月下旬采收的果实为春果，6 月下旬以后采收的果实为伏果，9 月下旬采收的果实为秋果。春果质量最好，肉厚、味甜、果大、颜色鲜艳。具体采果标志是果实变红、果蒂松软。采果时要轻采、轻拿、轻放。采下来的鲜果要及时摊在果栈上，厚度不超过 3 厘米，夜间在盖上，不要着露水，不要用手翻动。一般 6～7 天即可晒干，当果实呈现收缩皱纹时，挑去杂质及残留果柄，即可收贮，出售。

宁夏枸杞含糖量高，易受潮，应存放于清洁、阴凉、干燥、通风、无异味的专用仓库中，并防回潮、防虫蛀。

【商品规格】

特优：每 50 克 280 粒。

特级：每 50 克 370 粒。

甲级：每 50 克 580 粒。

乙级：每 50 克 980 粒。

11. 车前子

车前科车前属多年生草本。种子入药。味甘、性寒。具有利尿通淋、清热明目、祛痰止咳的功效。质硬。归肝、肾、肺、小肠经。主治暑湿泄泻，肝火上炎，目赤肿痛，肝肾阳虚，目暗不明，肺热咳嗽，痰黄黏稠。常与清化热痰药同用。生于山野、路旁、沟

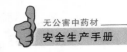
旁及河边。主产江西、河南，各地亦产。花期 4～6 月。果期 6～9 月。

【栽培技术】

（1）基地选择　车前子喜温暖、阳光充足、湿润的环境。怕涝、怕旱，适宜于肥沃的沙质壤土。对土壤要求不严，南北皆宜，易生易长，管理粗放，极易成活，沿河两岸、水沟两旁等闲置土地均可种植。

（2）种植方法

育苗：选肥沃土壤，深翻，施足基肥，做畦，播种时间为寒露前后。播时将种子均匀撒播在畦面，每 667 米^2 播种量 0.5 千克。播后上面覆盖一层稻草。下种后每隔 3～5 天浇水 1 次，以保持土壤湿润，促进发芽。出苗后除去稻草，苗高 7～10 厘米时，即可移栽。

移栽：栽前施足基肥，注意开好排水沟，在小雪至大雪间移栽，行株距 25 厘米，每穴 1 株，随拔随栽，栽后浇水稳根。

移栽后管理：幼苗返青后 5 天开始进行 3 次中耕、除草、追肥，第一次在小寒至大寒，第二次在立春至雨水，第三次在惊蛰至春分。每次追肥应选晴天，先中耕除草，后施肥。肥料可用人畜粪或尿素，第三次施肥时增施钾肥，每 667 米^2 施 30 千克，在中耕时结合上行，防止植株倒伏。

【生长发育】

车前子对气候、土壤条件要求不严。中国大江南北平原、山坡、丘陵均可种植。在温暖湿润的环境下生长旺盛，产量高。3 月中旬至 4 月中旬，车前子发芽。种子下种后每隔 3～5 天浇水 1 次。播种后 7～10 天出芽，揭去稻草。有 2 片真叶时追施肥，整个苗期约 1 个月。

【田间管理】

移栽后 10 天浇水 1 次，同时施入适量人粪尿。半月后幼苗返青时中耕除草，补栽缺苗。以后每半月施 1 次有效肥，每 667 米^2 施复合肥 15 千克。当车前子抽薹开花时，重施 1～2 次壮籽肥，以利抽穗（过早抽穗的植株随时摘除），促其籽粒饱满。

【病虫害防治】

车前子生长周期短，生长期间病害很少。如发生叶枯病、霜霉病，可用代森锌液喷雾。每隔7～10天喷一次，连续1～2次即可防治。

蛴螬、蝼蛄为害植株时可用敌百虫毒饵诱杀。蚜虫、造桥虫为害时，可喷洒乐果乳剂。

【采收、加工及贮藏】

在端午节前后，当种子呈黑褐色时即可采收。车前子是分期成熟，应做到边成熟边采收。晴天，用镰刀将果穗割回在室内堆放1～2天，然后置于篾垫上，放在太阳下暴晒，待干燥后用手揉搓，除去杂物，用筛将种子筛出，再用风车去壳。一般每667米^{2}产120～150千克。

【商品规格】

两种车前草商品均为统货，不分等级。均以叶片完整、带穗状花序、色灰绿者为佳。

12. 栀子

茜草科栀子属常绿灌木或小乔木。别名黄栀子、黄枝、山栀子。果实入药，主治热病高烧，心烦不眠，实火牙痛，口舌生疮，吐血，眼结膜炎，疮疡肿毒，黄疸型传染性肝炎，蚕豆病，尿血；外用治外伤出血、扭挫伤。根入药，主治传染性肝炎，跌打损伤，风火牙痛。主产于山西、河南、陕西、山东；湖北、四川、甘肃、河北亦产。全国大部分地区有栽培。花期6～8月。果熟期10月。

【栽培技术】

（1）基地选择　性喜温暖、湿润，好阳光，但又要避免阳光强烈直射。喜空气温度高而又通风良好。要求疏松、肥沃、排水良好的酸性土壤，是典型酸性土壤植物。不耐寒，在东北、华北、西北只能作温室盆栽花卉。栀子对二氧化硫有抗性，并可吸硫净化大气，1千克叶片可吸硫0.004～0.01千克。

（2）种植方法　繁殖方法以扦插、压条法繁殖为主，另外可用

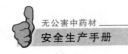

播种、分株法繁殖。

扦插繁殖：北方 10～11 月在温室，南方 4 月至立秋随时可扦插，但以夏秋之间成活率最高。插穗选用生长健康的 2 年生枝条，长度 10～12 厘米，剪去下部叶片，先在维生素 B_{12} 针剂中蘸一下，然后插于沙中，在 80％相对湿度、温度 20～24℃条件下约 15 天左右可生根。若用 20～50 毫克/升吲哚丁酸浸泡 24 小时，效果更佳。待生根小苗开始生长时移栽或单株上盆，2 年后可开花。

压条繁殖：4 月份从 3 年生母株上选取健壮枝条，长 25～30 厘米进行压条，如有三叉枝，则可在叉口处，一次可得三苗。一般经 20～30 天即可生根，在 6 月可与母株分离，至次春可分栽或单株上盆。

播种繁殖：多在春季进行，种子发芽缓慢，播后约 1 年左右发芽，3～4 年后开花，北方盆栽不易收到种子。

【生长发育】

喜阳光充足，也能耐半阴，忌强光直射。所以在夏天应移至半阴处培养，在强光下容易灼伤叶缘和新叶。喜温暖湿润的环境，忌干燥，生长适温为 22～28℃。所以平时浇水，以见干见湿为宜，要防止盆内积水。宜在排水良好、疏松肥沃的酸性或微酸性土壤中生长，不耐碱。为此，培育栀子应经常施些硫酸亚铁或矾肥水，以防止叶片发黄或脱落。

扦插繁殖第 2～3 年可开花结实，种子繁殖第 3～4 年开花结实。6～7 年开始进入结实盛期，可产果直到 20～25 年。栀子生长季节具有明显的春枝、夏枝、秋枝三个时期。3～4 月发新叶抽枝，5 月开始陆续开花，主要为 5 月上中旬，花谢期有落花落果，果实至 8 月已经基本膨大，10～11 月成熟。栀子有秋梢、秋花、秋果。

【田间管理】

栀子喜肥，但以多施薄肥为宜。土壤喜偏酸，排水良好。小苗移栽后每月可追肥一次；每年 5～7 月各修剪一次，剪去顶梢，促使分枝，以形成完整树冠。成年树摘除败花，有利以后旺盛开花，延长花期。盆栽栀子在雨后要及时倒掉积水，叶黄时及时施矾肥水。

在北方，常常是第一年从南方引种的栀子花大，第二年变小，叶变黄易脱落，严重时植株死亡。主要原因是北方土质偏碱，气候干燥和水质不宜其生长。因此从南方引种，应尽可能多带土移植。平时浇贮存的雨水或用青禾草、果皮泡水，也可用无盐泔水发酵后浇，如能在1千克水中加2克硫酸亚铁效果更好。生长旺期用盐水追肥，能促进枝叶繁茂，叶色浓绿光亮。春秋两季，生长缓慢。每2～3周施1次薄液肥，入夏后，气温升高，生长渐旺盛，可7～10天施液肥1次。早晚还可用清水淋洗叶面及附近地面，以增加空气湿度，秋季霜前，移入冬季温度不低于0℃的环境中越冬。

【病虫害防治】

煤烟病：发生在枝条与叶片，发现后可用清水擦洗，或喷石硫合剂、多菌灵。

腐烂病：常在下部主干上发生，出现茎秆膨大，开裂，发现后立即刮除或涂石硫合剂，数次方能奏效。

栀子在湿度高、通风不良的环境中易遭介壳虫危害，可及时用小刷清除或用汽油乳剂等喷洒。

【采收、加工及贮藏】

9～11月间摘取果实，除去果柄等杂质，入甑中微蒸或沸水（可加明矾）中微煮，取出后晒干。果实不易干燥，故应经常翻动使通风良好，以免发霉变质。根夏秋季采挖，洗净晒干。

【商品规格】

按栀子成熟的程度分一等和二等。以皮薄、饱满、色红黄者为佳。

一等：呈长圆形或椭圆形，饱满。表面橙红色，红黄色、淡红色、淡黄色。具有纵棱，顶端有宿存萼片。皮薄革质。略有光泽。破开后种子聚集成团状，橙红色、紫红色或淡红色、棕黄色。气微，味微酸而苦。

二等：较瘦小。表面橙黄色、暗棕色或带青色，间有怪形果或破碎，其余同一等。

13. 栝楼

葫芦科栝楼属多年生草质藤本。别名大圆瓜、苦瓜、药瓜等。果实、果皮、种子和块根入药。具有润肺祛痰、滑肠散结功能。主治痰热咳嗽、咳血、便秘。栝楼喜温暖潮湿的环境，较耐寒，不耐干旱，忌积水。种子容易萌发，发芽适温为 25～30℃，发芽率60％～80％，种子寿命为 2 年。生于山坡、草丛、林缘半阴处。主产山东、河南、河北等地。全国大部分地区均有栽培。花期6～8月。果期9～10 月。

【栽培技术】

（1）基地选择 宜在海拔 1 000 米以下的地区栽培，喜温暖而湿润的气候，过于阴湿的地区会生长不良。

（2）种植方法 可用种子和分根繁殖，但生产上以分根繁殖为主，种子繁殖常为采收天花粉和培育新品种时采用。

种子繁殖：果熟时，选橙黄色、健壮充实、柄短的成熟果实，从果蒂处剖成两半，取出内瓤，漂洗出种子，晾干收贮。翌春 3～4 月，选饱满、无病虫害的种子，用 40～50℃的温水浸泡 24 小时，取出稍凉，用 3 倍湿沙混匀后，置 20～30℃温度下催芽，当大部分种子裂口时即可按 1.5～2 米的穴距穴播，穴深5～6 厘米，每穴播种子 5～6 粒，覆土 3～4 厘米，并浇水，保持土壤湿润，15～20天即可出苗。

分根繁殖：北方3～4 月，南方10 月至 12 月下旬进行。挖取3～5 年生、健壮、无病虫害、直径 3～5 厘米、断面白色新鲜的栝楼根，切成 6～10 厘米长的小段，按株距 30 厘米、行距 1.5～2 米穴播，穴深 10～12 厘米，每穴放一段种根，覆土 4～5 厘米，用手压实，再培土 10～15 厘米，使成小土堆，以利保墒。栽后 20 天左右开始萌芽时，除去上面的保墒土。每 1 000 米² 需种根 50～60 千克。用此法应注意种根应多选用雌株的根，适当搭配部分雄株的根，以利授粉。此外，断面有黄筋的老根不易成活萌芽，不宜作种根。

【生长发育】

原植物栝楼属于多年生植物，冬季休眠。早春气温在 10℃时老根开始萌发生长，25～35℃时生长进入旺盛时期并开始开花结果。

【田间管理】

中耕除草：每年春、冬季各进行一次中耕除草。生长期间视杂草滋生情况，及时除草。

追肥、灌水：结合中耕除草进行，以追施人畜粪水为主，冬季应增施过磷酸钙。旱时及时浇水。

搭架：当茎蔓长至 30 厘米以上时，可用竹竿等作支柱搭架，棚架高 1.5 米左右。也可引向附近树木、沟坡或间作高秆作物，以利攀援。

修枝打杈：在搭架引蔓的同时，去掉多余的茎蔓，每株只留壮蔓 2～3 个。当主蔓长到 4～5 米时，摘去顶芽，促其多生侧枝。上架的茎蔓，应及时整理，使其分布均匀。

人工授粉：栝楼自然结实率较低，采用人工授粉，方法简便，能大幅度提高产量。方法是用毛笔将雄花的花粉集于培养皿内，然后用毛笔蘸上花粉，逐朵抹到雌花的柱头上即成。

【病虫害防治】

黄守瓜：为害叶部，幼虫还可蛀入主根。用 90％敌百虫 1 000 倍液喷雾，幼虫期可用鱼藤精 1 000 倍液或 30 倍的烟碱水灌根。

透翅蛾：7 月始发，北方多见，以幼虫为害地上部。发病初期用 80％敌敌畏乳剂 1 000 倍液喷施。

【采收、加工及贮藏】

栝楼栽后 2～3 年结果，于 10 月前后果实先后成熟，待果皮有白粉，并变成浅黄色时就可分批采摘。将采下的栝楼悬挂通风处晾干，即得全栝楼。将果实从果蒂处剖开，取出内瓤和种子后晒干，即成栝楼皮。内瓤和种子加草木灰，用手反复搓揉，并在水中淘净瓤，捞出种子晒干，即得栝楼仁。管理得当，可连续采摘多年。第三年后，挖取块根，去泥沙及芦头，粗皮，切成短节或纵剖，晒干，即成天花粉。

干燥包装后如不马上出售或使用，宜置阴凉干燥的室内贮藏，

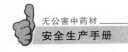
并防止鼠害。不能过分干燥。

【商品规格】

以个大、完整不破、色橙红或橙黄、皱缩、皮厚、糖性足者为佳。

14. 薏苡仁

禾本科薏苡属一年生或多年生草本。别名薏苡仁、苡米、薏仁米、沟子米、六谷子、菩提珠等。有去湿利尿、清热排毒的作用。薏苡喜温暖湿润气候和充足阳光，耐涝不耐旱。生长适宜温度25～30℃，年降雨量1 200毫米以上，空气相对湿度75％～80％，土壤含水量30％左右。对土壤要求不严，但以肥沃湿润、中性或微酸性、保水性强的黏壤土为好。全国各地有栽培，以福建、江苏、河北、辽宁产量较大。花期7～8月。果期9～10月。

【栽培技术】

（1）基地选择　薏苡适应性强，可选向阳有流水的溪边、田边等地种植，也可选在水稻田种植。

（2）种植方法　薏苡通常采用种子直播。

选种及种子处理：选择短秆、分枝多、果实外壳呈黑褐色的丰产单株作为留种母株。在果实成熟时，单独采收，留作种用。播种时从中再选出籽粒饱满而有光泽的籽实作种。

种子处理：为了提高发芽率、发芽整齐及预防黑穗病。把种子放入5％石灰水或1∶1∶100波尔多液浸种24小时，取出用清水冲洗至无黑水为止，每千克种子用20％粉锈宁拌种，防黑穗病。

播种：播种期因品种而异，早熟种在3月上中旬，中熟种在3月下旬至4月上旬，晚熟种在4月下旬至5月上旬播种。播种密度也因品种而异。早熟种行株距为25厘米×20厘米、中熟种40厘米×35厘米、晚熟种55厘米×45厘米。挖穴深5～7厘米，每穴播入种子5～6粒，覆土平畦面。

【生长发育】

薏苡喜温和潮湿气候，忌高温闷热，不耐寒，忌干旱，尤以苗期、抽穗期和灌浆期要求土壤湿润。气温15℃时开始出苗，高于

25℃，相对湿度 80％以上时，幼苗生长迅速。

种子容易萌发，发芽适温为 25～30℃，发芽率为 85％左右。种子寿命为 2～3 年。

【田间管理】

中耕除草间苗：薏苡在生长期进行 3 次中耕除草，苗高 10 厘米时进行 1 次，结合间苗，每穴留壮苗 3～4 株，缺苗应及时补上。苗高 30 厘米时进行第二次，松土除净杂草，促进分蘖。苗高 40～50 厘米植株未封行时进行第三次，结合培土，促进根系生长，防止植株倒伏。

追肥：前两次结合中耕除草进行，第一次植株由黑变黄时每 667 米² 施人畜粪水 1 000 千克或尿素 5 千克，促进幼苗生长健壮和多分蘖。第二次在孕穗期，每 667 米² 施人畜粪水 1 500 千克或尿素 7.5 千克，加过磷酸钙 20 千克，而有利于孕穗。第三次在 3 叶期，即开花期用 2％过磷酸钙溶液喷 2 次，每 5～7 天 1 次，促进多结实和种子饱满，提高产量。

加强水分管理：薏苡种植田间管理，以湿、干、水、湿、干相间管理，即湿润育苗、干旱拔节、有水育穗、足水抽穗、湿润灌浆、干田收获。生长前期需水分多，生长中期适当控制水分，从播种到出苗保持湿润，出苗后至分蘖到一定数后，应放水晒田几天，控制分蘖过多。出苗 50～70 天植株进入拔节期时，为了防止倒伏，这时严格控制水分。孕穗、灌浆期应每天灌水 1 次，保持足够水分，但不宜积水。成熟前 10 天停止灌水，以便收获。

除脚叶：植株拔节停止后，应及时把第一分枝以下的脚叶和无效分蘖摘除，以利通风透气；促进茎秆生长粗壮，防止倒伏。

授粉：薏苡为雌雄同株异花，采用人工授粉可提高结实率，增加产量。

【病虫害防治】

黑穗病：播种前种子用 60℃温水浸种 30 分钟或用沸水烫种 5～8 秒，或用 1∶1∶100 波尔多液浸种 24～72 小时。发现病株及时拔除，集中烧毁，防止再传染。

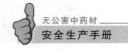

黏虫：发生期人工捕杀或用药剂喷杀。

玉米螟：5月和8月产卵前，夜间点黑光灯诱杀成虫；心叶展开时用50％杀螟松乳油200倍液灌心。

【采收、加工及贮藏】

南方种植薏苡，果实在9月上中旬成熟，北方薏苡果实在10月初成熟。当叶呈枯黄色，果实呈黄色或褐色时，大部已成熟，即可收割。过早不成熟，空壳多，产量低，过迟籽粒果脱落造成丰产不丰收。割后晒干脱粒，每667米² 产量一般200～300千克，高产可收500千克，脱粒后晒干，再行晾晒，即可药用。

仓库应建在地势较高的地段。保持仓内清洁和干燥。遇雨雪天气库房不宜通风。定期仔细检查，防蛀。

【商品规格】

本品呈宽卵形或长椭圆柱形，长4～8毫米，宽3～6毫米。表面乳白色，光滑，偶有残存的黄褐色种皮。一端钝圆，另端较宽而微凹，有一淡棕色点状种脐。背面圆凸，腹面有一条较宽而深的纵沟。质坚实，断面白色，粉性。气微，味微甜。水分照《电子湿度仪检验操作SOP》进行检查不得过10％。药屑、杂质不得过3％（指杂质及能通过二号筛的药屑总重量）。

15. 砂仁

姜科豆蔻属多年生常绿草本。名见宋《开宝本草》。中国广东阳春县产，故又名春砂仁。春砂仁以果实或种子入药。性味辛、温、涩、无毒。砂仁为芳香性健胃理气药，能温暖脾肾，下气止痛，宽胸脯，疏气滞，化宿食，除呕逆，并治虚劳冷泻。以花及果实入药，是一种常用、贵重的中药，有温脾、健胃、引气调中、消食安胎的作用。种子为不规则多面体，表面棕红色或暗褐色，有细皱纹，外被淡棕色膜质假种皮，质硬。胚乳灰白色。气芳香而浓烈，味辛凉、微苦。生于山谷林下阴湿地。主产广东、广西、云南、四川、福建有分布。花期3～6月。果期6～9月。

【栽培技术】

（1）基地选择　砂仁属热带南亚热带季雨林植物，因此喜高温高湿，要求最低日均温度在 12℃ 以上，极端最低气温 1～2℃ 以上，以免发生寒害。砂仁生长发育需适当荫蔽，宜漫射光。不同生育期要求荫蔽度不同，从苗期的 80％ 至生育后期的 50％～60％ 之间。光照太强，会灼伤叶片。选择土壤肥沃、有水源的阔叶常绿林地或排灌方便的山谷、山坡、平地种植。种前要垦荒、整地、起畦，没有遮阴树的地要植树或搭棚。

（2）种植方法　分株繁殖可用种子繁殖和分株繁殖。一般习惯系采用分株繁殖。如种苗不足或引种时可采用种子繁殖：在苗圃地或大田里，选生长健壮的植株，剪取具 1～2 条匍匐茎、带 5～10 片小叶的植株作种苗，于春分或秋分前后雨水充足时定植。株行距 1 米×1 米或 1.3 米×1.3 米。种植时将老匍匐茎埋入土中，深 6.7～10 厘米，覆土压实，嫩匍匐茎用松土覆盖即可。种植时因天气过旱，种后淋定根水，以利成活。

【生长发育】

砂仁属亚热带植物，喜高温。适宜生长发育的温度为 22～28℃，当气温在 15～19℃ 时生长缓慢。开花期气温在 22～25℃ 有利于授粉结实，温度在 17℃ 以下时花苞停止开放或开放不散粉。砂仁要求空气相对湿度 80％ 以上，土壤含水量 20％～35％ 为宜。花芽分化期要求土壤含水量较低，生长季节和花蕾期要求高些。果期干旱会造成干花、幼果发育停滞，多雨则会造成烂花和严重落果。土壤以保水保肥、中性或微酸性肥沃疏松的壤土为好。海拔在 500 米以下的山坡，坡度在 15°～30° 较好。砂仁属于半阴性植物，随生育期不同，对光照强度的要求有所不同；一般幼苗的植株要求荫蔽度在 70％～80％ 左右，2～3 年后开花结果时以 50％～60％ 为宜。种植砂仁应选择树冠大、根深、保水力强、落叶易腐烂的隐蔽树林作为栽培环境。春播在 3 月下旬进行，秋播于 8 月下旬进行。砂仁花期在 4～6 月，分三个阶段：初花期 5～10 天，开花占总花数 10％～20％；盛花期 15～20 天，开花占总花数 60％～80％，末花期 5～10 天，开花占总花数的 10％～20％。果熟期 8～9 月，约 50 天后果实基本定型，90～100 天果实成熟。

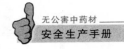
【田间管理】

除草割苗：每年除草两次。分别在 2 月和 8～9 月收果后进行，在除净杂草和枯枝落叶的同时，割去枯、弱、病残苗及一部分过密的春笋。每次割苗使每 667 米² 保留 2 万～3 万株。清除的枯枝落叶，可堆作肥料。容易腐烂的杂草，在第二次清理时，可铺盖在茎上，增加土壤有机质。

施肥培土：定植后头两年，每年施肥 2～3 次，分别于 2～3 月和 10 月进行。除施磷钾肥外，适当增施氮肥。一般施厩肥、绿肥、化肥等。进入开花结果年份后，以有机肥为主，化肥为辅。2 月主要施氮肥和磷肥。一般每 667 米² 施尿素 2.5～3 千克，过磷酸钙 25～40 千克，或绿肥 1 500～2 000 千克，以利秋后分株，为翌年花芽分化打下基础。10 月至 11 月间，每 667 米² 施沤制好的火烧土或牛马粪 750～1 000 千克，以利防寒保暖，有条件时，在开花前施稀尿（尿 1 份加水 3 份）或用尿素作根外追肥，对提高结果有良好的作用。在施肥同时结合培土。

调整荫蔽度：根据春砂生育期的要求光强度不同，进行调整荫蔽度。

排灌：为了满足春砂不同生育阶段对水分的要求，要注意排灌工作。如花果期遇天气干旱，必须及时排灌，以免造成干花，影响产量；如遇雨天，土壤积水，湿度过大，必须及时排水，以免造成烂果。可在山上开环山沟或育山塘。

人工授粉：春砂是严格的虫媒花，不能自花授粉，在自然条件下，必须依赖昆虫传粉才能结果，因此，在昆虫授粉少的地方，进行人工授粉，可以大幅度提高结实率和产量。人工授粉一般采用推拉法。即用右手或左手的中指和拇指挟住大花瓣和雄蕊，并用拇指将雄蕊先往下轻推，然后再往上拉，并将重力放在柱头的头部，一推一拉可将大量花粉塞进柱头孔，每天上午 7 时花药散粉后直到下午 4 时均可进行。

【病虫害防治】

立枯病：苗期发生，多在 3～4 月和 10～11 月，在幼苗茎基部，缢缩干枯而死。可喷射波尔多液进行防治。

叶斑病：苗期发生，发病初期叶片呈水渍状，病斑无明显边缘，后全株枯死。防治上要清洁苗床，烧毁病枝；注意苗床通风透光，除低湿度；多施磷钾肥，增强抗病力。

茎腐病和果腐病：在植株过密、通风透光和排水不良的地段发生。3月和10～11月各施一次石灰和草木灰，每667米²15～20千克；花果期用福尔马林或高锰酸钾液喷洒果实或匍匐茎，每次喷药后撒施石灰和草木灰，共喷3～4次。

钻心虫：为害幼笋，被害的幼笋先端干枯，后致死亡。成虫产卵期可用乐果乳油或敌百虫原粉喷洒。

【采收、加工及贮藏】

春砂种植后2～3年开花结果，果实由鲜红转为紫红色，种子呈黑褐色，破碎后有浓烈辛辣味即为成熟果实。采收在7～9月进行。采果时用剪刀剪断果序，不宜用手拔取，以免影响匍匐茎生长。

采回的果实，可直接晒干，也可用火焙干。火焙法是用砖砌成长133.3厘米、宽100厘米的炉灶，三面密封，前面留个火口，灶内8.3米高处横架木条，上面放竹席，每席放鲜果75～100千克，面上用草席盖好封闭，用木炭或谷壳加温，每小时翻动一次，5～7天后取出果实，放在木桶或麻袋里压实，使果皮和种子紧贴，再用文火慢慢焙干即成。果实焙干率为20％～25％。

【商品规格】

分国产砂仁和进口砂仁两类。国产砂仁分阳春砂和海南砂，因加工不同又分为壳砂和砂仁两种。均以个大、坚实、仁饱满、香气浓者为佳。进口砂仁（缩砂）分有砂头王、原砂仁、壳砂仁、砂壳，均为统货。

缩砂：干货。椭圆形或长卵形，长1～1.5厘米，直径0.8厘米。果皮暗棕色，密具柔刺，种子团较圆，分三室，表面灰棕色至棕色，外被一层白霜，不易擦落，种子质坚饱满，无果枝、杂质、霉变。

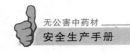

阳春砂：统货。干货。呈椭圆形或卵形，有不明显的三棱。表面红棕色至棕褐色，密生刺状突起，种子成团，具白色隔膜，分成三室，籽粒饱满，棕褐色，有细皱纹，气芳香浓厚，味辛凉微苦，果柄不超过2厘米。间有瘦瘪果，无果枝、杂质、霉变。

净绿壳砂：统货。干货。呈棱状长圆形，果皮表面淡红棕色或棕色，有小柔刺，体质轻，种子团较小，间有瘦瘪果。无果枝、杂质、霉变。

海南砂：统货。干货。为带果皮的果实，呈三棱状的长圆形。棕褐色，有多数小柔刺。体质沉重，种子分三室集结成团，籽粒饱满。种子成多角形，灰褐色。气芳香，味辛凉而辣。无空壳、果柄、杂质、霉变。

第四节　花　　类

1. 辛夷

木兰科木兰属落叶灌木。以花入药。1972年湖南长沙东郊发掘的马王堆一号汉墓中，其棺内香囊主要装的是辛夷、桂、茅香、佩兰等含挥发油类的药物。辛夷味辛，性温。归肺、胃经。有散风寒，通鼻窍等功能。用于风寒头痛，鼻塞，鼻流浊涕。生长于较温暖地区。原分布湖北、安徽、浙江、福建一带，现在野生较少，在山东、四川、江西、湖北、云南、陕西南部、河南等地广泛栽培。花期2～3月。果期6～7月。

【栽培技术】

（1）基地选择　喜温暖气候，平地或丘陵地区均可栽培。土壤以疏松肥沃、排水良好、干燥的夹沙土为好，山坡及房前屋后都可栽种。根据其生长习性特点，育苗地宜选阳光较弱、温暖湿润的环境，土壤以疏松肥沃、排水良好的沙壤土为好，翻耕约30厘米，施足腐熟堆肥，整平耙细，做成宽1.5米左右的畦。

栽植地宜选阳光充足的山地阳坡，或房前屋后零星栽培，最好大面积成片栽培，以便于管理。栽前宜深耕细耙，施足底肥，修建沟渠，以利排灌。

（2）种植方法　用种子及分株、压条等繁殖，以分株繁殖为主。

分株繁殖：冬末春初，把有多数分蘖的老株挖起，每株需带有根才易成活，随挖随栽，在整好的地上按行株距150～200厘米的距离挖穴，每穴1株，根子平展栽正，并较原来入土深3～6厘米，用细土覆盖根部并压实，使根与土壤密接，再行浇水。

压条繁殖：早春未发新叶时，将母树靠近地面的小枝轻轻压入土内，勿使折断，以泥土盖紧并用树钩钩牢，使枝条接近地面处生出嫩根和新枝，一年后便能定植。高空压条法于6月下旬，在母株上选择健壮无病虫害的幼嫩枝条，于分杈处用刀削去枝条的皮，削处约呈半圆环状。然后用细长形的竹筒或无底瓦罐套上，使枝条去皮处插在筒中，筒内盛满湿润肥沃的泥土，外面用绳索扎紧，勿使移动。以后经常浇水，保持筒内土壤湿润。翌年4月下旬，筒内已长新根，即可取下定植。

种子繁殖：于春季或秋季播种，播前将种子放在加草木灰的温水中浸泡3～5天，搓去蜡质，再用温水浸泡一天半后，捞出盖上稻草，经常浇水，种子裂口后，做高畦，按30厘米左右的行距开沟条播，覆土8厘米左右，播后保持土壤湿润，开始出苗的1个月中要插枝遮阴，并及时浇水，除草施肥，生长2年后定植。

【生长发育】

喜温暖湿润气候和充足阳光，较耐寒、耐旱，忌积水。在酸性或微酸性的肥沃沙壤土中生长良好。幼苗怕强光和干旱。但有较强的适应性和抗逆能力，不论是山谷、丘陵、平原，还是阴坡、阳坡均能生长，且很少发生病害。种子有休眠期，打破休眠需低温4个月才可萌发。经过低温处理的种子发芽率可达87%以上。种子萌发力强，成枝率高。在10年生树上，成枝率可达67.5%。苗高1～2米就可开花，花芽顶生或腋生，在当年生枝条上于秋季形成，翌年3月先叶开放。花芽为混合芽，在生长过程中鳞片要脱落4次，鳞片每脱落1次，芽明显膨大。落叶乔木，每年秋天落叶，第

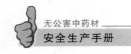
二年春天，先花后叶。一般每年开花 1 次，老树也年年开花结果。望春花 1～2 月，罗田玉兰 2～3 月，紫花玉兰 3～4 月。

【田间管理】

中耕除草：移栽后的几年里，应于夏冬两季中耕除草并于基部培土，除去基部萌蘖苗。

施肥：辛夷喜肥，宜于 2 月中旬，每 667 米² 施入 2 000 千克的农家肥与 100 千克过磷酸钙堆沤的复合肥，于株旁开穴施下，夏季摘心与冬前也应适施农家肥。

整形修剪：辛夷幼树生长旺盛，必须及时修剪，否则易造成郁闭，内部通风透光不良，影响花芽形成，当定植苗高 1～1.5 米时打顶，主干基部保留 3～5 个主枝，避免重叠，以充分利用阳光，基部主枝宜与主干距离保持约 20 厘米，利于矮化树冠，便于采摘，每主枝保留顶部枝梢，侧枝保留 25 厘米左右，保留中短花枝，打去长势旺的长枝，树冠整成伞状，内部通风透光为好。为使翌年多产新果枝，宜于 8 月中旬摘心。

【病虫害防治】

病害：腐败病，发现后立即刮除或涂石硫合剂。病毒病发现后可用清水擦洗，或喷石硫合剂、多菌灵。

虫害：蓑蛾、刺蛾、木蚕蛾、红蜘蛛等，可用乐果乳油或敌百虫原粉喷洒。

【采收、加工及贮藏】

辛夷在 4 月左右开始开花，温暖地区开花较早，山地或寒冷地带较迟，花蕾开放，应及时采收。采时要逐朵齐花柄处摘下，切勿损伤树枝，以免影响下年产量。花采收后，白昼在阳光下暴晒，晚间堆放一堆，晒至半干时，再堆放 1～2 天，再晒至全干，如遇雨天，可用无烟煤或炭火烘炕，当炕至半干时，也要堆放 1～2 天后再炕，炕至花苞内部全干为止。

【商品规格】

商品按产地分有会春花（产于河南）、安春花（产于安徽）、杜春花（产于浙江）。按来源和性状分为望春花、玉兰和武当玉兰三种，均以花完整，内瓣紧密，色灰绿鲜艳光亮。香气浓者为佳。习惯认为产于河南的"会春花"质最佳。

2. 丁香

桃金娘科蒲桃属常绿乔木。别名丁子香、鸡舌香。味辛、温。归脾、胃、肺、肾经。具有温中降逆，补肾助阳功能。用于脾胃虚寒，呃逆呕吐，食少吐泻，心腹冷痛，肾虚阳痿。叶、花、果实及茎枝均可蒸取丁香油，作为芳香、镇痉及祛风剂。原产印度尼西亚马鲁古群岛，主产于印度尼西亚、马来西亚、印度、斯里兰卡等国，20 世纪 50 年代引入海南试种。丁香喜热带海岛气候，虽可忍受短时低温，但从生产角度看，绝对最低气温不宜低于 6℃，最冷气温不宜低于平均 15℃，才适宜种植而产生经济效益。在旱季及雨量较少的地区需进行灌溉，雨量过多达 3 000 毫米以上时，丁香花蕾的香气欠佳。在高温高湿的条件下，枝叶虽茂，病叶病果较多，开花较少。花期 6～7 月。果期 8～9 月。

【栽培技术】

（1）基地选择 宜选择温和湿润、静风环境、温湿变化平缓、坡向最好为东南坡的地区，并选择土层深厚、疏松肥沃、排水良好的壤上栽培。土壤以疏松的沙壤土为宜。

（2）种植方法 深翻土壤，打碎土块，施腐熟的干猪牛粪、火烧土作基肥，每 667 米² 施肥 2 500～3 000 千克。平整后，做宽 1～1.3 米、高 25～30 厘米的畦。如果在平原种植，地下水位要低，至少在 3 米以下。有条件的先营造防护林带，防止台风为害。种植前挖穴，植穴规格为 60 厘米×60 厘米×50 厘米，穴内施腐熟厩肥 15～25 千克，掺天然磷矿粉 0.05～0.1 千克，与表土混匀填满植穴，让其自然下沉后待植。

主要用种子繁殖。果实 7～8 月陆续成熟。鲜果肉质坚实，每千克鲜果有 600～700 粒。开沟点播，沟深 2 厘米，株行距则随育苗方式不同而异。苗床育苗，株行距 10 厘米×15 厘米；营养砖育苗，株行距 4 厘米×6 厘米。播种后盖上一层细土，以不见种子为度，切勿盖太厚。在播前搭好前棚，保持 50% 的郁闭度。播后

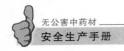

19～20 天即可发芽。3 个月后具 3 对真叶时，把幼苗带土移入装有腐殖土的塑料薄膜袋或竹箩内，每袋（箩）移苗 4 株，置于自然林下或人工前棚下继续培育。定植后 5～6 年开花结果。

【生长发育】

幼龄树生长缓慢，喜阴不耐烈日暴晒，种后 3 年内需间作荫蔽树和精心管理。5 龄后生长加快，并开始进入开花阶段。有大小年，10～15 年为初产期，株产 2～3 千克花蕾。在海南兴隆地区初引种时，每年仅一次开花，花期多在 3～5 月。引种数年后，每年有两次花期，即 12 月至翌年 2 月和 4～6 月。

【田间管理】

幼树除草原则是除早、除小、除了，把杂草铲除在幼苗阶段。年除草 6～9 次，树盘松土深度 10～15 厘米为宜，须根裸露应培土 3～5 厘米。

幼龄树以施有机肥为主，适当增施氮、磷、钾速效化肥，少而精，勤施、薄施、多施液肥为原则。成龄树根据植株生长特性，合理施肥。

夏季或冬季进行扩穴改土。幼树种植后的前 3 年，有计划地自定植穴边缘开始每年或隔年向外扩穴宽 50～80 厘米、深 60 厘米的环状沟，将其中的沙石淘出，填入沃土和有机肥，如此逐年扩大，直到全园翻完为止。

利用除草时除下的杂草、树叶、间作物茎秆等覆盖树盘，厚度 10～15 厘米，离树头 15 厘米，以防白蚁为害。

丁香树冠大，根系浅，惧风害。种植地要造防护林，在台风来临之前，适当修剪一些枝叶，以防台风为害。定植后要浇足定根水，保持土壤湿润，旱季要勤浇水，每 7～10 天浇水一次。雨季注意清理沟系，以便及时排水。

【病虫害防治】

褐斑病和煤烟病为害叶片，尽量防止害虫出现，避免此病发生，还可用波尔多液喷施。

虫害有介壳虫为害。成虫和若虫吸食茎、叶汁液。防治方法可用高效大功臣可湿性粉剂喷施。

【采收、加工及贮藏】

定植 4～5 年开花结果，15～20 年为盛产期，寿命 100 年以上。每年有 2 次花期，即 12 月至翌年 2 月和 4～6 月。采收时间在 2～7 月。花蕾含苞欲放，微带红色即可采收。于晴天露水干后或午后用枝剪剪下花蕾或花枝。

将花蕾置于竹帘或地板上日晒 4～6 天至脆易断即可。

丁香药材应储藏在干燥、通风的库房中，并能防虫、防鼠。堆垛要整齐，要留有通道以利于通风。严禁与有毒、有害、有污染、有异味的物品混放。

【商品规格】

加工好的丁香呈长喇叭形，花蕾完整，含苞欲放，紫红色，芳香浓郁，有强烈辣味。

甲级：粒大，身重，红紫色，有光泽，无杂，含苞未放，芳香气浓郁而强辣。

乙级：粒较大，身重，红紫色，光泽不明显，有少数花蕾开放，芳香浓郁而强辣。

丙级：粒小，身重，褐紫色，皱纹明显，花蕾多数开放，香气辣味一般。

丁级：母丁香暗紫色，身重，味辛辣，含油量低，芳香气淡。

3. 金银花

忍冬科忍冬属缠绕半灌木。别名银花、双花、二宝花等。花入药。具有清热解毒功能。主治风热感冒、咽喉肿痛、肺炎。喜阳光和温和、湿润的环境，生长适温为 20～30℃。对土壤要求不严，酸性、盐碱地均能生长，适应性较强。耐寒，耐旱。主产于山东、河南，全国大部分地区均产。金银花品种很多，但以山东的鸡爪花、大毛花较好，其品种产量高，质量好。花期 4～6 月。果期 7～10 月。

【栽培技术】

（1）基地选择　选排水良好，向阳，疏松肥沃的沙质壤土为好。每 667 米^2 施基肥 2 500 千克，翻耕平整，做宽 1.2～1.5 米

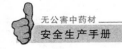
的畦。

(2) 种植方法　种子和扦插繁殖，在生产中多采用扦插繁殖。

种子繁殖：10～11 月摘成熟果实，去净果皮、果肉，选籽粒饱满的种子晾干备用。播种前将种子放在 40℃ 左右温水中浸泡 10～12 小时，捞出放在室内用稻草或湿布盖上，经常保持湿润，经 2 周左右，待种子裂口时即可播种。于 4 月上中旬按行距 25 厘米开浅沟，将种子均匀撒入沟内，覆土后稍镇压，浇水。保持土壤湿润，一般 10 天左右出苗。于当年 10～11 月或第二年早春定植。每 667 米^2 用种量 1～1.5 千克。

扦插繁殖：扦插时间，南方一般在雨季；北方于 7 月下旬至 8 月上旬。扦插育苗选生长健壮、无病虫害的 1～2 年生枝条，剪成 20 厘米左右长的插条，剪去下部分叶片，按行距 25 厘米、株距 10 厘米，将插条的 2/3 插入土中，把插条周围的土稍加压实，浇水，保持土壤湿润，15 天左右可生根。直接扦插则选好定植地，按株距 1.2～1.5 米挖坑，坑宽、深各 30 厘米，坑内施一些基肥。插条长 30 厘米左右，每坑插 4～5 根，灌水。

【生长发育】

根系发达，4 月下旬至 8 月下旬生长最快。一般在北方 3 月初叶芽萌动，3 月底为展叶期，5 月初为现蕾期，5 月中旬进入花期，通常年产花四茬。果熟期 10～11 月。

【田间管理】

中耕除草：苗期及时中耕除草，定植苗每年中耕除草 2～3 次，中耕时距株丛远处稍深，近处宜浅，以免伤根。春、秋松土时结合培土，防止根系露出地面。

追肥：每年早春或冬初，在花墩周围开环形沟施肥，施肥多少视花墩大小而定。大墩施圈肥 5～10 千克，过磷酸钙 200 克与圈肥混拌，施后埋土，浇水。采花后每 667 米^2 追施磷肥 10～15 千克或尿素 5～10 千克。

修剪：修剪是提高忍冬产量的重要措施之一。据山东经验，把忍冬修剪成单干矮小灌木状，开花多，产量高。其方法是：定植的

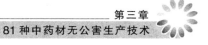

1～2 年生苗木，培养主干高 15～20 厘米，选留主枝 4～5 个，其余枝条剪成长 15 厘米左右。经几年整形修剪后，干高 30～40 厘米，形成主干粗壮的矮小灌木状，便花墩呈伞形，通风透光好。每年冬季至萌芽前，剪去枯、老、细弱且过密的枝条，使其多发新枝条，多开花。一般剪去原花墩枝条的 10%～15%，一墩忍冬产花 1.7 千克，不修剪产花为 0.8 千克。剪枝后提高了花墩各部位的光能利用率，减少了养分的消耗，提高了单株产量。

【病虫害防治】

虫害有蚜虫，使叶和花蕾卷缩，枝条停止发育，忍冬严重减产。喷 40%乐果乳油 800～1 500 倍液防治。

【采收、加工及贮藏】

忍冬以花蕾入药。当花蕾显绿白色将要开放时，摘下晒干，此时质量好；花开后再摘，产量低、质量差。日晒最好 1 天晒干，过夜影响质量。亦可烘干。4 千克鲜花可晒干花 1 千克。一般每 667 米² 产干花 100 千克左右。

干燥后的金银花如不马上出售，包装后应置于室内高燥冷凉的地方储藏，避免阳光直射和防止鼠害。

【商品规格】

金银花商品以身干、色青白、香气浓、无开头（开放花）、无杂质、气香、握之顶手者为佳。

4. 红花

菊科红花属一年生草本。原名红蓝花，始载于《开宝本草》。辛、温。归心、肝经，具有活血通经、散淤止痛等功效。红花富含铬、锰、锌、钼等元素，可以增强心血管功能，防治心脑血管、妇科等疾病。红花喜阳光充足的环境，抗旱，怕涝。特别在花期宜长日照，有利于生殖生长。在短日照条件下，不能正常开花。不耐荫蔽。全国各地多有栽培，主产于河南、四川、云南和新疆等地。花期 5～7 月。果期 7～9 月。

【栽培技术】

（1）基地选择 红花喜温暖和稍干燥的气候，耐寒，耐旱，适

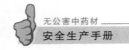

应性强，怕高温，怕涝。是长日照植物，生长后期如有较长的日照，能促进开花结果，可获高产。红花对土壤要求不严，但以排水良好、肥沃的沙壤土为好。

（2）种植方法

采种选种：栽培红花，应当建立留种地。收获前，将生长正常，株高适中，分枝多，花朵大，花色橘红，早熟及无病害的植株选为种株。待种子完全成熟后即可采收。播种之前，须用筛子精选种子，选出大粒、饱满、色白的种子播种。

播种：北方以春播为主。3～4 月，当地温在 5℃以上时，开始播种。行距 40 厘米，株距 25 厘米挖穴，穴深 7～10 厘米，然后每穴放 2～3 粒种子，踩实，搂平浇水。每公顷用种量 30～45千克。

南方以秋播为主，在寒露至立冬之间，以霜降前后较好。一般采用点播。行距 33～40 厘米，株距 24～27 厘米，塘深 6～9 厘米，行与行间，塘的位置要错开，呈三角形。打塘后，每塘播种子 5～6 粒，每公顷需种子 37.5～45 千克，播后盖土 3 厘米左右。

【生长发育】

红花的一生大致可分为莲座叶丛期（简称莲座期）、伸长期、分枝期、开花期和种子成熟期。

影响莲座期的最根本因素是温度和日照。温度高，莲座期短，温度低，莲座期就延长。莲座期过后，红花植株进入快速生长的阶段。这期的主要特征是节间显著加长，植株迅速长高，在伸长期，红花对肥料和水分的需要也开始增加，故须及时追肥和灌溉，同时要注意防止倒伏和冰雹。

分枝的数目依品种和环境条件的不同而异，高温和长日照有利于分枝的生长。分枝的多少受播种期、植株密度、水分、肥料状况等因素的影响。红花通常于早晨开花，花期可持续 40 天左右。在完成授精作用以后，花冠凋谢，而进入种子成熟期。红花的种子自开花到成熟这一过程时间的长短，受品种、温度、湿度等因素的影响。

【田间管理】

间苗补苗：红花播后 7～10 天出苗，当幼苗长出 2～3 片真叶时进行第一次间苗，去掉弱苗。第二次间苗即定苗，每穴留 1～2 株，缺苗处选择阴雨天补苗。

中耕除草：一般进行 3 次，第一、二次与间苗同时进行，除松表土，深 3～6 厘米，第三次在植株郁闭之前进行，结合培土。

追肥：在两次间苗后进行第一次追肥，每公顷施人畜粪水6 000～11 250 千克，第二次追肥每公顷应加入硫酸铵 150 千克，第三次在植株郁闭、现蕾前进行，每公顷增施过磷酸钙 225 千克。

摘心：第三次中耕追肥后，可以适当摘心，促使多分枝，蕾多花大。

红花耐旱怕涝，一般不需浇水，幼苗期和现蕾期如遇干旱天气，要注意浇水，可使花蕾增多，花序增大，产量提高。雨季必须及时排水。

【病虫害防治】

红花主要病害有锈病、根腐病、叶斑病等。

根腐病：在开花期症状尤为明显，侵染植株的根部及茎的基部。植株萎蔫，呈浅黄色。防治方法是在旱地种植红花实行地下灌溉或开沟灌溉等，减少根腐病的发生。

叶斑病：在叶片上和苞片上有大的不规则褐色斑点，种子失色、枯萎和腐烂，并使全株倒伏。常有阵雨或经常有露水的地区，以及有灌溉条件的地区，在红花生长的中期和后期，叶斑病的发生最为严重。目前还没有完全抗病的品种，这种病是将红花限制在较为干燥地区的因素之一。

最普遍的害虫是蚜虫及潜叶蝇。地下害虫则主要是地老虎、金针虫、蟋蟀、蝼蛄和蛴螬等，为害根及根茎。宜采取人工捕杀和药剂防治相结合的措施。

【采收、加工及贮藏】

采花时间安排以晴天露水干后为好。露水太大，则花多粘在一起，不易干燥。有刺红花采花时间一般在早晨太阳未出而有露水时

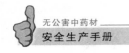

至 11 时左右，此时苞叶潮湿而较软，不易刺手。要采摘已经授过粉的、颜色鲜艳的管状花，注意不要伤及下部子房，以利于结籽。

红花采收后不能堆放，应及时干燥，并防潮防虫蛀。

红花易生霉、变色、虫蛀。应储藏于阴凉干燥处，温度 28℃以下，相对湿度 70%～75% 为宜。商品安全水分 10%～13%。发现温度过高，宜及时翻垛通风，散热散潮。有条件的地方可用去湿机去潮或密封抽氧充氮养护。红花籽的储藏，必须在低温、干燥环境下。红花籽在储藏前，必须晒干，使籽粒的含水量降至 8% 以下。

【商品规格】

根据国家医药管理局、卫生部制定的药材商品规格标准，红花分为两等：

一等：干货。管状花皱缩弯曲，成团或散开，表面深红或鲜红色，微带黄色，质柔软。有香气、味微苦。无枝叶杂质、虫蛀、霉变。

二等：表面浅红或浅黄色，质较柔软。其余同一等。

5. 菊花

菊科菊属多年生宿根性草本植物。有甘菊花、白菊花、黄甘菊、亳菊、滁菊、杭菊等品种。以花序入药。疏风散热，清肝明目，解疮毒。性味甘、苦，微寒。归肺、肝经。散风清热，平肝明目。用于风热感冒，头痛眩晕，目赤肿痛，眼目昏花。生于阴坡林下或山沟中。现全国各地均有栽培。亳菊产于安徽亳州、涡阳、河南商丘等地。滁菊产于安徽滁州等地。杭菊产于浙江桐乡、海宁。川菊产于四川冲江等地，怀菊产于河南沁阳。其中以怀菊产量高，滁菊品质好。花期 9～11 月。果期 10～11 月。

【栽培技术】

（1）基地选择　喜温暖，耐寒冷，花耐微霜，幼苗孕蕾期需较高温度。如气温低，植株将发育不良，分枝和花都少。喜阳光充足地方，忌荫蔽，怕风害。喜湿润气候和土壤，过于干旱将分枝少，植株发育缓慢。花期如缺水，影响花的数量和质量，但水分过多易乱根，故浇水不宜过大，雨季注意排水。菊花喜肥，因此宜选择肥沃、排水良好的沙质壤土，中性、微酸性为好，忌碱性土壤、洼地、飞沙地带。

（2）种植方法　菊花的繁殖方法很多。一般可分为分根繁殖、扦插、播种和压条等数种方法，其中以分根为主。

分根繁殖：在4～5月间栽培。如栽的过早，根嫩易断，气温低，生长慢，产量低。选择阴天，把母株挖起，将菊苗分开，选择粗壮及须根多的种苗，留下23厘米长的枝，斩掉菊苗头，栽时用犁开沟，沟深13～16厘米或用锄挖6～10厘米深的穴，行距为83厘米，株距30～50厘米。栽时要注意将根周围的土压紧，并及时浇水，如遇天旱需连浇两次水。也可在5～6月将植株上发的芽连根分开，栽在苗床上，行距20厘米，株距10厘米，每穴栽苗4～5株，等麦收后定植。

扦插繁殖：收菊花时，把菊蔸留高一点（蔸留得高，发芽才多）在第二年立春前后挖起老蔸，选择健壮、无病虫害、根茎白色的嫩芽子，剪成10～13厘米一节，每百株捆成一把，捆好以后，用剪刀剪去过长的根后，进行育苗。苗床应选择土壤肥沃，排水良好的沙质壤土。在扦插前半月，将土深翻一次，深约23厘米。至扦插前，土地一定疏松、细碎和清洁，然后进行做畦。一般畦宽130厘米，视土地情况和便于管理而定。剪好的种苗，不能久放，应即扦插，如放置过久，会降低成活率。扦插最适宜的温度是15～18℃。插前要在整好的苗床，用锄头开横沟，沟距16厘米，深6厘米。每沟放苗约16株（即株距8厘米），苗子先端出土3厘米左右，然后以细土覆盖半沟，踩紧，再盖土与畦平。栽好后要盖一层草，避免雨水打板结土地。育苗期，应勤除草，保持足够的水分，约20天以后，再用清粪水催苗一次。扦插20天后生根，生长健壮后即可定植大田，或栽于麦茬地，株行距同分根法。

【生长发育】

菊花为短日照植物，对日照长短反应很敏感。在日照12小时以下及夜间温度10℃左右时，花芽才能分化。每天不超过10～11

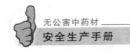
小时的光照，才能现蕾开花。菊花一般于3月上旬萌芽展叶，9月下旬现蕾，10月中下旬开花，至12月上中旬枯萎，年生育期约290天。

【田间管理】

中耕锄草：菊花缓苗后，不宜浇水，而以锄地松土为主。第一次、第二次要深松，使表土干松。地下稍湿润，使根向下扎，并控制水肥，使地上部生长缓慢，俗称"蹲苗"，否则生长过于茂盛，至伏天不通风透光，易发生叶枯病。第三次中锄时，并在植株根部培土，保护植株不倒伏。在每次中锄时，应注意勿伤茎皮，不然在茎部内易生虫或蚂蚁，将来生长不佳，影响产量。总之，中锄次数应视气候而定，若能在每次大雨之后，土地板结时，浅锄一次，即可使土壤内空气畅通，菊花生长良好，并能减少病害。

追肥：菊花根系发达，根部入土较深，细根多，吸肥力强，需肥量大，一般施3次肥。第一次打顶时，每公顷施人粪尿7 500千克左右或硫酸铵150千克，结合培土。第三次施肥在花蕾将形成时每公顷用人粪尿11 250～15 000千克或用硫酸铵每公顷150千克，促使多结果蕾，花多和花朵大，花瓣肥厚，提高产量及品质。四川除施入人粪尿或饼肥外，还在孕蕾前施过磷酸钙每公顷150～225千克，促进结蕾开花，也可进行根外追肥，用2％过磷酸钙水溶液均匀喷于叶面。先将过磷酸钙用水发散，充分搅拌，务使无颗粒，用水泡一昼夜。施前加足水搅匀，用布袋过滤，而后在晴天下午喷射，最好在傍晚进行，容易吸收。每隔3～5天喷1次，共喷2～3次。

排水灌溉：菊花喜湿润，但怕涝，春季要少浇水，防止幼苗徒长，按气候而定。保证成活就行。6月下旬以后天旱，要经常浇水，如雨量过多，应疏通大小排水沟，切勿有积水，否则易生病害和烂根。

摘去顶尖：在菊花育苗期中，或分株时，如果肥料充足，植株生长健壮，为了促使主干粗壮，减少倒伏，在菊花生长期要打1～3次顶尖，第一次在5月，可在定植前（苗高30厘米时）打尖一次，打 12 厘米留 30 厘米；第二次在 6 月底；第三次不得迟过 7 月底。打尖的目的促使旁枝发育和多分枝条，增加单位面积上的花枝数量，提高产量。

选留良种：选择无病、粗壮、花头大、层厚心多、花色纯洁、分枝力强及无病花多的植株，作为种用。然后根据各种不同的繁殖方法，进行处理。但因为菊花在同一个地区的一个品种由于多年的无性繁殖，往往有退化现象，病虫害特多，生长不良，产量降低，同时其中亦有变好的，故选留良种时，特别注意选留性状良好变种，加以培育和繁殖。必要时，可在其他地区进行引种。

【病虫害防治】

叶枯病：又叫"斑枯病"。在菊花整个生长期都能发生，在雨季严重，植株下边叶片首先被侵染。菊花采收完后，集中残株病叶烧掉；前期控制水分，防止疯长，以利通风透光；雨后及时排水。

菊花天牛：又称"蛀心虫"。在 7～8 月间菊花生长旺盛时，多在菊花茎梢咬成一圈小孔产卵，在茎中蛀食。防治上可从萎蔫断茎以下 3～6 厘米处摘除受害茎梢，集中烧毁。成虫发生期，趁早晨露水未平时进行人工捕捉。

大青叶蝉：成虫、若虫危害叶片，被害叶片呈现小黑点。用乐果乳油液或杀螟松乳油液喷雾。

蚜虫：冬季清园，将枯株和落叶深理或烧掉。

【采收、加工及贮藏】

采收：采花时间在 11 月上旬霜降后采一次，约占产量 50％，隔 5～7 天后采摘第二次，占产量 30％，过 7 天再采一次，占产量的 20％。花朵大部开放，部分花朵边线已呈紫色，花瓣平直，花心散开 60％～70％采摘。用食指和中指夹住花柄，向怀内折断。操作熟练的工人每天可采鲜花 60～75 千克。采花时间最好在晴天露水已干时进行，这样水分少，干燥快，省燃料和时间，减少腐烂，色泽好，品质好。但遇久雨不晴，花已成熟，雨天也应采，否则水珠包在瓣内不易干燥，而引起腐烂，造成损失。采下的鲜花立

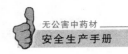

即干制，切忌堆放，应随采随烘干，最好是采多少烘多少，减少损失。菊花采收完后，用刀割除地上部分，随即培土，并覆盖熏土于菊花根部。

加工：采回鲜花，应及时放于烤房竹帘上，厚约 6 厘米，抖松铺开，即用煤空，火力要猛而均匀，锅水不宜过多，每蒸一次加一次热水，以免水沸到笼上，影响菊花质量。蒸的时间 4～4.5 分钟，过熟不易晒干，过快防止生花变质。蒸好的菊花放在竹帘上暴晒，菊花未干不要翻动，晚上收进室内不要压，暴晒 3 天后或柴火烘烤。约半小时应进行翻松，翻时应退着翻，切忌踩花朵，影响品质。如产量少，气候好，晴天采收即铺于晒场阳光下晒干，晒时宜薄，应勤翻，或薄铺于通风处吹干。但河南、四川、安徽、河北等地将植株晴天全部割下捆成小捆，在室外搭架风干，或在室外悬挂于通风处吹干，再将花朵摘下。杭菊花采用蒸菊花的办法，把菊花放在蒸笼内，厚约 3 厘米，一次锅内放笼 2～3 只，把蒸笼搁翻动一次。晒 6～7 天后，收起。贮藏数天再晒 1～2 天，花心完全变硬即可贮藏。

【商品规格】

（1）亳菊

一等：呈圆盘或扁扇形。花朵大、瓣密、肥厚、不露心，花瓣白色，近基部微带红色。体轻，质柔软，无散朵、枝叶。

二等：花朵中大，色微红，近基部微带红色，其余同一等。

三等：花朵小，色黄或暗。间有散朵，叶梗不超过 5％，其余同二等。

（2）滁菊

一等：呈绒球状或圆形（多为头花），朵大、色粉白、花心较大、黄色。质柔。不散瓣，无枝叶。

二等：呈绒球状圆形（即二水花），色粉白。朵均匀，其余同一等。

三等：呈绒球状，朵小，色次（即尾花）。间有散瓣、并条，其余同一等。

（3）贡菊

一等：花头较小，圆形，花瓣密，白色。花蒂绿色，花心小，淡黄色，均匀不散朵，体轻，质柔软。

二等：花心淡黄色，朵欠均匀，其余同一等。

三等：花头小，朵不均匀，间有散瓣，其余同一等。

（4）杭白菊

一等：蒸花呈压缩状。朵大肥厚，玉白色。花心较大，黄色，无霜打花、浦汤花、生花枝叶。

二等：花朵厚，较小，其余同一等。

三等：花朵小，间有不严重的霜打花和浦汤花，其余同一等。

（5）药菊（怀菊、川菊）

一等：呈圆盘或扁扇形。朵大、瓣长、肥厚。花黄白色，间有淡红或棕红色。质松而柔。无散朵、枝叶、杂质。

二等：朵较瘦小，色较暗，间有散朵，其余同一等。

菊花出口以杭菊为主，分甲、乙两级。

6. 款冬花

菊科款冬属多年生草本。别名冬花、九九花、西冬花。花蕾入药。气味辛、甘、温。具有润肺下气、化痰止咳的功能。主治急、慢性支气管炎、肺结核、咳嗽、气喘。主产于河南、甘肃、山西、四川等省，尤以甘肃的灵台冬花质量最佳。花期2～3月。果期4月。

【栽培技术】

（1）基地选择　喜生长于河边、沙地、高山阳坡或山中早阳晚阴之处，喜冷凉潮湿环境。忌高温和干燥环境，如果夏秋气温超过36℃，地上部就会枯死。款冬对土壤适应性较强，但以土壤肥沃、比较潮湿、底层较紧的沙壤土为好，开好排水沟，施足基肥，坡地种植一般不做畦。选腐殖质壤土或沙质壤土，要求表土疏松，底上紧实较好。整地，地块选好后，每公顷施15 000～22 500千克人畜粪、厩肥、草木灰等农家肥料为基肥，深翻18～24厘米，整平打碎。

（2）种植方法 根茎繁殖于早春解冻后进行春栽，先将根茎刨出，剪成 15～18 厘米长一段，每段有 2～3 个芽苞。每公顷需用种根 525 千克左右。方法一般采用条栽或穴栽两种。条栽按 30 厘米行距开沟，沟深 10 厘米左右，每隔 22～25 厘米放一段种根，随即覆土扒平。塘栽按照株行距各 45 厘米、深 10 厘米左右，每塘栽种根茎 2～3 段，上施一把肥料，然后覆土扒平。也可在冬季栽种，结合采花时，随刨随种。通常栽种 3 年后，要换地另种。

【生长发育】

款冬花喜冷凉气候，怕高温，气温在 15～25℃时生长良好，赶过 35℃，茎叶萎蔫，甚至会大量死亡。冬、春气温在 9～12℃时，花蕾即可盛开。喜湿润的环境，怕干旱和积水。在半阴半阳的环境和表土疏松、肥沃、湿润的土壤中生长良好。忌连作。整个生育期约 360 天。

【田间管理】

中耕除草：款冬花出土后，在生长期一般应进行 3 次除草，即在 4 月、6 月、8 月进行。每次中耕都不能深，以免伤根。第二、三次中耕除草时，应在款冬花基部适当培土，以防花蕾长出土外，影响质量。

追肥：一般连续栽培几年，土壤中的养分逐渐减少，产量逐年下降，为了稳定产量，应适当追肥。通常每年追肥 3 次，在每次中耕除草时结合进行。每次每公顷需人畜粪水、厩肥等 11 250～15 000 千克。

灌水排水：款冬花虽喜潮湿，但怕积水，所以在生长期内，应注意适当灌水和排水，使经常保持湿润。

疏叶：款冬花在 6～8 月为盛叶期，叶片过于茂密，会造成通风透光不良而影响花芽分化和招致病虫危害。因此要翻除重叠、枯黄和感染病害的叶片，每株只留 3～4 片心叶即可，以提高植株的抗病力，多产生花蕾，增加产量。在大田栽培，款冬花可与玉米等高秆作物进行间作，既可充分利用土地，增加收益，又可起遮阴作用，有利款冬花生长。

【病虫害防治】

叶斑病：注意排水，可用波尔多液防治。

蚜虫：可用烟草制剂，即烟叶 2 千克，先用水泡 24 小时，然后加石灰 2 千克，肥皂 4 块，共加水 60 千克制成水剂喷射，也可用乐果乳剂 0.5 千克加水 1 000 千克喷射防治。

【采收、加工及贮藏】

采收：于栽种的当年立冬前后，当花蕾尚未出土、苞片呈紫红色时采收。过早，因花蕾还在土内或贴近地面生长，不易寻找；过迟，花蕾已出土开放，质量降低。采时，从茎基上连花梗一起摘下花蕾，放入竹筐内，不能重压，不要水洗，否则花蕾干后变黑，影响药材质量。

加工：花蕾采后立即薄摊于通风干燥处晾干，经 3～4 天，水汽干后，取出筛去泥土，除净花梗，再晾至全干即成。遇阴雨天气，用木炭或无烟煤以文火烘干，温度控制在 40～50℃ 之间。烘时，花蕾摊放不宜太厚，约 5～7 厘米即可。时间也不宜太长，而且要少翻动，以免破损外层苞片，影响药材质量。

【商品规格】

一等：呈长圆形，单生或 2～3 个基部连生，苞片呈鱼鳞状，花蕾肥大，个头均匀，色泽鲜艳。表面紫红或粉红色，体轻，撕开可见絮毛茸。气微清香，味微苦。黑头不超过 3%，花柄长不超过 0.5 厘米，无开头、枝干、杂质、虫蛀、霉变。

二等：个头较瘦小，不均匀，表面紫褐色或暗紫色，间有绿色、白色。开头、黑头均不超过 10%，花柄长不超过 1 厘米。其余同一等。

7. 西红花

鸢尾科番红花属多年生草本植物。西红花又名藏红花、番红花、撒馥兰、泊夫兰等。花入药。是名贵妇科良药。喜冷凉湿润和半阴环境，较耐寒。适宜生长于排水良好、腐殖质丰富的沙壤土。原产于西班牙、荷兰等地中海沿岸国家，汉代时传入中国。于1965 年开始引种试验，现已在上海、浙江、河南、北京、新疆等

22 个省市引种成功。性平，味甘。具有活血化淤、凉血解毒、解郁安神的功效。用于经闭症瘕、产后淤阻、温毒发斑、忧郁痞闷、惊悸发狂。西红花还大量用于日用化工、食品、染料工业，是美容化妆品和香料制品的宝贵原料，球茎可作为高档花卉出售，西班牙人誉之为"红色金子"。花期 11 月。果期 11～12 月。

【栽培技术】

（1）基地选择　选择向阳、地势高、排水方便、不会积水的田块，以有机质含量高且疏松的沙壤土为好。种植西红花的土地应实行水旱轮作，有条件的最好间隔 2～3 年，产地无法多年轮作的，当年前作应种植水稻，减少土传病害。

（2）种植方法

田间培育球茎：栽植地必须施足基肥后下种。在栽种的前 1～2 个月整地，每 667 米^2 施入腐熟厩肥 3 500 千克，饼肥（油枯）50 千克或过磷酸钙 50 千克，草木灰 1 500～2 000 千克，深翻入土中作基肥。整细耙平后作宽 1.3 米的高畦栽种。

合理密植，重视追肥：栽前，将球茎按大、中、小分为 3 级：25 克以上的为一级；8～25 克的为二级；8 克以下的为三级。栽种时，在整好的畦面上开沟条播。沟深 8～12 厘米。一级按行株距 20 厘米×10 厘米，二级按行株距 15 厘米×17 厘米，三级按行株距 10 厘米×7 厘米，覆土厚 3～6 厘米，轻轻压土，栽后浇定根水。每 667 米^2 可栽种 2.5 万～3 万个球茎。

【生长发育】

5 月上旬西红花叶片全部枯黄后将球茎起土，摊放并除掉茎上的残叶、球茎底部的母茎残体和泥土，放置于专门的贮藏室内过夏。天气转凉后，芽开始萌动，自萌动到开花约需 50 天。开花期一般在 10 月下旬至 11 月上旬，整个花期约为 15 天，但集中花期只有 2～3 天，温度一般控制在 15～18℃。西红花每朵花花期 2～3 天，上午 8～11 时开放。采收花丝的最佳时期应在花苞完全展开，花丝挺直伸出花瓣的当天中午，将整朵花集中采下。选择均匀无病的球茎作种用。播种时间在 11 月 10～20 日。

【田间管理】

整地时，施过磷酸钙或饼肥入土打底；栽种时用稻草覆盖和间作面肥。1 月中旬，施人粪尿肥或硫酸钾复合肥，冲水浇施；2 月上旬，看苗施肥，苗差的每 667 米^2 用 45％硫酸钾复合肥 15 千克冲水浇施；2 月中旬至 3 月初，用 0.2％硫酸二氢钾溶液进行根外追肥，每隔 10 天一次，连喷 2～3 次。

3 月进入西红花生长旺期，也是球茎膨大的关键期，气温转暖，雨水增多，杂草生长快，易引起草害，视杂草情况酌情人工除草 2～3 次，除草一定要在晴天露水干进行，尽可能少翻动西红花叶片，翻动后一定要将叶片理直。

西红花田间应保持湿润，干旱年份要注意浇水，土壤被水湿透后，要立即排水。球茎在田间生长阶段忌涝渍水，春后返青雨水过多，应及早清沟，疏通沟渠，排除积水。

【病虫害防治】

腐烂病：近地表叶片基部白化，随后逐渐枯萎；地下部球茎发病部位先表现为水渍状，由嫩白色转为淡黄，后逐渐扩大，颜色渐转黄褐色，最后为褐色水腐状腐烂。室内球茎发病初期因球茎鳞片包裹，不易觉察，该病一旦发生，发病和传播较快，严重的可致全田减产 50％以上，甚至绝收。防治上不能用带菌球茎作种，可异地换种；一方面要水旱轮作，另一方面应多年轮作；田间排水通畅，不能积水。少除草或不除草，尽量不伤及球茎生长；发现发病球茎，及时拔除带出田外深埋销毁，减少传染。

枯萎病：后期叶片干枯。病菌侵入根、球茎。受害部位出现先是黄褐色，略下陷，边缘不整齐的病斑，病斑坚实，易与健康部分分离，在适宜的条件下，病斑发展迅速导致球茎皱缩干腐和僵化腐烂。可以播前用波尔多液，生长期用托布津浇灌。

西红花一般少有虫害发生，主要以预防为主。西红花田里的球茎收获后不应立即播种其他作物，将田地深翻晒土数日。

【采收、加工及贮藏】

开花期晴天的早晨采花，摘取柱头，摊放在竹匾内，上盖一张

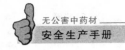

薄吸水纸后晒干，或 40～50℃烘干或在通风处晾干。

西红花花丝应存放在干燥、阴凉、通风的仓库中，避光密闭保存，保质期为 2 年，真空包装 3 年，冷库储藏温度 2～5℃。

【商品规格】

西红花花丝商品常分为三级：

一级：鲜红色，有光泽，不见黄点，花丝平直，粗细均匀，无花粉，无杂质，无霉变，气味香甜，无烟焦味及其他异味，水分小于等于 12.0%。

二级：基本鲜红色，有光泽，略见暗红色，不见黄点，花丝平直，其余同一级。

三级：暗红色，略见黄点，花丝平直，其余同一级。

第五节　茎类和皮类

1. 牡丹皮

毛茛科芍药属多年生落叶小灌木。根皮入药。有清热凉血、活血化淤的功效。可用于治疗温毒发斑、吐血衄血、夜热早凉、无汗骨蒸、经闭痛经、痈肿疮毒及跌打伤痛。生于低海拔以下的山坡松林下或开阔的灌草丛中。野生牡丹资源较少，主要分布于陕西、甘肃、四川、河南等省。家种牡丹主要在安徽、四川、湖南、陕西、山东；湖北、河南、云南、甘肃、贵州、河北、浙江、山西、江苏、江西、青海，西藏亦有种植。品种繁多。花期 4～5 月。果期 5～7 月。

【栽培技术】

（1）基地选择　选向阳、排水良好、土层深厚、平坦的沙壤土地，施入腐熟杂粪，深翻，整平耙细做畦。前作以豆科植物为好。也可在路边或庭院种植。药用牡丹耐寒（-12℃）、耐旱、怕水渍，无论阴坡、阳坡，凡是土壤肥沃、土层深厚、土质疏松、排水和通气性能良好的中性或微酸性沙质壤土均可栽种。强酸性土壤、盐碱地、黏土、低湿地及树荫下则不宜栽种。

（2）种植方法　大面积药用栽培时多用分株和种子繁殖两种方法。

种子繁殖：牡丹种子从8月下旬开始成熟，应分批采收，采收后置室内阴凉条件下，促进后熟，待果荚裂开，种子脱出，即可进行播种，或在湿沙土中贮藏，晾干的种子不易发芽。播种前，可用50℃温水浸种24～30小时，使种皮变软脱胶，吸水膨胀，促进萌发。安徽8月上旬至10月下旬播种，山东8月下旬至9月上旬播种。在北方，播种期不宜过迟，否则当年根少而短，越冬期间极易受冻。播种方式有穴播和条播，生产量大多采用条播法。条播用种量每667米^{2}需2～2.5千克。一般采用高畦，宽1.2米，行距10厘米，开浅沟将种子每隔5厘米1粒播入畦内，覆土3～5厘米。为防止干燥，可铺盖稻草。播种2年后，于9～10月移栽，株行距30厘米，覆土过顶芽约3厘米。

分株繁殖：8月下旬至10月收获时，剪下大、中根入药，细根不剪，从容易分株的地方剪下分成2～4株，9～11月即可移栽，以早栽为好。种前深翻土地，施足基地，按株行距25厘米×35厘米每穴种3株，斜种成45°角，覆土3～4厘米。

【生长发育】

牡丹为宿根植物，1～2年生植株不开花。早春为萌发期，花期4～5月，果期5～7月，8月为地下部生长盛期，10月上旬植株始渐枯萎，进入休眠期。牡丹种子有后熟的特性，上胚轴需经一段低温才能继续伸长。种子寿命不长，隔年种子发芽率低。

【田间管理】

中耕除草：生长期间常锄草松土，1年生的根系较浅，中耕宜浅，2～3年生可适当深锄。

水肥管理：田间忌积水，春季返青前及夏季干旱时应进行灌溉。除施足基肥外，春秋均应进行追肥，一般以农家肥和饼肥为主。

摘花：春季现蕾后，及时进行摘蕾，防止养分损失。

【病虫害防治】

叶斑病：多发于夏至到立秋之间。防治方法应清洁田园或用波

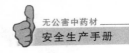
尔多液喷洒叶面，7 天 1 次，连喷数次。若当时气温高，可用稀释的波尔多液喷洒。

根腐病：伏天（7 月份）应翻晒地块，或在发现病害后，应及时清除病株及其四周带菌土壤。除以上常见病害外，还有炭疽病、锈病及牡丹白绢病。

虫害主要虫害有蛴螬、尺蠖、卷蛾、螨类幼虫等。一般可用敌百虫进行防治。

【采收、加工及贮藏】

采收：移栽后 3～5 年（凤丹皮 3 年），于 7～10 月采收。夏季采收者为"新货"，水分较多，容易加工，质韧色白，干得快；秋季采收者称"老货"，质地偏硬，但产量（增产 10％左右）和有效成分含量均比夏季采收者高。经测定：在花盛开期及枝叶枯萎期牡丹酚含量较高。采收应择晴天，否则药材触水发红。先挖四周，将根全部刨出，抖去泥土，结合分株，将大根和中等大小的根齐基部剪下，待加工。

加工：鲜根堆放 1～2 天，稍失水变软后摘去须根（即丹须），除去木心。按粗细、整碎分别出晒。晒时应趁其柔软把根条理直，严防雨淋、夜露和触水，以免发红甚至变质。晒干后即为商品药材。一般每 667 米^{2}产 350～400 千克。折干率为 35％～40％。若用水洗去鲜泥土，用竹片或玻璃片刮去外表栓皮，再抽去木心，晒干称"刮皮丹皮"，简称"刮丹"，操作繁琐，且常刮去部分含有效成分的组织，除外贸外，一般内销不刮皮。

【商品规格】

牡丹皮分为凤丹、连丹、刮丹三个品别，每个品别分为四个等级。

（1）凤丹

一等：干货。呈圆筒形，条均匀微弯，两头剪平，纵形裂口紧闭，皮细肉厚，表面褐色，质硬而脆，断面粉白色，粉质足。有亮星，香气浓，味苦涩。长 6 厘米以上，中部直径粗 2.5 厘米以上，无木心、青丹、杂质、霉变。

二等：长 5 厘米以上，中部直径粗 1.8 厘米以上，其余同一等。

三等：长 4 厘米以上，中部直径 1 厘米以上，其余同一等。

四等：凡不符合一、二、三等的细条及断支碎片，均属此等，但是最小茎粗不低于 0.6 厘米。无木心、杂质、霉变。

（2）连丹

一等：干货。呈圆筒状，条均匀，稍弯曲，表面灰褐色或浅棕色，栓皮脱落处呈粉棕色，质硬而脆，断面粉白或淡褐色，有粉性。有香气，味微苦涩。长 6 厘米以上，中部直径 2.5 厘米以上，碎节不超过 5%。去净木心，无杂质、霉变。

二等：长 5 厘米以上，中部直径 1.8 厘米以上，其余同一等。

三等：长 4 厘米以上，中部直径 1 厘米以上，其余同一等。

四等：干货。凡不符合一、二、三等及断支碎片。但最小直径不小于 0.6 厘米，无木心、碎末、杂质、霉变。

（3）刮丹

一等：干货。呈圆筒形，条均匀，刮去外皮，表面粉红色，有节疤，皮孔根痕处偶有未去净的栓皮，形成棕色的花斑。质坚硬，断面粉红，有粉性。气香浓，味微苦涩。长 6 厘米以上，中部直径 1.7 厘米以上，皮刮净，色粉红，碎节不超过 5%。无木心、杂质、霉变。

二等：长 5 厘米以上，中部直径 1.7 厘米以上，其余同一等。

三等：长 4 厘米以上，中部直径 0.9 厘米以上，其余同一等。

四等：凡不符合一、二、三等长度的断支碎片均属此等，无木心、碎末、杂质、霉变。

2. 厚朴

木兰科木兰属落叶乔木。别名川朴、温朴、油朴、凹叶厚朴等。树皮、枝皮、根皮、花蕾供药用。厚朴皮主治食积、尿黄、腹泻、呕吐、胃痛、痢疾、咳嗽、气喘、等症。芽可作妇科用药。种子治虫瘿，且具明目益气之功效。叶主治燥湿消痰，下气除满。用于湿滞伤中，脘痞吐泻，食积气滞，腹胀便秘，痰饮喘咳。在中医

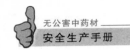

临床上广泛应用，除加工饮片外，还是多种中成药的原料和出口创汇的重要品种。厚朴生长或栽培于温暖、湿润、肥沃坡地。分布长江流域和陕西、甘肃南部。厚朴为中国特有的珍贵树种。在北亚热带地区分布较广。由于过度剥皮和砍伐森林，使这一物种资源急剧减少，分布面积越来越小。野生植株已极少见。目前尚存的小片纯林或零星植株，多系人工栽培。花期5月。果期9～10月。

【栽培技术】

（1）基地选择　半遮阴湿润环境，以低山坡地，水源较近，土质疏松肥沃、土层深厚、排水良好的沙壤土为好。圃地宜在早冬耕翻，深约25厘米。翌春播种前每667米²撒施厩肥、堆肥或火土灰等1 000～1 500千克作基肥，浅翻拌匀，碎土整平，做成苗床。

（2）种植方法　春播或冬播。春播于2～3月、冬播于10～12月。以春播为好。一般采用条点播，行距20～25厘米，沟深5～7厘米、底平、宽10厘米，每隔3～5厘米播入1粒种子，每667米²播种量12～15千克，覆盖细土厚3～5厘米，畦面盖草，保温保湿。春播后于清明前后出苗。齐苗后揭去盖草，或在出苗前将盖草烧灰作催苗肥。苗期勤松土除草，结合中耕追肥3次：第一次在幼苗长出2～3片真叶时，每667米²施入稀薄人畜粪水2 500千克，促进幼苗生长，以后每隔1～2个月追肥1次。生长后期，增施磷钾肥，苗高35厘米，地径0.45厘米，不分枝，有粗直根，一般不用遮阴。2年生苗高1米时即可出圃定植。

播条繁殖：早春2月间，母树萌动前，在树冠中下部，选取1～2年生、径粗1.5厘米的健壮枝条，剪成长20厘米的插穗，上端削平，下端削成马耳形斜面，用萘乙酸溶液浸蘸其下切口10秒钟，取出晾干后扦插。按行株距10厘米×5厘米斜插入整好的畦土内，插条入深土为穗长的1/2～2/3，上端留1～2个芽露出土面。插后畦面加盖弓形塑膜棚，保持棚内温度25～28℃，相对湿度80％～90％。1个月后发根，再揭膜浇水，第二年春可定植。

【生长发育】

分布区年平均温14～20℃，1月平均温3～9℃，年降水量

800～1 400 毫米。厚朴为喜光的中生性树种，幼龄期需荫蔽；喜凉爽、湿润、多云雾、相对湿度大的气候环境。在土层深厚、肥沃、疏松、腐殖质丰富、排水良好的微酸性或中性土壤上生长较好。常混生于落叶阔叶林内，或生于常绿阔叶林缘。根系发达，生长快，萌生力强。3 月初萌芽。3 月下旬叶、花同时生长开放。花持续 3～4 天，花期 20 天左右。9 月果实成熟、开裂。10 月开始落叶。厚朴树 5～6 年生增高长粗最快，15 年后生长不明显；皮重增长以 6～16 年生最快，16 年以后不明显。

【田间管理】

在栽植当年至郁闭前，行间可间作豆类、玉米、蔬菜以及 1～2 年生中药材，以短养长，增加效益，促进厚朴生长发育。

中耕除草：栽植后头三年内，每年至少中耕除草 2 次。分别于春季和秋季，可结合间作物进行。当幼林郁闭后，不能间种，每隔 1～2 年中耕培土 1 次，深度约 10 厘米，避免过深挖伤根系。杂草翻压土中作肥料。

特殊管护：对 15 年以上的厚朴，于春季可在树干上用利刀将树皮斜割 2～3 刀，深达木质部，使养分积聚，树皮增厚，割后 4～5 年即可剥皮。

【病虫害防治】

根腐病：选择排水良好的沙质壤土地育苗；发现病株要及时拔除烧毁或在病穴用 50％退菌特 1 500～2 000 倍液浇灌；在迹地撒生石灰或硫黄粉消毒。

天牛：树干涂白防止产卵。或者人工捕杀成虫，在 8、9 月晴天上午进行。

【采收、加工及贮藏】

采种：种子 9～10 月成熟，选择 15 年生以上的健壮母树采种为宜。当果壳露出红色种子时，即连果柄采下，趁鲜脱粒。以 1 份种子与 3～4 份沙混合，用棕片包好或装入木箱，埋入土中贮藏，或晒干 1～2 天，不脱粒与湿沙混合贮藏；或将果实装入麻袋内，置于通风干燥处贮藏，于翌年播前脱粒，放入清水中浸泡 48 小时

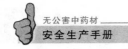
搓去假种皮。外运的种子不宜脱粒。种子寿命为 2 年。

采收树皮：选择 20～25 年生厚朴采剥树皮，一般于 5～6 月进行。皮剥后，自然成卷筒形。

环剥法：选择树干直、生长势强、胸径达 20 厘米以上的树，于阴天（相对湿度最好为 70%～80%）进行环剥。先在离地面6～7 厘米处，向上取一段 30～35 厘米长的树干，在上下两端用环剥刀绕树干横切，上面的刀口略向下，下面的刀口略向上，深度以接近形成层为度。然后呈："丁"字形纵割一刀，在纵割处将树皮撬起，慢慢剥下。长势好的树，一次可以同时剥 2～3 段，被剥处用透明塑料薄膜包裹，保护幼嫩的形成层，包裹时上紧下松，要尽量减少薄膜对木质部的接触面积，整个环剥操作过程手指切勿触到形成层，避免形成层可能因此坏死。剥后 25～35 天，被剥皮部位新皮生长，即可逐渐去掉塑料薄膜。第二年，又可按上法在树干其他部位剥皮。

阴干法：将厚朴皮置通风干燥处，按皮的大小、厚薄不同分别堆放，经常翻动，大的尽量卷成双筒，小的卷成筒状，然后将两头锯齐，放过三伏天后，一般均可干燥。切忌将皮置阳光下暴晒或直接堆放在地上。

水烫发汗法：剥下的厚朴皮自然卷成筒状，以大筒套小筒，每3～5 筒套在一起，将套筒直立放入开水锅中淋烫至皮变软时取出，用青草塞住两端，竖放在大小桶内或屋角，盖上湿草发汗。待皮内表面及横断面变为紫褐色至棕褐色并出现出油润光泽时，取出套筒，分开单张，用竹片或木棒撑开晒干。亦可用甑子蒸软，取出卷筒，用稻草捆紧中间，修齐两头，晒干。夜晚可将皮架成"井"字形，易于干燥。

精加工：按特殊要求或出口规格进行的加工。选料，挑选外观完整、卷紧实未破裂、皮质厚、长度符合要求的卷朴、根朴或脑朴；刮皮，用刮皮刀刮去表面的地衣及栓皮层，要求下刀轻重适度、刮皮均匀，刮净浸润，刮好的厚朴竖放在 5 厘米深的水中，一头浸软后调头再浸，浸软后取出；修头，用月形修头刀将浸润的厚朴两头修平整，然后用红丝线捆紧两头；干燥，将修好的厚朴横放堆在阴凉干燥通风处自然干燥。

储藏：厚朴一般为外套麻布的压缩打包件。贮于阴凉、避风处。商品安全水分9％～14％。厚朴易失润、散味。干枯失润品，无辛香气味，指甲划刻痕迹无油质。储藏期间，应保持环境干燥阴凉，整洁卫生。高温高湿季节前，可按垛密封保藏，减少不利环境影响。

【商品规格】

（1）温朴筒朴

一等干货：卷成单筒或双筒，两端平齐。表面灰棕色或灰褐色，有纵皱纹，内面深紫色或紫棕色，平滑。质坚硬。断面外侧灰棕色，内侧紫棕色。颗粒状。气香、味苦辛。筒长40厘米，重800克以上。无青苔、杂质、霉变。

二等干货：卷成单筒或双筒，两端平齐。表面灰棕色或灰褐色，有纵皱纹，内面深紫色或紫棕色，平滑。质坚硬。断面外侧灰棕色，内侧紫棕色。颗粒状。气香、味苦辛。筒长40厘米，重500克以上。无青苔、杂质、霉变。

三等干货：卷成单筒或双筒，两端平齐。表面灰棕色或灰褐色，有纵皱纹，内面紫棕色，平滑。质坚硬。断面紫棕色。气香、味苦辛。筒长40厘米，重200克以上。无青苔、杂质、霉变。

四等干货：凡不合以上规格者以及碎片、枝朴，不分长短大小，均属此等。无青苔、杂质、霉变。

（2）川朴筒朴

一等干货：卷成单筒或双筒状，两端平齐。表面黄棕色，有细密纵纹，内面紫棕色，平滑，划之显油痕。断面外侧黄棕色，内侧紫棕色，显油润，纤维少。气香、味苦辛。筒长40厘米，不超过43厘米，重500克以上。无青苔、杂质、霉变。

二等干货：卷成单筒或双筒状，两端平齐。表面黄棕色，有细密纵纹，内面紫棕色，平滑，划之显油痕。断面外侧黄棕色，内侧紫棕色，显油润，纤维少。气香、味苦辛。筒长40厘米，不超过

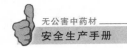

43 厘米，重 200 克以上。无青苔、杂质、霉变。

三等干货：卷成筒状或不规则的块片，表面黄棕色，有细腻的纵皱纹。内面紫棕色，平滑，划之略显油痕。断面显油润，具纤维性，气香、味苦辛。筒长 40 厘米，重不小于 100 克以上。无青苔、杂质、霉变。

四等干货：凡不符合以上规格者，以及碎片、枝朴、不分长短大小，均属此等。无青苔、杂质、霉变。

（3）蔸朴

一等干货：为靠近根部的干皮和根皮，似靴形，上端呈筒形。表面粗糙，灰棕色或灰褐色，内面深紫色。下端呈喇叭口状，显油润。断面紫棕色颗粒状，纤维性不明显。气香、味苦辛。块长 70 厘米以上，重 12 000 克以上。无青苔、杂质、霉变。

二等干货：为靠近根部的干皮和根皮，似靴形，上端呈单卷筒形。表面粗糙，灰棕色或灰褐色，内面深紫色。下端呈喇叭口状，显油润。断面紫棕色。纤维性不明显。气香、味苦辛。块长 70 厘米以上，重 2 000 克以上。无青苔、杂质、霉变。

三等干货：为靠近根部的干皮和根皮，似靴形，上端呈单卷筒形。表面粗糙，灰棕色或灰褐色，内面深紫色。下端呈喇叭口状。显油润。断面紫棕色。纤维很少。气香、味苦辛。块长 70 厘米以上，重 500 克以上。无青苔、杂质、霉变。

（4）根朴

一等干货：呈卷筒状长条。表面土黄色或灰褐色，内面深紫色。质韧。断面油润。气香，味苦辛。条长 70 厘米，重 400 克以上。无木心、须根、杂质、霉变。

二等干货：呈卷筒状或长条状，形弯曲似盘肠。表面土黄色或灰褐色，内面紫色。质韧。断面略显油润。气香，味苦辛。长短不分，每枝 400 克以下。无木心、须根、泥土。

3. 肉桂

樟科樟属常绿乔木。树皮、枝、叶、果、花梗都可入药。树皮即桂皮，为传统名贵中药材。性味辛、甘，大热。归肾、脾、心、肝经。有祛风健胃、活血祛淤、散寒止痛之效。补火助阳，引火归源，散寒止痛，活血通经。用于阳痿，宫冷，腰膝冷痛，肾虚作喘，阳虚眩晕，目赤咽痛，心腹冷痛，虚寒吐泻，寒疝，经闭，痛经。树枝则能发汗祛风，通经脉。肉桂属半阴性树种，喜湿润。生于山坡，多为栽培。原产中国，分布于广西、广东、福建、台湾、云南等湿热地区，其中尤以广西最多。越南、老挝、印度尼西亚等地亦有分布。花期5～7月。果期至翌年2～3月。

【栽培技术】

（1）基地选择　肉桂喜温暖，适宜生长于南亚热带气候区，年平均温度19～22℃，最适宜温度是26～30℃。植株在月平均温度20℃以上才开始生长，20℃以下生长缓慢，0～5℃低温未见冻害。能耐-2℃短暂低温，生长和开花结实正常。喜湿润，忌积水，雨水过多引起根腐叶烂；过于干旱地带，植株生长势差。幼苗喜阴，需要70％～80％的荫蔽，忌烈日直射，在荫蔽条件下生长快，强光下生长受抑制；成龄树在较多阳光下才能生长、开花、结果，桂皮含油分高，质量优。种在山区比平原或富含腐殖质的沙质黑壤土为好，其上生长的桂皮质软、有油性，质量优。

（2）种植方法　育苗地宜选荫蔽较好、水源方便、土质疏松、肥沃、排水良好的东南向林下坡地，土壤以酸性红、黄壤为好。选地后，于冬季耕翻土壤。于播种前1个月，施腐熟有机肥，耙平后做畦，畦面宽1.2米，高20厘米，畦间距33千克，四周开好排水沟。植地宜选用背风向阳，坡度15°～30°的缓坡山林腹地，适当选留部分原有林木作定植苗未成林前的荫蔽树。

种子苗床要选择地势较高，排水良好，土质为富含有机质、蔽荫较好（透光率为30％）的林下空地或坡地。选择晴天，田块较干时翻耕，翻耕15厘米左右，翻耕时将土块碾碎，并捡去石块和杂草。平整做畦。畦面宽120厘米，沟宽30厘米，沟深25厘米，沟要畅通，利于排水。

选种和种子处理：一般选用越南肉桂、白芽肉桂或锡兰肉桂等优良肉桂10～15年生、树干通直、皮厚多油、味道芬芳甘辛、生

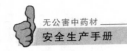

长健壮、无病虫害、由实生苗长成的植株为母株。当果实成熟呈紫红色时采收，随采随播。选粒大饱满的种子、去除果肉后用0.3%的福尔马林浸种半分钟，放入密闭缸内处理2小时，用清水洗去药液，并用清水再浸种24小时。然后将种子与湿沙比例为1：4～1：3，混匀，埋藏于坑中，底垫2～3厘米厚的湿沙，再放入湿沙种子，上盖稻草，并经常保持湿润，当种子出现芽点时即可播种。

播种育苗：一般3～4月播种，每667米^{2}播10～16千克，按行距20厘米开沟，每行播40～50粒，覆土2厘米，上盖稻草，并经常保持湿润。其间注意除草、松土和追肥。1～2年后定植。

移栽期以6～7月雨季初为好。选阴天或小雨天气，在备好的地块上按行株距1.2～1.5米×1～1.2米（生产桂通和采叶片为主）或行株距5～6米×4～5米（生产桂皮为主）开穴，每穴施入土杂肥10～20千克，与底土拌匀，上盖部分细土，每穴栽苗1株。分层压紧，填土一半时，将苗轻轻上拔，使根条舒展，再覆土略高于地面，浇透定根水，盖草保湿即可。为提高成活率，移栽时可修去幼苗过长的叶片和侧枝，及过长的主侧根，并用黄泥浆蘸根后栽植。

【生长发育】

幼年实生苗高度生长较慢，到2～3年生后逐渐加快，接近成年阶段，伴随新枝萌发，树的高度生长相对减慢，但对树茎的增粗影响不大，树皮的增厚是随树龄的增长而加厚的。实生植株达10～11年时开始开花，花期6月上旬，每年开花结实一次，正常年份成果率25%～30%。果熟期翌年2～4月。营养不足时，常出现大小年。一般100～120年开始衰退。

【田间管理】

中耕除草：定植后3年内，每年冬季夏末及初春，各进行一次中耕除草，锄去植株周围1米的杂草，并松土，将杂草埋入穴中。中耕除草时注意不要损伤树干基部树皮，以免萌生蘗苗，影响主干生长。

追肥：头2～3年，每年追肥1～2次，在春季中耕除草时。肥料可用堆肥、尿素、过磷酸钙、人粪尿等。在齐树冠外缘开环形沟，施肥于沟中，然后覆土还原，如是干肥，施后又无雨就及时浇水。

修枝：每年冬、春各进行一次修枝，主要把多余的萌蘖、靠近地面的侧枝剪去，使茎干直而粗壮，并改善林内的通风透光状况。采果后，应修剪病虫枝、弱枝、过密的侧枝。修枝剪下的枝条，可选作桂枝供药用。

疏林：肉桂林保留的杂木树，在肉桂长大成为成年树时，应逐步疏伐或适当疏伐杂木树，以利肉桂生长。

【病虫害防治】

根腐病：梅雨季节，在排水不良的苗圃，地表现严重，可防治积水，及时发现病株并拔除烧毁，以生石灰消毒畦面。

桂叶褐斑病：4～5月发生，为害新叶片，可用波尔多液喷洒。

肉桂木蛾：是肉桂的主要害虫之一，剪枝，剪除害枝。

卷叶虫：幼虫于夏秋间，将数叶卷曲成巢、潜伏其中，食害苗叶。肉桂褐色天牛、幼虫为害树干，防治方法：夏秋季用铁丝插入树干幼虫蛀乳内，刺死幼虫，或用敌敌畏棉塞入虫孔毒杀；4月初，发现成虫，进行人工捕杀。

【采收、加工及贮藏】

矮林作业目的是采叶蒸油和生产桂通、桂心等产品。在造林3～5年后，平均每667米^{2}可采剥桂皮40～50千克，同时每年还可采收桂叶蒸油1.5～1.7千克桂皮采剥时间以3月下旬为宜，这时树皮易削离，且发根萌芽快。

乔木作用目的是培养桂皮，桂子和种子。造林后15～20年采伐剥桂皮，2～3月采收的称春桂、品质差，可在6月下旬，在树基部先剥去一圈树皮。既可增加韧皮部油分积累，又利于剥皮。

一般于8～10月选择肉桂树，按一定阔度剥取树皮，加工成不同的规格。主要有下列几种：官桂：剥取栽培5～6年的幼树干皮和粗枝皮，晒1～2天后，卷成圆筒状，阴干；企边桂：剥取十余年生的干皮，两端削齐，夹在木制的凸凹板内，晒干；板桂：剥取

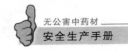
老年桂树的干皮，在离地 30 厘米处作环状割口，将皮剥离，夹在桂夹内晒至九成干时取出，纵横堆叠，加压，约 1 个月后即完全干燥。

【商品规格】

（1）企边桂

一等（甲级）：干货，背起窝状，两端稍浅斜口，边口向内整齐，表皮薄，有云状花方，肉厚油足，味香甜辣，皮色灰白，无破裂，无白肚，无霉坏。长 43 厘米，阔约 6 厘米。每片重 175 克。

二等（乙级）：间有小孔，破裂不超过 3 厘米，每片重 160 克以上，其余同一等。

三等（丙级）：间有小孔，破裂不超过 4.5 厘米，每片重 150 克以上，其余同一等。

四等（丁级）：皮粗细不均匀，多破裂，每片重 150 克以下。

（2）西板桂

一等（甲级）：外皮有光泽，含油分足，长 43 厘米，厚 0.7 厘米以上。无破裂、泥沙、霉变。

二等（乙级）：色泽及油分比甲级差，其余同一等。

三等（丙级）：色泽及油分比乙级差，其余同一等。

4. 杜仲

杜仲科杜仲属落叶乔木。是中国特有单属科、单种属植物，在植物分类系统学的研究中具有重要意义，已被定为国家二级保护植物。树皮入药。治腰脊酸疼，肢体痿弱，遗精，滑精，五更泄泻，虚劳，小便余沥，阴下湿痒，胎动不安，胎漏欲坠，胎水肿满，滑胎，高血压。通常生于海拔 300～2 500 米地带山地林中或栽培。分布于河南西部、陕西南部、甘肃东部，四川、贵州、湖北、湖南亦有零星分布。花期 3～5 月。果期 9～11 月。

【栽培技术】

（1）基地选择　杜仲为阳性树种，抗寒能力较强，能耐—20℃低温，喜湿润的气候，中国南北各地均可种植。对土壤的适应性很强，对土壤条件要求也很不严格，在酸性土（红壤及黄壤）、中性土、微碱性土及钙质土上均能生长。杜仲为垂直根系，喜土层深厚、肥沃的土壤。在过于贫瘠或土层较薄或过于黏重、透气性差的土壤上均生长不良。在过于瘠薄、干燥、酸性过强的土壤中生长时，还常会发生生理病害，造成顶芽和主梢枯萎，叶片凋落，生长停滞，甚至全株黄萎。因此，最适宜杜仲生长的土壤应为土层深厚、土质疏松肥沃、湿润、排水良好、酸碱度适中（pH5～7.5）的土壤，土壤质地以沙质壤土、壤土和砾质壤土为最好。接行株距3米×2米挖穴，穴深和穴径均为50～70厘米。

（2）种植方法　杜仲繁殖可采用种子育苗、高空压条、驳根、扦插进行。在生产上主要采用种子育苗繁殖，其方法是选择10年树龄以上、生长粗壮的杜仲树作留种母株，在10～11月间果实呈灰褐色或黄褐色时，将结得饱满、有光泽的果实采收作种用。播种前，把种子放在20℃水中浸泡36小时，每隔12小时换水1次，并在浸种过程中经常搅动，浸够时间后捞出，晾干种子表面水分便可播种。播种时，先在整好的苗圃畦上按行距25厘米，播幅10厘米，开沟深3厘米，将种子均匀地撒入播种沟内，用细碎的泥土盖上，畦上盖草保湿。一般每667米² 苗圃用种子3.5～4千克。

杜仲播种后要经常淋水，保持畦面上土壤湿润，以利于种子发芽和幼苗出土。幼苗出土时将畦上盖草揭除，以使之生长粗壮。苗高3厘米时进行间苗，将病弱和过密的苗株适当间稀。为了促进幼苗生长，苗期一般追肥3次：第一次结合间苗进行，每667米² 施稀薄人粪尿500千克；第二、三次分别在6月和8月，每667米² 施人畜粪水1 000千克或尿素3～5千克，对水施下。当苗长高60厘米以上时，可移到林地造林。长江以南地区以冬栽较好，黄淮和华北地区，栽培季节秋、春两季均可，利用树苗的休眠期进行移栽定植。3～5厘米以上的大规格树苗也可冬栽，成活率可达95％。树苗选择茎高50厘米以上、苗径粗壮、根系发达、侧根和须根较多、无徒长枝、无病虫感染、无机械损伤的2～3年实生苗。为了充分利用土地，提高生长前期效益，可采取合理的套种模式。按行株距3米×2米挖穴，穴径和穴深以根系舒展开为准，每穴施入土

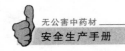

杂肥或厩肥 25 千克，与土拌匀，上盖细土 10 厘米厚，每穴栽苗 1 棵，填土压实，浇透定根水，上面盖细土略高于地面，以防积水。

除种子育苗繁殖法还有刨土壅根繁殖法。在原有的杜仲树周围，刨出根须剪断，断切面要露出土外，扶正壅土。一般春季萌发，冬季起苗移栽，这种繁殖法，在每株上不能切根太多，以免影响原有杜仲树的生长；根须切节繁殖法是在起苗移栽时，取部分须根，直径要在 3～5 毫米，切成 15 厘米左右的短节，植于厢沟中。把切断面露出土外，壅土压实，保持湿润。这样春季萌发，冬季就可起苗移栽。

【生长发育】

杜仲一般在定植 3 年后平地截干，选留一健壮萌条，当年生长可达 2 米以上，以后每年冬季剪除竞争枝条，连续 3 年，可培养成 4～5 米通直主干。矮林作业方式主要获得叶片和枝条。可在定植后第三年冬离地面 50 厘米处截干，并深翻林地、施足基肥、促进萌发。以后每隔 3 年截干伐枝一次。头木林作业方式既获得树皮，又获得叶片。在栽植后第三年离地面 2 米处截干，在截面附近均匀留 5～6 个枝条作主枝，10 年后，主枝皮可采剥利用，一年采剥一个主枝，并随即选育一个替换主枝。每 5～6 年为一个轮剥期，在经过 3 个轮剥期后伐去主干，利用伐桩再进行萌芽更新。

【田间管理】

栽后截顶：根据近年来国内外对杜仲栽培方法的研究实践，采取"全截更新速生法"来管理比以往传统的实生苗方法生长速度要快一倍以上，而且株型端直粗壮。具体方法是在定植栽培后第二年芽萌动前的早春，于主干离地面 5 厘米处截掉，以刺激下部潜伏芽抽发春梢。全截更新的当年植株生长高度可达 1 米以上，而且端直粗壮。

追肥：每年 4 月为杜仲树生长高峰期，在植株旁开沟施入粪肥，施后盖土，6～7 月为增粗速生期，穴追磷、钾肥少许，结合根外喷施尿素和磷酸二氢钾混合液。

修剪：每年冬季剪除部分侧枝及根部萌芽，也可在株高4~5米时截顶，并剪去下垂枝、弱枝及过密枝，控制高度，增强树干粗壮。

间作套种：杜仲树林生长前3年，利用其行距空间，合理套种一些茎秆低矮、生长期短、株形瘦小的中药材品种和各类植物，可有效防止杂草生长，保持水肥不流失，增加经济效益。比如在行间套种"卧生甘草"，在3米宽的行距中两边各离杜仲树苗30厘米空隙，经施肥耕耙，起垄，按行距25厘米，株距10厘米平栽甘草苗，每667米^{2}栽甘草1.6万棵，常规管理，第二年秋后刨收，每667米^{2}收甘草干品600千克。同时通过对套种甘草的浇水、施肥和耕作管理，沟中所栽的树苗从而也得到了充足养分而旺盛生长，第三年已形成了一定的荫蔽度。透光率在40%左右，为喜阴的中药材提供了天然的生存条件，比如多年市场紧俏、价格居高不下的中药材半夏，在此荫蔽环境下才能生长良好。一般杜仲林生长3~7年所具有的条件，均适宜半夏生长。7年后杜仲树已开始进入采收期。

【病虫害防治】

立枯病：苗床地忌用黏土和前作为蔬菜、棉花、马铃薯的地块，播种时用50%多菌灵2.5千克与细土混合，撒在苗床上，或播种沟内。发病时用50%多菌灵1 000倍液浇灌。

根腐病：选择排水良好的地块作苗床，实行轮作，病初用50%托布津1 000倍液或50%退菌特。

叶枯病：冬季清除枯枝叶，病初摘除病叶，发病期用1∶1∶100倍波尔多液，连续2~3次。

豹纹木蠹蛾：注意冬季清园，在6月初成虫产卵前用生石灰10份、硫黄粉1份、水40份，调好后用毛刷涂刷在树干上防成虫产卵。

【采收、加工及贮藏】

（1）采收　植株生长7~10年为开始采收期，如采取间作套种或栽培3~5厘米以上的大规格苗，栽后生长5~7年即可采收。其

采收方法有采伐和环剥复生两种，一般以环剥较好，可充分利用资源和保持生态。

（2）加工　有三种方法：

杜仲：除去粗皮，洗净，润透，切成方块或丝条，晒干。

盐杜仲：先用食盐加适量开水溶化，取杜仲块或丝条，使与盐水充分拌透吸收，然后置锅内，用文火炒至微有焦斑为度，取出晾干。（每杜仲 50 千克，用食盐 1.5 千克）杜仲经炒制后，则杜仲胶被破坏，有效成分易于煎出。

制炭：取杜仲块，置锅内用武火炒至黑色并断丝，但须存性，用盐水喷洒，取出，防止复燃，晾干即得，每杜仲块 100 千克，用食盐 3 千克，或取杜仲块，先用盐水拌匀吸尽后置锅中，用武火炒至黑色并断丝存性，用水喷灭火星，取出晾干。每杜仲块 100 千克，用食盐 3 千克。

（3）贮藏　一般采用局部剥皮法。在清明至夏至间，选取生长 15～20 年以上的植株，按药材规格大小，剥下树皮，刨去粗皮，晒干，置通风干燥处。

【商品规格】

杜仲药材分为四个等级。

特等：干货。呈平板状，两端切齐，去净粗皮，表面呈灰褐色，里面黑褐色，质脆。断处有胶丝相连，味微苦，整张长 70～80 厘米，宽 50 厘米以上，厚 0.7 厘米以上，碎块不超过 10%，无卷形、杂质、霉变。

一等：整张长 40 厘米以上，宽 40 厘米以上，厚 0.5 厘米以上，其余同特等。

二等：干货。呈板片状或卷曲状，表面呈灰褐色，里面青褐色，质脆，断处有胶丝相连，味微苦，整张长 40 厘米以上，宽 30 厘米以上。碎块不超过 10%，无杂质、霉变。

三等：干货。凡不合特、一、二等标准，厚度不小于 0.2 厘米，包括树皮、根皮、碎块，均属此等，无杂质霉变。

杜仲叶为统装。干货。表面黄绿色或黄褐色，微有光泽。质脆，搓之易碎，折断面有少量银白色橡胶丝相连。气微，味微苦。无杂质、虫蛀、霉变。

5. 黄柏

芸香科黄柏属落叶乔木。分川黄柏和关黄柏两类。别名黄薜、薜木、黄坡椤。以树皮（去栓皮）入药。味苦，性寒。具清热解毒、泻火燥湿功能。主治急性细菌性痢疾、急性肠炎、急性黄疸型肝炎、口疮、风湿性关节炎、泌尿系统感染、遗精、白带；外用治烧烫伤、急性结膜炎、黄水疮。以陕西吕梁山为界，以北为关黄柏生长区，以南为川黄柏生长区。川黄柏主产四川、陕西、甘肃、湖北等省。关黄柏主产辽宁、吉林、河北等省。川黄柏花期5～6月，果期6～10月。关黄柏花期5～7月，果期6～9月。

【栽培技术】

（1）基地选择　黄柏对气候适应性很强，山区和丘陵地都能生长。苗期稍能耐阴，成年树喜深厚肥沃土壤，喜潮湿，喜肥，怕涝，耐寒，尤其是关黄柏更比川黄柏耐严寒。野生多见于避风山间谷地，混生在阔叶林中。黄柏幼苗忌高温、干旱。黄柏种子具休眠特性，低温层积2～3个月能打破其休眠。黄柏的生境地理分布，因种不同，差异较大。垂直分布范围较广。

（2）种植方法　有种子繁殖、扦插繁殖、分根繁殖等方法。

种子处理：10～11月，黄柏果实呈紫黑色，种子即已成熟，采后堆放2～3周，把果皮捣碎，用筛子在清水中漂洗，除去果皮杂质，捞起种子晒干或阴干，贮放在干燥通风处供播种用。一般用当年采收的种子进行秋播，可不进行催芽处理。而春播即应进行种子处理。播种前1～2个月先用湿沙和种子进行沙藏冷冻处理，以提早出苗和提高发芽率。沙子和种子的比例为3∶1，为了保持一定湿度，少量种子沙藏可装入花盆埋入室外土内。种子多时可挖坑，深度30厘米左右，把种子混入沙中装入坑内，盖土6～10厘米，上面再覆上一些稻草或杂草，待翌春播前取出，去净沙土，即可播种。

播种：北方多为垄作。秋播应于11～12月，封冻前进行，第

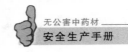
二年春季出苗；东北地区春播于4月下旬至5月上旬进行。垄面搂平，一垄双行开沟，行距15～20厘米，沟深5～6厘米，沟底踏实，将种子均匀散于沟内，覆土1～2.5厘米，镇压。畦作播种，于畦面顺向开沟，播法与垄作基本相同。播种量，每667米² 4～5千克。长江流域在3月上、中旬，华北地区于3月下旬进行春播，播种宜早不宜迟，否则出苗晚，幼苗遇到气温高的季节，多生长不良。浸种24小时，稍晾即播。在已作好的畦面按30～50厘米距离横向开沟，沟深3厘米左右，播幅10厘米左右，沟内施稀人粪水作底肥，每667米² 1 500～2 000千克，再将种子均匀撒入沟内，每667米²播种量2～3千克。播完后用细堆肥和细土混合盖种，厚1.7～3厘米，稍加整压、浇水，再用稻草覆盖或地面培土3～4厘米，以保持土壤湿润，在种子发芽未出土前除去覆盖物，摊平培高的土，以利出苗，40～50天出苗。

扦插繁殖：扦插期为6～8月高温多雨季节，选取健壮枝条，剪成长15～18厘米，斜插于苗床，经常浇水，保持一定温度，培育至第二年秋冬季节移栽。

分根繁殖：北方于黄柏休眠期（立冬至上冻前）选刨手指粗的嫩根，截成16.5～19.8厘米长的小段，斜埋于选好的地方，也可窖藏至翌春解冻后栽植（埋时不能露出地面），栽后浇水，1个月后发芽出苗。1年后移栽。

萌芽更新育苗：大树砍伐后，树根周围萌生许多嫩枝，可培土，使其生根后截离母树，进行移栽。

【生长发育】

关黄柏多生长在中、低山的中下腹及排水良好的河谷两岸缓地，土层干旱瘠薄的小山谷地也有分布，但生长不良。关黄柏适应性较强，为喜光耐寒树种。生育期不耐蔽荫，喜生于疏林中。幼龄阶段对霜冻特别敏感，往往生长在局部低湿处的幼树如无其他植物覆盖，顶芽或嫩梢常常被冻死，或树干多叉，形弯，而随树龄的增长，抗寒力增强。在土壤深厚，排水良好的腐殖土上生长良好，森林棕壤、森林灰化土也可正常生长，而黏土、沼泽土不宜生长。关黄柏生长发育，一般于 6 月上中旬开花，雌花期仅 3～5 天，雄花期可达 21 天；9 月中旬果实开始成熟，呈黑色。种子千粒重为12～15 克。

川黄柏生长在温和湿润的气候环境条件下，多在海拔 100～1 200 米的老林、灌木林中。秃叶川黄柏多在海拔 1 050～1 800 米的山坡。峨嵋川黄柏多在海拔 1 000 米以下的低山中。川黄柏为较喜阴的树种，要求避风而稍有庇荫的山间河谷及溪流附近，喜混生在杂木林中，在强烈日照及空旷环境下则生长不良。但生态幅度较广，高低山地均可生长，在海拔 1 200～1 500 米的山区，气候比较湿润的地方生长快。砍伐后的川黄柏桩，萌生能力较弱，多数死亡。但侧枝砍伐后，萌生力较强。萌生枝生长迅速，比繁殖枝快，当年可长 70 厘米，次春于枝端二叉分枝，如此二歧式分枝下去，3 年可达 135 厘米，5 年可达 210 厘米。成年树上的繁殖枝，每年增长 14～22 厘米，枝端开花结果后，翌年于侧芽对生分枝，3 年枝仅长 52 厘米。

【田间管理】

间苗、定苗：苗齐后应拔除弱苗和过密苗。一般在苗高 7～10 厘米时，按株距 3～4 厘米间苗，苗高 17～20 厘米时，按株距 7～10 厘米定苗。

中耕除草：一般在播种后至出苗前，除草 1 次，出苗后至郁闭前，中耕除草 2 次。定植当年和发后 2 年内，每年夏秋两季，应中耕除草 2～3 次，3～4 年后，树已长大，只需每隔 2～3 年，在夏季中耕除草 1 次，疏松土层，并将杂草翻入土内。

追肥：育苗期，结合间苗中耕除草应追肥 2～3 次，每次每667 米² 施人畜粪水 2 000～3 000 千克，夏季在封行前也可追施 1 次。定植后，于每年入冬前施 1 次农家肥，每株沟施 10～15 千克。

排灌：播种后出苗期间及定植半月以内，应经常浇水，以保持土壤湿润，夏季高温也应及时浇水降温，以利幼苗生长。郁闭后，可适当少浇或不浇。多雨积水时应及时排除，以防烂根。

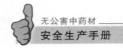
【病虫害防治】

锈病：发病期喷敌锈钠 400 倍液或 0.2～0.3 波美度石硫合剂或 50％二硝散 200 倍液，每隔 7～10 天 1 次，连续喷 2～3 次。

轮纹病：在 1～3 年幼苗期，喷施波尔多液、甲基托布津、代森锌等防治。秋末清洁园地，集中处理病株残体。

橘黑黄凤蝶：在凤蝶的蛹上曾发现大腿小蜂和另一种寄生蜂寄生，因此在人工捕捉幼虫和采蛹时把蛹放入纱笼内，保护天敌，使寄生蜂羽化后能飞出笼外，继续寄生，抑制凤蝶发生。

蛞蝓：以成、幼体舔食叶、茎和幼芽。发生期用瓜皮或蔬菜诱杀。

地老虎：施用的粪肥要充分腐熟，最好用高温堆肥；灯光诱杀成虫，即在田间用黑光灯或马灯、电灯进行诱杀，灯下放置盛虫的容器，内装适量的水，水中滴少许煤油即可。

【采收、加工及贮藏】

定植后 10～15 年可以收获。收获宜在 5～6 月进行，此时植株水分充足，有黏液，容易将皮剥离，先砍倒树，按长 60 厘米左右依次剥下树皮、枝皮和根皮。树干越粗，树皮质量越好。也可采用不砍树，只纵向剥下一部分树皮，以使树木继续生长，即先在树干上横切一刀，再纵切剥下树皮，趁鲜刮去粗皮，至显黄色为度，在阳光下晒至半干，重叠成堆，用石板压平，再晒干。品质规格以身干、鲜黄色、粗皮去净、皮厚者为佳。

贮干燥容器内，炮制品密闭，置通风干燥处。防潮。

未经炮制加工的黄柏，称为原药。原药必须经过炮制加工，才能作为黄柏药材用于医学临床。原药的炮制方法分两步进行。先取原药材，洗净，润透，切丝，晒干或烘干干燥。再炮制。

盐黄柏：取黄柏丝，用食盐水拌匀，稍润，用文火炒干，取出，放凉。黄柏每 100 千克，用食盐 2 千克。

酒黄柏：取黄柏丝，用黄酒拌匀，稍润，用文火炒干，取出，放凉。黄柏每 100 千克，用黄酒 10 千克。

黄柏炭：取黄柏丝，置热锅内，用武火炒至表面焦黑色，内部焦褐色，喷淋清水少许，灭尽火星，取出，及时摊凉，凉透。

【商品规格】

（1）川黄柏

一等：干货。呈平板状，去净粗栓皮，表面黄褐色或黄棕色，内表面暗黄或淡棕色，体轻，质较坚硬，断面鲜黄色，味极苦，长40厘米以上，宽15厘米以上，无枝皮、粗栓皮、杂质、虫蛀、霉变。

二等：干货。树皮呈板状或卷筒状。表面黄褐色或黄棕色。内表面暗黄或黄棕色。体轻质较坚硬。断面鲜黄色，味极苦。长宽大小不分，厚度不得薄于0.2厘米。间有枝皮，无粗栓皮、杂质、虫蛀、霉变。

（2）关黄柏　干货。树皮呈片状。表面灰黄色或淡黄色，内表面淡黄色或黄棕色。体轻，质较坚硬。断面鲜黄色、黄绿色或淡黄色。味极苦，无粗栓皮及死树的松泡皮。无杂质、虫蛀、霉变。

第六节　其　　他

1. 灵芝

多孔菌科真菌。全名是灵芝草。根据中国第一部药物专著《神农本草经》记载，灵芝有紫、赤、青、黄、白、黑6种，但现代文献及所见标本，多为多孔菌科植物紫芝或赤芝的全株。灵芝以子实体入药，性味味苦、性平，无毒。主治虚劳、咳嗽、气喘、失眠、消化不良、恶性肿瘤等。紫芝主要含麦角甾醇、有机酸、氨基葡萄糖、多糖类、树脂、甘露醇和多糖醇等麦角甾醇、树脂、脂肪酸、甘露醇和多糖类，又含生物碱、内酯、香豆精、水溶性蛋白质和多种酶类。动物药理实验表明，灵芝对神经系统有抑制作用，对循环系统有降压和加强心脏收缩力的作用，对呼吸系统有祛痰作用，此外，还有护肝、提高免疫功能，抗菌等作用。生于阔叶树树桩或枯腐树木的根际。赤芝几乎分布于全国，各地均有栽培；海南省山区有野生，也有人工育种。

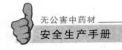
【栽培技术】

(1) 基地选择 大多数阔叶树种都适宜栽培灵芝，一般在树木储存营养较丰富的冬季砍伐，砍伐后运到灭种接种的附近，用锯切断，段木长度 15 厘米，断面要平，新砍伐的和含水量高的树种，可在切段扎捆后晾晒 2～3 天，掌握断面中心部有 1～2 厘米的微小裂痕为合适含水量，约 40% 左右，装袋时每袋装入捆扎好的段木，进行灭菌，常压灭菌为 100℃ 16～18 小时。再在无菌的条件下接种，把灵芝菌丝在木段上定植，会逐渐形成红褐色菌被，再选择排水方便，地势开阔，通风良好，土质疏松，水源方便，靠近菌木培养场所及遮阴材料容易获得的地方为埋土场地。使用时间一般为 2～3 年。

(2) 种植方法

瓶子栽培：备料（木屑、棉籽皮、玉米芯、甘蔗渣、麦麸等）—拌料—装瓶—灭菌—接种—菌丝培养—出芝管理—采收加工。

露地栽培：备料（木屑、棉籽皮、玉米芯、甘蔗渣、麦麸等）—拌料—装瓶—灭菌—接种—菌丝培养—培土—出芝管理—采收加工。

段木栽培：树种选择和砍伐—切段—灭菌—接种—菌丝培养—培土—出芝管理—采收加工。

【生长发育】

灵芝属于腐生菌，也属于兼性寄生菌，营养需要碳水化合物和含氮化合物为基础。菌丝生长的温度范围在 10～38℃，子实体在 10～33℃ 范围内均能生长。对于湿度的要求，在菌丝生长期，培养料含水量 55%～60% 为适宜，空气相对湿度 65%～70%；在子实体发育期，培养料含水量可达 60%～65%，空气相对湿度需达 90%～95%，这样菌丝生长最旺盛，子实体生长速度快而菌盖大。对氧的需求很大，空气中的二氧化碳含量小于 0.1%。菌丝生长不需要光，子实体生长需要较多的散射光，光线微弱。酸碱度 pH3～7 都可以生长，4.5～6.5 较适宜。

【田间管理】

选用抗杂性好、菌丝生长势强的灵芝品种。选用优质的灵芝品种是栽培成功的关键。抗病能力好、生长势强的品种不易被绿色木霉菌感染。严格挑选栽培用种。所选菌种要求种性纯正，菌丝生活力强，菌丝洁白、浓密、健壮、菌龄适宜，防止菌种带入绿色木霉。搞好栽培环境的清洁卫生。菇房内要清除菌渣、垃圾，彻底清洗栽培用架，并进行空间消毒，消灭杂菌隐匿场所，以减少传播媒介。搞好环境卫生对防止污染能起到事半功倍的效果。严格选料。培养料要求新鲜、无霉变，用前要暴晒数天，培养料配方要求合理，主料和辅料要充分拌匀，含水量控制在 $60\%\sim70\%$，装量合适、松紧适度，装好后立即进行高压或常压灭菌，以防培养基的酸化。灭菌要求彻底。接种中树立严格的无菌观念。由于空气中到处漂浮有绿色木霉的孢子，操作时不能因为肉眼看不见而麻痹大意，操作人员的双手、衣物和所用接种工具、材料须严格消毒，如选用接种室接种的操作人员应戴上帽子，以防头发上落有绿色木霉的孢子。接种动作要尽量快捷、熟练，防止接种过程中带入杂菌、杂菌孢子，对灭菌过程中破损的袋子用胶布封好，并在封口处用 75%酒精消毒。适当加大接种量，可使灵芝菌丝以绝对优势迅速占领地盘，减少杂菌的污染，起到以菇抑菌的作用。保证培养室内具有适宜的小气候，把好菌丝培养关。控制 25℃左右的温度、$60\%\sim70\%$的湿度，注意通风换气，严防高温高湿，创造灵芝菌丝生长的最适宜环境条件，促进灵芝菌丝快速生长，迅速占领整个料面。灵芝栽培一般选在春季进行，出芝时正好是 6、7 月份的高温季节，子实体生长阶段由于需要较高的湿度，因此是防治绿色木霉污染的重要时期。灵芝原基长出后，要及时拔去棉塞或开袋，以免原基损坏而感染绿色木霉菌。做好保温保湿工作，同时加强通风和给予一定的光照，促使原基健康地长成子实体，子实体成熟后及时采摘。

【病虫害防治】

病害：易发生绿霉和曲霉等杂菌，应及时通风，降低栽培场地

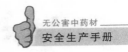

的温度，同时用石灰水涂擦患处，培养料必须彻底消毒灭菌，接种时要严格按照无菌操作规程进行。

虫害：主要虫害有菌纹、菌蝇、造桥虫等。搞好环境净化。保持接种室、接种箱清洁、干燥、消毒严密。把好培养基配制关，培养基配方合理，培养料新鲜，无霉变，不含尖硬的材料。控制棉塞受潮。培养料含水不宜过大，装料不宜过满。灭菌时冷气排尽，速度不能太快，以免打湿棉塞。灭菌时棉塞用牛皮纸或塑料纸包扎。接种时发现有受潮棉塞要及时更换。严把灭菌关。精心选择种源，把好菌种关。接种时严格无菌操作。注意培养室通风换气，保持空气新鲜。灵芝菌丝生长不需光线，因此培养室光线不能太强，最好保持七分阴三分阳，以利菌丝生长。

【采收、加工及贮藏】

全年采收赤芝的干燥子实体，除去杂质，剪除附有朽木、泥沙或培养基质的下端菌柄，阴干或在 40～50℃烘干。

【商品规格】

一级：菌盖直径 15～25 厘米，菌柄长 12～15 厘米，柄横截面积在 2 厘米以下。无虫蛀及霉变，菌盖背面白色或淡黄色，含水量 12% 以下，单生或少量并生。

二级：菌盖直径 8 厘米以上，菌柄长 2 厘米，柄横截面积在 2 厘米以下。其余同一级。

三级：菌盖直径 5 厘米以上，菌柄长度小于菌盖直径。其余同一级。

2. 肉苁蓉

列当科肉苁蓉属多年生寄生草本。又叫大芸、寸芸、苁蓉。性温，味苦、咸。补肾阳，益精血，润肠通便。用于阳痿、不孕、腰膝酸软、筋骨无力、肠燥便秘。主产内蒙古、甘肃、新疆、青海。含有微量生物碱、糖苷类。肉苁蓉分布区的环境条件与梭梭的分布区相同。

【栽培技术】

（1）基地选择 肉苁蓉的寄主梭梭属于荒漠植物，生于海拔

225～3 000 米的半荒漠和荒漠区的沙漠中，其生境多为地下水较高的沙丘间低地、干河床、湖盆边缘、山前平原或石质砾石地，以含有一定量盐分（全盐量 2%）的土壤或沙地生长最好。肉苁蓉喜盐渍化的松软沙地，适宜气候干旱，降雨量少，蒸发量大，日照时数长，昼夜温差大的条件，年平均温度 0～10℃，年降水量 250 毫米以下。土壤以灰棕漠土、棕漠土为主。

（2）种植方法　根据寄主大小和密度，确定接种位置。一般在距寄主 40～100 厘米处开沟，沟长 20～25 米，沟宽 30～40 厘米，沟深 40～80 厘米进行接种，同时在两条寄主种植沟间开挖宽 40 厘米，深 30 厘米的诱导沟，每次灌水在诱导沟中进行。第一次接种后的 2～3 年，第二次接种沟在第 1 次接种沟外侧 20～30 厘米处，第三次接种沟在第二次接种沟外侧 20～30 厘米处。

【生长发育】

肉苁蓉为寄生性多年生草本植物，没有叶绿素，不能自身合成营养，在土中与寄主发生寄生关系后，通过寄主根获取营养。肉苁蓉的种子萌发需有寄主根的参与，寄主新生的幼根根尖从肉苁蓉种子的珠孔端穿入种皮内，分泌化学物质，诱导胚细胞进入活跃状态，吸收胚乳提供的营养，在珠孔端形成吸器并与寄主根一起由珠孔伸出种皮外，当吸器长 1～3 毫米时，其前端深入寄主的根中，利于寄主的营养生长，随后吸器逐渐萎缩并与种皮一起脱落，而从吸器脱落一端分化产生芽原基，以后发育成肉苁蓉植株，其茎膨大成肉质。肉苁蓉寄生后生长速度较快。

肉苁蓉具有完全发育的繁殖奇观。每年 4～5 月接近地表的肉质茎现蕾、开花、授粉、结实。花序出土高峰在 4 月下旬，现蕾高峰为 5 月上旬，开花高峰在 5 月中旬。

【田间管理】

清除杂灌木和杂草，防治病虫、鼠害。肉苁蓉开花季节进行人工授精，提高结实率和种子产量。梭梭大田移栽的最佳时间在 4 月中旬以前，移栽后及时浇水，以提高梭梭移栽成活率，灌溉采取沟灌或喷灌均可。一般 5 月和 6 月初各灌一次，7～9 月适量喷灌和

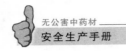

沟灌。肉苁蓉接种后从种子萌发寄生到生殖生长开始一直在土中，一般不进行松土耕草作业。根据寄主生长趋势强弱，可考虑适当施有机肥或化肥。5 月肉苁蓉出土开花时需要人工辅助授粉以提高结实率。肉苁蓉花期较长，人工授粉可分为 2～3 次进行。

【病虫害防治】

肉苁蓉茎腐病：病原菌为镰刀菌。生产上应注意控制水，对发病株做彻底清理并进行土壤处理。

梭梭白粉病：每年 7～10 月发生，发病时可用 25％粉锈宁 4 000 倍液喷雾防治。

梭梭根腐病：及时拔除病株、死株，然后用 1％～3％硫酸亚铁沿根浇灌；选用排水良好的沙土种植，加强松土；发生期用 50％多菌灵 1 000 倍液浇灌。

梭梭锈病：用 25％粉锈宁 4 000 倍液喷雾防治。

黄褐丽金龟：寄生在肉苁蓉后，幼虫在地下啃食小苁蓉。肉苁蓉接种时于沟内施撒辛硫磷颗粒剂。

大沙鼠：采用胡萝卜作饲料，用猫王或肉毒杀鼠素在洞口投药，防治效果最好。

【采收、加工及贮藏】

春季肉苁蓉未开花前采收为佳，开花后肉质茎中空，质量下降。采收后，进行干燥处理，干后即为甜大芸（淡大芸）；将肥大不易干燥者放盐腌，药用时洗去盐分者称盐大芸。

苁蓉片：将淡苁蓉浸入清水中，漂去甜味（需漂 3～4 天，每天换水 1 次），捞出，削去鳞片，洗净，晒七八成干时，置蒸笼内蒸 2 小时左右，取出切顶头片，先晾后再晒干。将咸苁蓉置清水中，洗去盐霜及泥土，再放在清水中浸泡至无咸味为止（一般热天浸 4～5 天，早晚换水；冷天浸 7～10 天，每天换水）。刮皮、洗净、出晒、上蒸、切片、干燥等工序，均与淡苁蓉相同。

熟苁蓉：将净肉苁蓉用水闷软润透，蒸熟，取出晾凉，切片，晒干即可。

酒苁蓉：取苁蓉片用黄酒拌匀，100 千克肉苁蓉对 20 千克黄酒，置罐内密闭，隔水蒸煮至酒尽为度。

秋季生长的肉苁蓉采挖空心时期在9～10月份。个体比春季的略小，含水分和春大芸一样，但由于秋末冬初阳光弱，温度低，日照时间短，在保证质量、规格方面增加了一定的难度。肉苁蓉生长2～3年后，可采挖。收取时注意不要破坏肉苁蓉根部（即生长点）。

【商品规格】

现行国家标准有甜苁蓉和盐苁蓉。

甜苁蓉：统货，干货。呈扁圆柱形，稍弯曲。表面赤褐色或暗褐色。有多数鳞片覆瓦状排列。体重。质坚硬或柔韧。断面棕褐色，有淡棕色斑点组成的波状环纹。气微，味微甜。枯心不超过10％。去尽芦头，无干梢、杂质、虫蛀、霉变。

盐苁蓉：统货，干货。呈圆柱形或扁长条形，稍弯曲。表面黑褐色，有多数鳞片呈覆瓦状排列，附有盐霜。质柔软。断面黑色或墨绿色，有光泽。味咸。枯心不超过10％。无干梢、杂质、虫蛀、霉变。

3. 芦荟

百合科芦荟属多年生常绿多肉质草本植物。全株可入药。根与花性凉有毒，可清热利湿、健胃；叶味苦、性寒，有消肿拔毒、清热通便、平肝健胃、凉血化淤的功效。可治肺结核、烧烫伤、消化不良、痈疮肿毒等症。生于山坡草丛、海滩沙地灌丛中。原产非洲，非洲大陆、马达加斯加占有世界90％的芦荟品种。埃及、加那利群岛、阿拉伯等亦有原产分布。现分布几乎遍及世界各地。据调查，在印度和马来西亚一带、非洲大陆和热带地区都有野生芦荟分布。在中国南方一些地区，也有野生状态的芦荟存在。花期1～3月。果期2～5月。

【栽培技术】

（1）基地选择　选择温暖、阳光充足的疏松肥沃、排水良好、富含有机物的沙土。生长时耐高温，不耐寒，要求阳光充足，过于荫蔽会导致局部腐烂。怕积水，忌重黏性土。

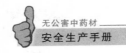
（2）种植方法　苗圃繁殖时选择通风透光、地势平坦、排灌方便、土层深厚、疏松、肥沃、有机质丰富的地块。陆地扦插可以利用露地苗床进行大量繁殖。在芦荟整个生长期中都可以进行繁殖，以春、秋两季作分生繁殖时温度条件较适宜，新苗返青比较快，易成活。也可选用分生繁殖。将由芦荟茎基或根部的吸芽长成的带幼根的幼株直接从母体剥离下来，然后移栽到苗圃。也可选用扦插繁殖，适宜温度是 25～28℃，若基质温度比气温略高 2～4℃，更适合芦荟扦插苗生根成活。还可以选用组织培养苗培育。

【生长发育】

芦荟须根发达，属于浅根系多肉草本植物，叶片多肉，水分含量高达 90％以上。芦荟光周期为短日照植物类型。花期 12 月至翌年 3 月，果实成熟期 2～5 月。芦荟不能自花传粉结实。

【田间管理】

温度 15～30℃、湿度 75％～85％，冬季温室中不低于 8℃。灌水量要根据土壤的干湿、天气、苗情来掌握。春夏温度高，蒸发量大，芦荟生长快，灌水要勤。立秋后，逐渐减少灌水次数和量，每次必须将水灌透。芦荟最怕田间积水，最危险的是烂根，田间排水渠道一定要通畅。对肥料的需求不是很大，但需要营养元素均衡，特别是对氮、磷、钾、钙、镁、铁需求相对较多。施肥方法有沟施、穴施等。芦荟怕低温，冬天要注意保温措施，秋天少浇水、增施有机肥以及把叶子捆成一束或多束，可以增强抗旱力。

【病虫害防治】

胶孢炭疽菌：防治方法是清除杂草落叶、把感染病虫的植株集中处理，以减少病虫源。温度不低于 8℃，加强透光条件，施足底肥，促进植物生长健壮，增强抗病虫害能力。

蚜虫、红蜘蛛：靠清水冲洗。

棉铃虫：靠用黑光或杨树枝诱杀成虫。搞好栽植区域周边其他植物的统一协防工作。

介壳虫：由于繁殖迅速且不易被药剂毒杀，所以可手工除杀。

【采收、加工及贮藏】

正常管理下海南芦荟生长 1.5～2 年，都可达到采收标准。采收的标准是单叶重 800～1 000 克，叶基部宽 16 厘米，叶长 50 厘米以上。采收时从生理年龄最老的基部叶片开始把整片割下，不能伤到植株，每株每次采一片。对成熟的芦荟，不能单靠外表来判断采摘的标准，须进行有效成分的分析检测。芦荟从第 1 次采收到采收高峰期 2～4 年，以后产量会明显下降，因此，应考虑更新换代，保持高产的稳定性。采摘时从叶茎的交界处从一边割一开口，然后用手掰下。注意不要碰伤未采收的嫩叶。

【商品规格】

库拉索芦荟：统货，不分等。须根系，茎干短，叶簇生在茎顶。叶呈螺旋状排列，厚肥汁浓。叶长 30～70 厘米，宽 4～15 厘米，厚 2～5 厘米，先端渐尖，基部宽阔；叶子呈粉绿色，布有白色斑点，随叶片的生长斑点逐渐消失，叶子四周长菜刺状小齿。其花茎单生，长有两三个高 60～120 厘米的分枝。总状花序散疏，花点垂下。

中国芦荟：又称斑纹芦荟，是库拉索芦荟的变种。茎短，叶近簇生，幼苗叶成两列，叶面叶背都有白色斑点。叶子长成后，白斑不褪。叶子长约 35 厘米，宽 5～6 厘米，植株形似翠叶芦荟。闽南的中国芦荟植株个体明显比翠叶芦荟小。产于福建、广东、广西、云南、四川、台湾等地。

上农大叶芦荟：是上海农学院植物科学系植物育种研究室从库拉索芦荟中培育出的变异品种。叶片被有白色蜡粉，叶色翠嫩，叶片最大可达 85 厘米、宽 12 厘米，叶肉洁白丰厚无苦味，生长速度快，宜于保护，开发利用价值很大。但在盆栽条件下分蘖能力弱，主枝不分枝。

木立芦荟：又名小木芦荟。被检验出具有很多有效成分，是一种公认最有效的品种。在药用方面，叶子除了可以生吃、打果汁外，还可以加工成健康食品或化妆品等。由于容易处理，也适合作食用的家庭菜。

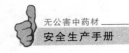
开普芦荟：又称好望角芦荟，是一个大型品种群。高度达6米，茎秆木质化，叶30～50片，簇生茎顶，叶子大而坚硬，带有尖刺，叶深绿色至蓝绿色，被白粉。无侧枝、花药与花柱外露，用种子繁殖。开普芦荟是中药新芦荟干块的原料，是一种传统的药用植物，各国药典都有载列。

皂质芦荟：须根系，无茎。叶簇生于基部，螺旋状排列，呈半直立或平行状。其叶汁如肥皂水，十分滑腻。变种较多，如广叶皂质芦荟，叶上有白色条斑、纹理清楚，叶片宽大，具有较高观赏价值。叶片薄，新鲜叶汁有护肤作用。但所含黏性叶汁不如库拉索芦荟丰富。多用于观赏，适于大面积的产业化栽培。

4. 猪苓

多孔菌科猪苓属真菌类植物。别名野猪苓、猪屎苓、野猪食、黑猪苓、地乌桃、粉猪苓、茱苓、枫苓、豕苓、苓等。以干燥菌核入药。性平，味甘、淡；归肾、膀胱经。主要功效为利水渗湿。主治小便不利、水肿、泄泻、淋浊、带下等症。猪苓主要含猪苓多糖、麦角甾醇、有机酸、生物素、甾酮类、蛋白质和多种酶类。现代药理研究表明，猪苓抗肿瘤、抗辐射、抗衰老、保肝护肝、提高免疫力等作用。猪苓生于树根或枯腐树木的根际，除松柏林外，阔叶林、混交林、竹林、次生林均有野生猪苓分布，但以次生林中分布较多。猪苓几乎分布于全国，主产于陕西、云南、山西、河南、河北。以陕西、云南产量大，陕西的质量佳。野生猪苓多分布于海拔1 000～2 000米的山区，以1 200～1 600米半阳半阴坡地居多。在国外，猪苓主要分布于欧洲和北美洲国家，亚洲的日本也有分布。

【栽培技术】

（1）基地选择　大多数阔叶树种的树枝都适宜栽培猪苓，如橡、栎、桦、柞、椴、榆、杨、柳、槭、柘、槠、刺槐等，以壳斗科、桦树科植物树种为佳。选择树枝时应以新鲜树枝为佳。猪苓生长依赖蜜环菌提供营养，而蜜环菌需要段木培养，场地应选择距离林地较近的地方。选择海拔800～1500米的山区、土层较厚、土质

图书在版编目（CIP）数据

无公害中药材安全生产手册/丁自勉主编. —2版.
—北京：中国农业出版社，2014.1（2018.11重印）
（最受欢迎的种植业精品图书）
ISBN 978-7-109-18315-5

I. ①无… II. ①丁… III. ①药用植物-栽培-无污
染技术-技术手册 IV. ①S567-62

中国版本图书馆 CIP 数据核字（2013）第 213495 号

中国农业出版社出版
（北京市朝阳区农展馆北路 2 号）
（邮政编码 100125）
责任编辑 石飞华

北京通州皇家印刷厂印刷 新华书店北京发行所发行
2014 年 1 月第 2 版 2018 年 11 月第 2 版北京第 5 次印刷

开本：880mm×1230mm 1/32 印张：10.125
字数：275 千字
定价：22.00 元
（凡本版图书出现印刷、装订错误，请向出版社发行部调换）